烟草有害生物的调查与测报

丁　伟　主编

科学出版社

北　京

内容简介

本书介绍了烟草有害生物的调查与测报技术，其中包括有害生物调查与测报的有关术语和概念、烟草有害生物的发生与危害、烟草有害生物的调查和抽样技术、烟草病虫害的预测预报技术、烟草病虫害的预测预报信息系统以及烟草有害生物的损失估计等。烟草病虫害的预测预报技术涵盖了15种烟草上发生的主要病虫害，包括小地老虎、烟青虫、斜纹夜蛾、烟蚜、烟粉虱、烟蛀茎蛾等害虫，青枯病、野火病、黑胫病、赤星病、白粉病、普通花叶病毒病、马铃薯Y病毒病、黄瓜花叶病毒病、线虫病等病害。许多内容是编者自己的实践经验总结，同时参阅了大量文献和网络资料，其中烟草病虫害的预测预报信息系统部分介绍了重庆市构建的预测预报网络平台的主要功能和操作流程。

本书可供烟草植保技术人员、大专院校师生参考使用。

图书在版编目(CIP)数据

烟草有害生物的调查与测报 / 丁伟主编. —北京：科学出版社，2018.3

ISBN 978-7-03-056593-8

Ⅰ.①烟… Ⅱ.①丁… Ⅲ.①烟草-病虫害-调查 ②烟草-病虫害预测预报 Ⅳ.①S435.72

中国版本图书馆CIP数据核字（2018）第035196号

责任编辑：韩卫军 / 责任校对：唐静仪
责任印制：罗 科 / 封面设计：墨创文化

科学出版社出版
北京东黄城根北街16号
邮政编码：100717
http://www.sciencep.com

成都锦瑞印刷有限责任公司印刷
科学出版社发行 各地新华书店经销

*

2018年3月第 一 版 开本：787×1092 1/16
2018年3月第一次印刷 印张：19 3/4
字数：460千字

定价：150.00元

（如有印装质量问题，我社负责调换）

《烟草有害生物的调查与测报》编写委员会

主　任：刘建利　王德平

副主任：刘万才　周义和　王凤龙

主　编：丁　伟

编　委：（按姓氏笔画为序）

王　丹　王凤龙　王宏锋　王　姣　王振国　王海涛
尹　洪　卢燕回　代先强　成巨龙　朱小伟　任光伟
刘　怀　刘　颖　许安定　孙剑平　杨金广　杨　亮
杨　超　李石力　李常军　李淑君　李锡宏　肖　鹏
吴元华　何应琴　余佳敏　余祥文　汪代斌　沈桂花
张立猛　张淑婷　张超群　陆宴辉　陈海涛　周本国
庞良玉　秦西云　顾　钢　徐小红　徐　宸　唐元满
商胜华　韩　非

主编简介

丁伟，男，1966 年 8 月生，河南省邓州市人。西南大学教授、博士生导师。1989 年获西北农业大学学士学位，1997 年获西北农业大学硕士学位，2002 年获西南农业大学博士学位，2008～2009 年美国奥本大学访问学者。全国植物源农药产业技术联盟副理事长，全国烟草绿色防控重大专项青枯病与黑胫病控制技术首席专家，重庆市烟草植保重大专项首席专家，重庆市植物保护学会副理事长。

主要从事烟草、马铃薯、辣椒等茄科作物病虫害发生机制与绿色防控技术研究，天然产物农药开发研究，根际微生态机制及调控技术研究等。

主持科技部农业科技成果转化基金、国家自然科学基金、农业部公益性行业专项、国家烟草专卖局重点项目等资助课题多项，研究工作取得重要进展。获省部级科技成果奖 8 项。2013 年，“土壤修复对作物根茎病害防控作用研究与应用”成果获中华农业科技奖三等奖；2014 年，“烟草叶部病害系统控制技术研究与应用”获中国烟草总公司科技进步三等奖；2015 年，“烟草叶部病害预警与综合治理”获中华农业科技奖三等奖；2016 年，“茄青枯病与烟草互作的分子机制及调控技术研究”获国家烟草专卖局二等奖。至今已发表论文 200 余篇，其中 SCI 收录的国际学术刊物上 50 多篇，主编《烟草药剂保护》等相关专著 4 部，申请并获准国家发明专利 12 项。

前　言

烟草是我国重要的经济作物，其种植面积和烟叶产量目前均居世界首位。科学规范地种植烟草，安全、经济、有效地控制病虫害的发生和危害，保障烟草的健康栽培和安全生产对国家经济建设、广大烟农经济效益提升、烟草行业的发展等都具有十分重要的意义。

为了有效地实现对烟草病虫害的精准调查，指导技术人员对关键性病虫害的监测和预警，配合国家烟草绿色防控重大专项的实施，在国家烟草专卖局科技司、中国烟叶公司、中国农业科学院青州烟草研究所、重庆市烟草公司、西南大学等单位的大力支持下，我们总结了多年来烟草病虫害调查研究工作的经验，参阅了大量的文献和网络资料，在国家和行业的有关烟草病虫害预测预报标准的基础上，组织有关人员编写了本书。

本书的编写得到了全国烟草有害生物调查研究（2011－2014）、重庆市烟草有害生物调查研究（2011－2014）、重庆市烟草有害生物预警信息平台的建立与应用（2010－2012）等项目的大力支持。在这些项目实施过程中，项目组成员梳理了主要烟草病虫害调查和测报规范，并完成了重庆烟草有害生物调查的项目目标，构建了重庆烟草病虫害预测预报信息平台。预警信息网络平台建立并运行 3 年后，获得了大量的数据，对于了解和掌握烟草病虫害的发生规律提供了重要支撑，本书第 20 章烟草病虫害预测预报信息系统就是这些研究结果的重要体现。

本书的主要内容包括烟草有害生物调查与测报的有关术语和概念、烟草有害生物的发生与危害、烟草有害生物的调查和抽样技术、烟草病虫害的预测预报技术、烟草病虫害的预测预报信息系统以及烟草有害生物的损失估计等内容。全书由西南大学丁伟教授统筹规划和主持编写。第 1 章绪论和第 2 章术语与概念部分由丁伟编写；第 3 章烟草有害生物发生与危害由李石力、杜根平、王振国编写；第 4 章烟草有害生物的调查由尹洪、刘永琴、石生探编写；第 5～19 章烟草病虫害预测预报技术由杨亮、何应琴、郑世燕编写；第 20 章烟草病虫害预测预报信息系统由张黎、喻言编写；第 21 章烟草有害生物的损失估计由陈海涛、江其朋编写。在编写过程中，编写委员会主任刘建利研究员、王德平高级工程师对本书进行了全面指导，编委会成员积极参与了资料整理和信息完善工作；农业部全国农业技术推广中心病虫测报处刘万才研究员、中国农业科学院青州烟草研究所王凤龙研究员、任光伟研究员等对初稿进行了审阅，并提出了宝贵意见；科学出版社韩卫军编辑给予了热情的鼓励和支持。书稿中引用了大量的文献、资料、图片和相关的标准和规范等，并得到了有关作者的理解和帮助；在本书成稿过程中，西南大学研究生李石力、王丹、杨亮等进行了大量的编辑工作，付出了艰辛的努力，在这里一并表示感谢。

烟草病虫害调查和测报技术是植保技术的基础，是实现病虫害绿色防控的重要组成部分。但长期以来，这方面的资料一直不够系统，本书编写人员虽然尽了最大的努力，但由于水平有限，难免有不足之处，诚请同行和广大读者给予批评指正。

丁伟

2017 年 9 月

目　　录

第1章　绪　　论

烟草种植的本质是保障优良的种子基因能够很好地克服不良环境，实现潜能的充分表达。烟草的生长过程是烟草自身生命体的封闭系统与外界生物因子和非生物因子所形成的开放系统相互交流的过程。当一粒烟草种子开始发芽，就意味着基因潜力开始发挥作用，潜力发挥的程度和好坏，与环境条件密切相关，无论是生物因子或者是非生物因子，当不能很好地满足烟草健康生长的需求时，就会导致烟草生病。烟草无论是生病或者受到伤害，都会影响到潜在基因的有效表达。烟草种植者肩负的主要使命就是创造有利于烟草生长的良好条件，了解并掌握可能导致烟草生病的各种因子，预防并控制各种潜在的和可能的伤害，实现种植的预期效益和目标。

烟草生长过程中，因为病原菌、昆虫、杂草等造成的伤害我们称之为烟草的病虫草害。烟草是一种容易受到病、虫、草侵害的栽培植物，常年发生的有害生物种类多、危害重、损失大。据全国烟草有害生物调查研究项目组(2010－2014)对全国23个植烟省有害生物种类普查和鉴定结果，我国烟区有烟草病害99种、害虫377种、杂草532种(烟草在线，2015)。其中危害较重且经常发生的主要有“三虫三病”，即系统性的病毒病(TMV、CMV、PVY)；危害根茎部的黑胫病、青枯病、根结线虫病；危害叶部的赤星病、野火病、白粉病等；刺吸类的烟蚜、烟粉虱等；食叶类的烟青虫、棉铃虫、斜纹夜蛾等；取食根茎幼苗的地下害虫等。

烟草有害生物治理和绿色生态防控有其基本程序。①掌握有害生物的识别特征；②进行发生、发展动态调查；③获得关键有害生物的发生期、发生量、危害状况和可能的发生趋势；④采集、处理和传递有关信息；⑤进行科学的预测预报；⑥制定恰当、有效、安全的防控措施和方案；⑦形成集成技术体系；⑧构建相应的绿色防控模式并有效实施。它们环环相扣，缺一不可。烟草有害生物不仅种类繁多，而且调查的手段和方法也很多，因此烟草生产技术人员首先必须掌握烟草主要有害生物的识别特征，然后能够采集有关信息，并进行标本的制作和信息的传递，在此基础上再进行主要病虫害的预测预报，才能有效地指导防控。这是实现精准植保、减少化学农药使用，实现烟草健康、稳定和可持续发展的基本保障，也是烟草植保技术人员的必备技能。

烟草有害生物的调查与测报是烟草生产技术的重要组成部分，其技术和水平的提高与整个农作物病虫害预测预报的科技水平一致。从全国范围来看，对烟草病虫害的基础调查和预测预报的研究工作已经取得了重要进展。基本形成了烟草赤星病、黑胫病、青枯病、烟草蚜传病毒病、烟蚜、烟青虫、烟田地老虎和烟草丛枝症等病虫害的预测预报技术，并初步建立了对应的预测预报模型。另外，湖南省较详尽地研究了烟青虫的生命表，对中长期预报准确率比较高；云南省对烟蚜在烟株上垂直分布进行研究，提出了不同蚜龄的回归模型；山东、云南和河南都对赤星病空中孢子监测以预测赤星病发生的方法进行研究，获得了利用监测空中孢子动态来预测赤星病发生发展趋势的中短期测报技术；山东和陕西对迁飞蚜带毒率进行检测研究，获得了用适飞蚜带毒率进行蚜传病毒病预测的中长期预报办法。西南大学等详细地分析了影响烟草青枯病发生的关键因子并构建了相应的预测预报模型；重庆、广西等地采用现代信息技术，进行烟草病虫害的网络信息传输和预测预报，取得了明显成效。

烟草有害生物的调查研究始终与烟草病虫害测报防控体系建设紧密地结合在一起。在全国相继开展烟草病害调查和烟草虫害调查之后，国家烟草专卖局自 1995 年即开始开展烟草主要病虫预测预报技术的研究工作，并大力推进了烟草病虫害测报体系的建设，到 2004 年，初步建成了由 1 个一级站、16 个二级站(省站)、193 个三级站(地市级测报站、县级测报站)和 269 个测报点组成的全国烟草病虫害预测预报及综合防治网络，覆盖了全国绝大部分产烟区。2015 年，中国烟叶公司中烟叶生[2015]9 号文件对进一步加强病虫害预测预报工作提出了明确的意见，要求完善设施设备，明确工作重点，提高服务效果。这对于进一步加强预测预报网络建设，提高测报工作成效是一项重要的基础性工作，对烟草有害生物的有效控制发挥重要而又长远的作用。“十二五”期间，烟草病虫害预测预报网络重点围绕测报三级站和测报调查点建设进一步优化了测报站点布局，提高了测报网络覆盖率，增加非烟叶主产区的测报站点建设，提升测报站点覆盖面积，专职测报人员达 1324 人，全国 17 个烟区主产区实现了 100％覆盖。加强了测报信息化建设，推动了烟草病虫害预警信息化管理，为烟草绿色防控的实施奠定了研究基础并储备了人才。

烟草病虫害的调查和预测预报也是绿色防控的基础性工作。为了进一步推进烟草植保工作科学、合理、有效地开展，国家烟草专卖局计划在“十三五”期间，全面推进烟草有害生物的绿色生态防控。通过深入贯彻和认真践行“创新、协调、绿色、开放、共享”五大发展理念，按照“优质、特色、高效、生态、安全”的烟叶生产发展方向，落实“一控二减三基本”面源污染防治要求，将绿色防控作为利国利民公益事业的一项具体措施来抓，推动烟草病虫害由化学防治为主向绿色防控为主的根本转变，确保烟叶生产安全、农产品质量安全及生态环境安全，力争使烟草农业成为我国生态文明建设和现代农业绿色发展的典范。

烟草绿色防控重大专项的总体目标是：到 2020 年，全面取得绿色防控理论层面、技术层面、应用层面和产业层面的突破，建立“三虫三病”(烟蚜、烟青虫/斜纹夜蛾、地老虎、病毒病、青枯病/黑胫病、赤星病/野火病)绿色防控技术体系，构建八大生态区(滇川高原生态区、贵州山地生态区、武陵秦巴生态区、黄淮生态区、南岭生态区、武夷生态区、山东生态区和东北生态区等)绿色防控模式，实现烟草病虫害由化学防治为主向绿色防控为主的转变，实现绿色防控从蚜茧蜂防治蚜虫单项技术到“三虫三病”综合防治技术体系的跨越，实现绿色防控技术应用从烟草农业到大农业的跨越。

综上所述，我国烟草植保科技工作者对于烟草有害生物的调查研究以及测报和控制方面已经做了大量的工作，在烟草植保的科技进步和发挥持续保障作用等方面卓有成效。但由于烟草有害生物研究历史短，资料不系统，预测预报的准确性还不高，特别是全国预测预报防治网络虽然建立，但由于没有信息的及时更新和新技术的补充，一些地方的基层测报人员不够固定，因此在烟草有害生物调查与测报中发挥的作用有限。一些烟草病虫害测报工作站点的功能没有很好地发挥，建设后的技术指导针对性不强，服务体系上的相互联系不够，因此预测预报和预警作用发挥不够到位。加之防治手段较为落后，对烟草有害生物的防治水平仅达到单个病虫害的综合治理，还没有把烟草、有害生物、有益生物、环境因子等纳入一个体系进行系统地考虑。面对新的形势和新的要求，特别是要有效推进绿色生态防控，就必须高度重视对病虫害的发生基础和动态的掌控，才能实现精准、高效、生态、安全的烟草植保目标。

因此，就烟草可持续发展的大背景来说，烟草植保必须认真总结经验，借鉴国内外先进技术，重视、加速基础研究，针对烟草有害生物发生的实际情况，明确发生了什么，为什么发生，什么时候发生，发生程度如何，发生趋势如何等，通过调查、收集和整理相关信息，完善烟草有害生物发生和防控的信息体系建设，利用最新的预测预报体系和模型，明确影响病虫草害发生的关键因素，找到保障绿色生态控制成效的关键技术要素，建立数字化、可视化的有害生物基本信息网络；根据地理信息和烟草种植区划，构建烟草病虫害监测、预警和绿色生态防控的国家、省(市)、区(县)、站点四级植保网络体系，强化全国烟草病虫害的预测预报信息平台的功能，实现信息和技术服务的及时传递和有效实施，并推动其发挥作用，真正实现烟草有害生物的绿色防控和可持续控制，为烟草农业可持续发展提供坚强而有效的保障。

第 2 章　术语与概念

2.1　烟草有害生物

2.1.1　有害生物的概念

有害生物(pest，harmful organisms)是指在一定范围和条件下，由于种群数量或者个体特性对人类的生活、生产甚至生存产生危害的生物，是由数量多而导致圈养动物和栽培作物、花卉、苗木受到重大损害的生物。狭义上有害生物仅指动物，主要是昆虫，广义上包括动物、植物、微生物等各种各样的生物。

植物有害生物(plant pest)是指包括危害植物的各种昆虫、其他动物(鼠类、兔类、蜗牛、螨类等)、病原微生物(真菌、细菌、放线菌、病毒、类病毒、立克次体、类菌质体、线虫等)、杂草和寄生性种子植物(菟丝子、槲寄生、桑寄生、列当)等。这些生物直接或者间接地和寄主植物发生联系，导致植物一定的伤害、损失乃至死亡。

益害概念(concept of benefit and harm)，在栽培作物的生态系统中，有多种生物与栽培植物发生着密切的关系。这里所谓的有害(harm)是经济概念，从本质上讲，这些生物并不存在好坏之分，它们在生命过程中与寄主植物发生各种联系，这是生物进化和漫长的相互适应的结果。之所以我们称它们为有害生物，是因为它们对我们需要获取经济价值的植物造成了损失。实际上，与植物相依为命的生物很多，无论是昆虫还是微生物，它们直接或者间接地以植物为生，大多数情况下并不会对寄主植物造成严重的伤害，也并没有引起我们更多的重视，而当环境发生变化，或者一种生物种群数量突然增加，对寄主的生长产生明显影响时，才引起了我们的关注，并把这些生物称为有害生物。随着人们经济需要的改变，益害概念也在不断改变，这是我们在调查有害生物或者防控有害生物的过程中需要注意的。

生物因子(biological factor)，生物的生存是由生物有机体周围一切因素组成的环境来决定的。这些环境包括空间以及其中可以直接或间接影响有机体生活和发展的各种因素，一般分为生物因子和非生物因子。生物生存环境中甚至其体内都有其他生物的存在，这些生物便构成了生物因子。主体生物与生物因子之间发生各种相互关系，这种相互关系既表现在种内个体之间，也存在于不同的种间。生物因子对植物的影响有正面和负面的，从植物保护角度来看，对植物产生正面影响的生物因子我们称为有益生物，对生物产生负面影响的生物因子我们称为有害生物。

2.1.2　烟草有害生物的概念

烟草有害生物(tobacco pest)是指对烟草生长或者生命活动产生一定影响的各种生物，包括昆虫及其他节肢动物、软体动物、微生物(包括真菌、细菌、病毒等)、线虫、植物(杂草和寄生性种子植物)等。这些生物在生长过程或者进行生命活动的过程中或多或少地以烟草为食或者获取营养，或者寻找庇护，或在生活过程中释放有毒物质而使烟草受损或者致病等。总之，这些生物在它们进行相应的生命活动的过程中，会对烟草造成一定的伤害，轻则造成产量和品质的下降，重则导致烟草死亡。烟草主要的有害生物与烟草各器官的关系如图 2-1 所示。

图 2-1　烟草与主要有害生物的相互关系图

“三虫三病”(three pests and three diseases)这是一个比较笼统的概念。危害烟草的有害生物很多，为了调查和防控方便，根据有害生物危害烟草的特点和部位，将烟草有害生物划分为 6 个大类，分别为三类虫和三类病害。“三虫”指的是刺吸危害的害虫(以蚜虫为主，包括烟粉虱)、食叶类害虫(以烟青虫和斜纹夜蛾为主)、地下害虫(以地老虎类为主)等；“三病”是系统性的病毒病，危害叶子的叶部病害(以野火病和赤星病为主)和危害根茎部的根茎病害(以青枯病和黑胫病为主)。

协同进化(coevolution)是指两个相互作用的物种在进化过程中发展的相互适应的共同进化。烟草与各种生物的关系属于双向关系，它们相互影响，相互适应，并且相互竞争而成为彼此演化和适应的动力。烟青虫取食烟草，烟草就会产生抵抗烟青虫的次生代谢物质(如烟碱)，这些次生代谢物质不仅可以抵御烟青虫，同时也促进了烟青虫对烟草的适应性，而且对其他植食性昆虫产生影响，使烟草得以避免更多昆虫的取食。理解这一点，就可以理解在烟田生态系统中有特殊的昆虫群体，同样也有特殊的病原微生物群体，这些群体是我们调查、预测和监测的主体部分和主要对象。

耐害性(tolerant resistance)是指在一定情况下，有害生物侵染寄主植物并不一定都会造成明显的损失，这种现象是植物自身抵抗力的一种体现。烟草的耐害性表现为：在昆虫少量取食的情况下，烟草可以通过加快生长给予补偿；在一些病原菌侵染的情况下，健康的烟草能够通过分泌抗毒物质、坏死反应、加快生长等给予抵抗或者形成一定的补偿。因此，这些生物和烟草协同进化，共同适应环境和繁衍生息。这对我们理解烟田有害生物的种类、数量和主要发生期以及预测其发生趋势等都有参考价值。

经济允许受害水平(economic injury level，EIL)是指在一定条件下有害生物的发生量达到造成植物产生明显经济损失的一个指标。一般来说，达到这个指标就要进行防治，因此这个值又叫经济阈值(economic threshold，ET)。达到了这个指标，就可能会造成我们不能忽视的损失，必须进行一定的防治。低于这个指标，我们需要监测和预警。

在进行烟草有害生物的调查、预测预报和防控时，要考虑到即使有害虫和病原物也并不可怕，它们不一定会对烟草的健康产生影响，即使出现了某些症状，也未必能造成产量和质量的严重损失；关键在于有害生物的数量水平，对烟草来说就是经济受害水平，也就是我们能够承受的烟草损失程度。在这样的种群数量水平以下的有害生物在烟田存在实际上对烟草有好处，因为这些有害生物的侵害可以诱导烟草的抗性，增强烟草的抗害能力。各种生物的和谐相处也是生态平衡所需要的，维持烟田的生态平衡，本身就是为了烟草的健康和可持续发展。监测和预警的目的就是要能够及时了解和掌握这些有害生物的动态，并科学地进行分析，做出正确的判断。

2.1.3 烟草昆虫与烟草害虫

烟草昆虫(tobacco insect)是指与烟草有关昆虫的总称，一般是指生活于烟田和烟仓生物群落食物网上的所有昆虫，包括食烟昆虫和一些直接或间接以食烟昆虫为食的其他昆虫，同时也包括不以烟草为食，但要以烟草营造的生态环境为生的中性昆虫。

食烟昆虫(insect feeding on tobacco)是指发生在烟田和烟仓中，直接取食烟草及其制品的昆虫，如烟蚜、烟青虫、烟草甲等。而食烟昆虫不一定完全就是烟草害虫。在进行预测预报、制定防治对策时，要重点关注的是经常发生于烟田并会造成重大损失的一些食烟昆虫。根据食烟昆虫取食烟草的情况，可将食烟昆虫分为烟田食烟昆虫和贮藏期食烟昆虫。

烟田食烟昆虫(insect feeding on tobacco in the field)是指在烟草生长过程中，取食烟草的各个器官、组织，对烟草造成伤害的昆虫。根据与烟草生育期的结合以及其危害特点可以分为：地下害虫、食叶类害虫(咀嚼取食和刺吸取食)、蛀茎类害虫、花期害虫等。根据害虫取食烟草的特点，也可以将烟草害虫分为钻蛀性害虫、刺吸性害虫、嚼食性害虫等。

贮藏期食烟昆虫(stored tobacco insect)主要是指取食危害烘烤后贮藏期间烟叶的昆虫。根据其取食特点和对象可以分为食叶类昆虫和食屑类昆虫。食叶类昆虫有烟草甲、烟草粉斑螟、大谷盗、大理窃蠹等；食屑类包括黑毛皮蠹、玉米象、米象、赤拟谷盗等。一般情况，先有食叶类昆虫危害后，然后再由食屑类昆虫取食，因此又将食屑类昆虫叫次生昆虫。

烟草害虫(tobacco pest insects)是指取食烟草或传播烟草病害且又能造成经济损失的昆虫。食烟昆虫是否有害，主要决定于其取食烟草所造成的经济损失的大小，只有当某种昆虫种群数量达到经济阈值(economic threshold，ET)，即决定采取防治措施以防止害虫种群上升到经济损害水平的种群密度时，才可将其视为害虫。许多以取食烟草为生的昆虫，由于其种群密度较低，造成的损失并不大，我们也不一定都称它们为害虫。如烟蓟马，以烟草嫩叶与烟花为食，一般情况下没有太大危害，即使称为食烟昆虫，但并不一定就是烟草害虫，但如果烟蓟马种群数量过大，而且造成了严重的损失，那么这种昆虫就叫烟草害虫。当然，烟蓟马如果携带有对烟草有伤害的病毒时，即使虫口数量不大，也要进行监控，并将其视为烟草重要害虫。为了研究和生产实践中的方便，有时将食烟的螨类和软体动物也算为食烟昆虫的类群，但在调查研究的过程中需要将螨类、软体动物和昆虫严格地区分开来。

天敌昆虫(natural enemy insects)是指取食食烟昆虫的一些昆虫。随着食烟昆虫在烟草上的出现，一些以食烟昆虫为食的肉食昆虫和一些以这些肉食昆虫为食的更高级营养层次的食者，也相继在烟草上出现，如蚜茧蜂、姬蜂、赤眼蜂、食蚜蝇、瓢虫等。天敌昆虫是一般概念上的有益昆虫(beneficial insects)。我们在进行烟草昆虫调查时，要注意调查所有的食烟昆虫，也要调查以烟草为生的其他昆虫。

2.1.4　烟草侵染性病害

侵染性病害(infectious disease)：由生物因子引起的烟草病害叫侵染性病害，也叫传染性病害(transmissible disease)。侵染性病害是由病原物侵染造成的，可以传染，可以表现出不同症状，有一个发病的过程，还能够形成下一个再侵染的过程。根据不同病原物造成的病害情况，可以分为：

真菌病害(fungal disease)：由真菌侵染引起的病害，例如烟草黑胫病、烟草赤星病、烟草炭疽病、烟草白粉病等。

原核生物病害(prokaryote disease)：由原核生物侵染引起的病害。又可分为由细菌侵染造成的细菌性病害(bacterial disease)，如烟草空茎病、烟草青枯病、烟草野火病等；由植原体病害侵染造成的植原体病害(phytoplasma disease)，如烟草丛枝病等。

病毒病害(virus disease)：由病毒侵染引起的病害，例如烟草普通花叶病毒病(TMV)、烟草黄瓜花叶病毒病(CMV)、烟草马铃薯 Y 病毒病(PVY)等。

寄生植物病害(parasitic plant disease)：由寄生植物侵染引起的病害，例如菟丝子、列当等。

线虫病害(nematode disease)：由线虫侵染引起的病害，例如烟草根结线虫病等。

2.1.5　非侵染性病害

非侵染性病害(non-infectious disease)也叫非生物因子病害(non-biological factor disease)，是由非生物因子即不适宜的环境因素引起的烟草病害(摘自陈利锋主编《农业植物病理学》第三版)，又称为非寄生性、非传染性病害或生理性病害。烟草在生长过程中不适应其周围的某些环境因素或者周围的环境因素不能满足烟草的正常生长需求，导致其体内的某些生理生化过程发生了一定的改变，与正常烟株相比外部形态上表现出一定的差异，甚至影响烟叶的产量和品质，严重时也会导致烟草死亡的一类病害。这类病害没有病原物的侵染，不能在烟株个体之间相互传染，随着环境条件的逐渐改善，该病一定程度上会有所减轻。引起烟草非侵染性病害发生的因素很多，主要有温度、湿度、水分、光照、土壤、大气、肥料、栽培管理和农药的使用等。烟草非侵染性病害表现出来的症状主要有：变色、坏死、落叶、萎蔫、畸形、枯叶、生长缓慢等。

缺素症(nutritional deficiency)：由烟草必需的营养元素缺乏而形成的烟草病害。根据缺失元素的种类不同，可分为缺钾症、缺氮症、缺镁症等，通过补充相应的缺失元素可以缓解症状。

旱害(drought)、涝害(waterlogging)：由土壤水分不足或过量引起的烟草病害，一般通过补充水分或者排水处理就可以缓解症状。

冻害(freeze injury)、热害(heat damage)：由温度过高或过低形成烟草的生理性伤害。

黄化(yellowing)、灼伤(scorching)：由光照过弱或过强形成烟草因不能正常进行光合作用而导致的黄化，与光线太强加上温度效应而造成的灼伤症状等。

肥害(fertilizer damage)：过量施用化肥，或者有机肥没有很好发酵而施用，造成烟草不能正常生长的系列病害。

气候斑点病(weather fleck)：是大气中的一些有毒化合物如氟化氢、二氧化硫等对烟草造成的毒害，叶片表现出不同形状的病斑。这类病斑一般很小，但由于其他腐生生物等的影响，也会导致斑点的形状各异、大小变化等。

药害(phytotoxicity)：因农药过量、不当或者误用而造成的烟草不能正常生长时出现的病状，药害有急性和慢性两种。急性药害一般是指在喷药后几小时至3～4天出现明显症状，如烧伤、凋萎等；慢性药害是指在喷药后经过较长时间才发生明显反应，如畸形，叶面出现大小、形状不等的斑点，局部组织焦枯、穿孔，或叶片黄化、褪绿或变厚等症状。

2.1.6 烟田杂草

杂草(weed)是人类在生产实践活动中，依靠经验总结产生的一个历史名字。以前，人们对杂草的定义是以植物与人类关系为根据，叫“杂”说明是多且乱，叫“草”说明是一种自然的植物；最简单又最普通的定义是“长在不希望长的地方的任何植物”。实际上，杂草是人类并非为了自己的目的而栽培的，但它们在漫长的时间里适应了再耕地并给耕地带来危害的植物。杂草是一类适应了人工环境，干扰人类活动的植物。简而言之，杂草是能够在人工生境中自然繁衍其种族的植物。

烟田杂草(tobacco weed)是指生活在烟草种植地的其他非人类栽培植物。在烟草的一生中，每一个阶段都伴有杂草，这些杂草会和烟草竞争水、肥、光和空间，有些还是一些病原菌和昆虫的中间寄主。杂草的发生对烟草的生长造成不利影响，严重发生的杂草会带来烟草的严重减产甚至绝收，因此烟田杂草也是需要给予关注并积极治理的一类有害生物。烟田属于人类为了满足自身的利益创造的人工环境，因此可以把烟田杂草定义为：在烟田中生长、不断自然延续其种族，并影响到烟草的生长的一类植物。

2.2　有害生物调查

2.2.1　调查的概念

调查(investigate)是指在事物发生的现场进行样本选择、目标确定和信息收集的全过程。调查是一种工作思路和方法，是实践论的基础。要想把一个事物了解清楚，必须进行系统的调查，在调查的基础上才能进行分析判断、信息提升和相关研究。有害生物调查是一项正式措施，指在某一特定时期内明确某一植物有害生物种群的特征，或者明确在某一地区内出现植物有害生物的种类(T，McMaugh，2013)。

抽样(sampling)是调查的一种方法，它是从全部调查研究对象中，抽选一部分单位进行调查，并据以对全部调查研究对象做出估计和推断，其目的在于取得反映总体情况的信息资料。

检测调查(detection investigation)是在某个区域开展调查，以确定该区域是否出现了有害生物，如采用试剂条调查土壤青枯病的菌量等。调查是基础，检测是目的。对于常年已经发生的病虫害区域，调查是主要的，对于需要掌握是否发生的区域来说，检测是主要的。

监测调查(monitoring survey)是持续地调查以查证某种有害生物种群动态的特点。或者系统调查，以明确该有害生物可能的发生信息。监测是在确定某种有害生物已经在该区域发生的基础上，进行系统规范和持续的调查活动。

特定调查(specific investigation)是在某一个特定时间内，在某个地区的特定地点开展有针对性的调查。如经常会对一个区域一定时间内一种病虫害的发生量和发生程度进行针对性的调查，其目的是获取特有的信息。

在线调查(online survey)是指通过互联网及其调查系统把传统的调查、分析方法在线化、智能化，具有高效便捷、质量可控、便于分析与交流等特点。在线调查可以克服传统调研样本难以采集、调研费用昂贵、调研周期过长、调研环节监控的滞后性等一系列问题，随着人工智能技术的进一步发展，该类调查方法势必成为未来调查的主导方法。

病虫害调查(investigation of disease and insect pest)是为了了解病虫害发生种类、程度、危害损失情况等相关信息，在病虫害的发生地进行选点、选样、选择调查对象，然后根据调查目标来获取相关信息的过程。烟草病虫害的分布和危害，发生期症状的变化，栽培和环境条件对病虫害发生的影响，品种在生产中的表现，不同防治措施的效果，危害造成的损失等，都要通过病虫害调查才能掌握。对烟草病虫害等信息的收集是了解和掌握烟草健康状况的基础，是保障烟草健康稳定持续发展的基本技术过程。

调查时期(survey period)即病虫害调查的时期选择，与调查的目的和对象紧密相关。如果以植物为核心，则主要是根据病虫害的发生期和危害期来确定。烟草病虫害的调查时期一般可分为：苗期、移栽期、团棵期、旺长期、打顶期、采收初期、采收中期、采收后期、采收后等不同时期。如果以病虫害为核心，则要调查病虫害的越冬时间、初始发现时间，侵染植物时间、危害高峰时间等，其调查时间则是根据需要来确定。

调查准备(investigation preparation)即开展一项调查工作前要做的一些准备工作。首先要明确调查的目标，做好调查方案；二是要确定调查的方法和需要收集的材料；三是要选择好调查的时间、地点和路线；四是准备好调查表格和需要配套的材料与资料等。

2.2.2 调查的类型

2.2.2.1 根据调查目的分类

烟草有害生物调查与监测的目的在于了解当地烟草病、虫、草害发生的种类、分布情况以及严重度和造成的损失等。同时，系统调查还能够及时有效地掌握病、虫、草害发生的动态情况，做好有害生物发生趋势分析，并及时采取相应的防治措施，将烟草造成的损失降到最低。由此，可将烟草病、虫、草害的调查分为田间病、虫、草害发生种类和分布情况的调查、有害生物发生量的调查、有害生物危害程度的调查、烟草损失率的调查、防治或者控制效果的调查等。

2.2.2.2 根据调查范围和规模分类

根据调查范围和规模可将调查分为全面调查和抽样调查。

全面调查(overall survey，full investigation)是指在一个划定区域内对所有涉及对象进行全面信息采集的一种调查方法。适合于面积和规模比较小、调查对象分布比较分散、总体样本数不多、可以在规定时间内完成的调查任务。

抽样调查(sampling survey)是一种非全面调查，它是从全部调查研究对象中，抽选一部分单位进行调查，并据以对全部调查研究对象做出估计和推断的一种调查方法，其目的在于取得反映总体情况的信息资料。

根据抽选样本的方法，抽样调查可以分为随机抽样和非随机抽样两类。

随机抽样(random sampling)是按照概率论和数理统计的原理从调查研究的总体中，根据随机原则来抽选样本，并从数量上对总体的某些特征进行估计推断，对推断出可能出现的误差可以从概率意义上加以控制。常用的随机抽样方法主要有纯随机抽样、分层抽样、系统抽样、整群抽样、多阶段抽样等。随机抽样是抽样调查的主要方法。

非随机抽样(non-random sampling)是指抽样时不是遵循随机原则，而是按照研究人员的主观经验或其他条件来抽取样本的一种抽样方法。对于随机抽样和非随机抽样，样本容量确定的思路有显著差异。

样本容量(sample size，sample capacity)又称“样本数”，是指在调查过程中选定的一个样本的必要抽样单位数目。在组织抽样调查时，抽样误差的大小与样本指标代表性的大小有直接关系，必要的样本单位数目是保证抽样误差不超过某一给定范围的重要因素之一。因此，在抽样设计时必须决定样本单位数目，适当的样本单位数目是保证样本指标具有充分代表性的基本前提。

2.2.2.3　根据调查对象的深度和广度分类

可将调查方法分为普查、系统调查和研究调查三种。

普查(general survey，general investigation)又称一般调查，是为了达到某种特定的目的而专门组织的全面调查。普查涉及面广，指标多，工作量大，时间性强。为了取得准确的调查信息和统计资料，普查对集中领导和统一行动的要求最高。对于一些没有调查区域或者是在有害生物的资料不多或不系统时采用，比如为了了解某烟区是不是有某种病虫害发生或者了解具体的发生种类时，普查比较常用，它是一种较粗放的调查方法。对大面积上生产情况做一般了解时也采用普查的方法。普查的面积较广，但调查记载的项目不必很细致。如记载烟草发病程度和发病严重程度时，都以无、轻、中、重或 0、1、3、5、7、9 六个级别来表示，不做具体数值的记载，这类调查应该选在某种特定的病虫害的防治适期或发生盛期，或烟草形成产量的关键生育期；对于烟草有害生物的普查一般分为苗期、移栽期、团棵期、旺长期、采收期等几个时期。通常以病虫害种类、病(虫)田率、病(虫)点率、病株率(有虫株率)为代表值。

系统调查(systematic investigation)又称重点调查，是在一般调查的基础上，选择比较重要的有害生物发生地或者有代表性的田块结合作物生育期和有害生物发生特点系统地调查。调查的面积不广，但记载的内容比较全面、系统和深入。系统调查是为了掌握某种特定病虫害的发生动态和规律，最终服务于预测预报和防治策略的制定，因此需要连续地进行定时、定点、定量的系统调查。在调查由寄主、病原、病害和介体、环境各因子引起的状况时，对于病害，既要调查发病率，还要记载各株的严重程度和受害状况等；对于虫害，须同时记载各虫期数量、天敌情况、寄主受害程度等。系统调查的调查次数相对较多，进行定株定期调查记载直至枯死或成熟。对调查所得的数值，要及时进行详细的分析研究。所以系统调查既要针对整个病虫害系统，同时还要全面地观测有关的气象因素、栽培条件和作物生长状况，以便建立可靠的预测模型。

研究调查(research survey)是为了研究需要而进行深入细致的调查，目的是发现、摸清和解决一个或者若干个具体问题。对于某些调查对象在新情况下的发生规律、危害来源尚未明确，以及对一些防治措施进行效果评价等，都需要进行研究调查。

通常，在生产实际的一线调查中我们所采用的调查方法是普查与系统调查相结合。普查为系统调查提供依据，系统调查为预测预报和综合防控服务。研究调查常常是为一些特定目的而做的相关调查。

2.3　预测预报

2.3.1　预测、预报及预警

预测(forecasting)是指在掌握一定信息的基础上，对研究或者关注对象的未来状态进行预计和推测。植物病虫害预测是以生物学、生态学、流行学等理论为依据，对某种植物病虫害在未来发生或者流行的可能性及严重度做出估计。烟草病虫害的预测是指对有害生物可能的发生数量、种群动态、危害程度等在调查的基础上进行相应的分析、估算和推断；同时也包括通过研究掌握病虫害发生发展的基本规律、明确影响其发生流行的主要因素，采用相关的技术和方法，对未来烟草病虫害的发生情况进行分析和估计的过程。植物病虫害预测和天文预测、水文预测、地震预测、粮食产量预测一样，是预测学的一个方面。预测理论有周期性规律、惯性规律、类推原则等，20 世纪新兴的“三论”，系统论、信息论和控制论在预测科学中都得到了应用和发展，特别是计算机的广泛应用，使预测科学得到迅猛的发展。“3S”技术，即地理信息系统、全球卫星定位系统及遥感遥测系统，已经应用于预测的监测和分析判断。

预报(predict)是对调查和预测的结果进行分析整理后以一种合适的形式发送出来，以供有关方面或者个人参考的一种活动，预报通常是由特定机构或者权威机构发布的预测结果。烟草病虫害预报是指通过广播、电视、电话、互联网、电子邮件、手机短信、文件、资料等多种信息传递方式，将病虫发生和危害情况的分析预测结果提供给有关部门和领导、烟草植保工作人员等，或向广大烟农进行通告，使其能够掌握或了解未来病虫害发生和危害情况的过程。调查和预测之后要经过认真分析，并结合多年的经验以及生产的需要由专门的机构发送出相应的情报，大多数情况下应包含有防控的对策和建议等。

在生产上，病虫害的预测、预报是不可分的，因为我们需要的预测预报信息是统一的、有用的。预测、预报信息经常一起发送。调查和预测是基础，预报是调查和预测的直接反映。没有准确的调查就不会做出好的预测，没有科学的预测，预报出的结果就没有科学价值，在指导生产上就不能发挥好的作用，甚至会产生负面的效果。

病害流行预报(disease epidemic prediction)，病害在植物群体中大量严重发生，并对农业生产造成极大损失的状态叫病害流行。病害流行预报就是在对监测对象系统调查和分析的基础上，对可能出现的发生状态进行的预测预报。

预警(early warning)是在预报的基础上，对于可能造成损失的一些病虫害进行分级处理，发布一定的警报，用于指导生产，便于病虫防治与管理的决策者根据情况做出恰当的处理意见。根据烟草病虫害发生的程度，一般将烟草病虫害的发生程度分为 6 级(见表 2-1)，并根据预报情况，分成一定的颜色，显示在预警图上。这样就可以达到一目了然的目的，同时和一些重大自然灾害的预警情况相衔接。具体发生程度的确定和分级，可根据实际情况以及发生量和发生程度可能造成的损失情况等因素由相关测报部门进行确定。

表 2-1 烟草病虫害预警程度的分级

级别	发生情况	预警颜色
0	无发生	绿色
1	轻度发生	浅蓝色
2	中等偏轻	蓝色
3	中等发生	黄色
4	中等偏重	橙色
5	严重发生	红色

2.3.2 预测预报的类型

2.3.2.1 按照预测预报的内容分类

预测预报的类型按照其内容可以分为发生期预测预报、发生量预测预报、发生范围预测预报、发生或流行程度预测预报、危害损失程度预测预报、防治效果预测预报等。

发生期预测预报(prediction of emergence period)是对某种病虫出现或危害的时间进行预测和预报，主要包括病虫发生的始见期、始盛期、高峰期和盛末期，病虫发生时烟草所处的生育期，病虫的传播、迁入、迁出的时期等内容。

发生量预测预报(prediction of occurrence quantity)常常对单个病虫而言，是对某一种病虫在某个时间发生的数量进行预测和预报。主要是对病虫在各个时期的发生数量、是否会达到防治指标、是否会大爆发流行等进行预测和预报。

发生范围预测预报(prediction of occurrence area)是对某一种病虫在一定时间内发生的范围(常常指地理上的分区和面积规模等)进行预测和预报。

发生或流行程度预测预报(prediction of emergence size)是对发生量的进一步预测，通过比较分级与评判，给出一定的程度分析。主要是通过调查所得数据，经分析、估测病原或害虫的未来数量是否有大发生或流行的趋势及其发生的程度，并估测能否达到防治指标。预测结果可用具体的虫口或发病数量做定量的表达，也可以用发生、流行的级别做定性的表达。发生流行的级别大致可分为大发生、中度发生、轻度发生和不发生，具体分级标准根据病虫害发生特点、发生量以及作物损失率来确定，因病虫害种类而异。

危害损失程度预测预报(prediction of loss)是对烟草遭受病虫危害轻重和损失程度等情况进行预测预报，包括烟叶产量的损失、品质的影响及产值收益的估计等。

防治效果预测预报(prevention and cure effect prediction)主要是对采取一定措施控制病害可能产生的效果进行的评估与分析。这里包括对单项措施的评估分析，也包括对综合处理措施的效果评估分析。其中，农业措施效果周期较长，但影响因素较多；化学措施效果快，影响因素少，但容易产生一些副作用。

2.3.2.2 按照预测预报时间期限的长短分类

预测预报按时间长短包括短期、中期、长期和超长期预测预报。

短期预测(short-term prediction)其期限对病害一般为 1 周以内，对害虫则大约在 20d 以内。短期预测是对近期内病虫的发生危害情况进行预测，并用于指导近期病虫害的具体防治工作。一般做法是：根据过去发生的病情或 1、2 个虫态的虫情，推算以后的发生期和数量，以确定未来的防治时期、次数和防治方法。适用的有害生物种类主要是受气候条件影响较大的流行病害，如烟草的赤星病、野火病、气候斑等的预测；在虫害方面，则根据前一虫期的发生情况推测后一虫期的发生期和发生量。

中期预测(medium-term prediction)是对病虫发生危害等情况在 10～90d 的预测，视病虫种类的不同而有一定的区分。主要根据当时的有害生物数量、作物生育期的变化以及实测的或预测的天气要素，对下一阶段病虫的发生危害情况进行预测，预测结果较为准确，用于指导防治某种病虫害工作的开展和防治方案的制定。

长期预测(long-term predicion)是对病虫发生危害等情况在 3 个月以上的预测，通常根据病虫在年初或者越冬的菌源或虫源数量及气象预测资料等进行，展望全年或较长时期内病虫发生的动态和灾害程度。预测结果所指出的是病虫害发生的大致趋势，需要用中、短期预测加以矫正，准确性一般较差。在病害方面，主要是用于种传或土传的病害的预测预报，如烟草花叶病、黑胫病、青枯病等；在虫害方面主要用于常发性、多发性的重要虫种，如烟蚜、小地老虎等的预测。

超长期预测(super-long-term prediction)是对一些病虫害的发生发展趋势结合整个产业发展进行的超前预测，一般是指借助科学手段和大量基础数据的系统分析，做出的一年以上可能的发生趋势的预测，对于行业的长远发展具有指导意义。

2.3.2.3 按照预测预报的区域分类

预测预报按照区域可以分为以烟草种植单元、基地单元、县、省等为预测范围的预测预报和以烟草全国区划的大区范围进行的预测预报等。从当前情况看，我国烟草病虫害预测预报与防治网络进行的预测都是分大区域进行预测的，如西南高原生态区、武陵秦巴生态区、黔桂山地生态区、黄淮平原生态区、南岭丘陵生态区、沂蒙丘陵生态区、东北平原生态区。从指导生产的意义和烟草产业发展的实际情况来看，以烟草基地单元[生态条件相似、栽培技术一致，管理比较统一，大约 2 万亩(1 亩≈667m^2)为一个基地单元]进行病虫害的预测预报比较切合实际，有操作和指导生产的实际意义。

2.3.3 预测的方法

预测的方法有很多种，在生产上主要是采用生物学预测法、数理统计预测法和系统预测法等几种。在实际预测过程中，有时候需要综合运用这几种方法。

综合分析法(comprehensive analysis method)是指直接观察病虫害的发生和危害情况、烟草的生育期、烟株的生长状况及气候环境条件等其他因素，通过一定的经验积累，明确病虫的发生种类、数量和危害损失程度等与烟草的生育期或生长状况等的定性关系，应用这些现象对病虫的发生期、发生量和灾害程度等进行估计的方法。最常用的综合分析法是物候预测法、经验指数预测法等。

生物学法(biological method)是以调查有害生物的生长发育、生存、繁殖、侵染循环、生活史等生物学特性为基础，结合环境因素的影响或相互关系，并分析出一定的生物学参数或关系式等进行预测。这种预测方法是从预测对象出发，同时兼顾环境因素，相对来说比较成功。

条件类推法(conditional analogy method)是通过对某一地区进行调查和研究，明确烟草营养状况、气候条件、自然天敌、土壤环境条件等因素的特殊性和普遍性，并对病虫害的生存、传播或迁移、生长繁殖等的自然规律进行准确的把握。此时，可利用当地相关的病虫、气候、土壤等资料对病虫的发生和危害情况进行估计。条件类推法是病虫害预测的基础方法，常用于中短期病虫发生情况的定量预测。条件类推法是利用一些影响病虫发生发展的关键因子和必然规律进行病虫的预测，其预测的准确性较高、指导病虫近期防治的实践性强，具有较强的应用性。常用的条件类推法有：有效积温预测法、物候预测法、发育进度预测法、有效基数预测法等。

数理统计法(mathematical statistics method)是在大量调查数据的基础上，以概率论为基础，借助于现代统计分析技术，构建相应的模型，以动力学预测和统计预测为基本手段来预测主要对象的发生和发展情况，这类预测方法具有一定的局限性，效果不够明显，前提是要有大量的基础调查数据和资料做支撑。

系统预测法(system prediction method)需要对客观事物做具体的分析，寻找其内在的各种普遍规律，收集各方面的有关信息，包括各种病虫资料、农业措施、经济情报和多种外界的相关因子等，进行综合归类分析，形成一定的预测。这些预测预报的方法能不能发挥作用，还需要与生产实际相结合。

烟草病虫害的预测预报(prediction and forecast of tobacco disease and insect pest)是指根据烟草病虫草害发生、发展的基本规律和必然趋势，结合当前病虫草情况、烟草生育期、气象预报等相关资料进行全面的分析，对未来病虫草害的发生时期、发生数量和危害程度等进行估计，预测病虫草害未来的发生动态，并以某种形式提前向有关部门和领导、烟草植保工作人员、植保专业化服务组织等提供烟草病情、虫情、草情报告的工作。烟草病虫草害的预测预报是病虫害综合防治和绿色防控的重要技术保障，可以使烟草病虫害的防治工作能够有目的、有计划、有重点、安全高效地有序进行，是烟草病虫害防治工作科学性、及时性、有效性和安全性的有力保证。

2.4　烟草病害的预测预报

2.4.1　烟草病害的症状

症状(symptom)是指烟草受到病原生物的侵染或者非生物因子影响后，经过一系列的病理变化，在组织内部或者外表显露出来的异常状态。症状最开始是细胞水平的转变，包含各类代谢活动和酶活性，然后是组织水平和器官水平的变化，最后会导致整个生物体的变化。烟草生病后的症状可分为外部症状和内部症状。症状是植物与病因互相作用的结果，是一种表现型，它是人们识别病害、描述病害和命名病害的主要依据，因此在病害诊断中有着非常重要的作用。掌握烟草病害的症状是调查研究烟草病害的基本依据。

外部症状(external symptom)是肉眼或者放大镜下可见的烟草植株外部病态特征，通常可分为病状和病征。

病状(symptom)是烟草自身所表现出的异常状态，如变色、坏死、腐烂、萎蔫、畸形、枯萎、肿大等。

病征(sign)是病原物在植物病部表面所形成的特有构造或者形态，病征一般分为霉状物、粉状物、粒状物、棉毛状物、脓状物等五种类型。一般病毒性病害和非侵染性病害有症状而无病征，真菌性病害一般会有前四种类型的病征，细菌性病害主要表现出有脓状物的出现。症状是病害调查非常重要的内容，在记载过程中一定要考虑到病状和病征这两个方面。

内部症状(internal symptom)是指植物受病原物侵染后，细胞形态或者组织结构发生的变化，一般要在光学或者电子显微镜下才能观察到。

一般细胞的生理活动的改变需用专门的仪器检测或者分析方法进行确定，但是当病变出现在组织或器官表面时，肉眼就可以识别；有些症状也可用嗅觉、味觉或触摸进行观察；有的症状是单个细胞表现的症状，在这类症状中，最常见的是受某种病毒侵染的植株中所见到的细胞质内含体。

在对烟草病害调查的过程中，首先是看到了症状，然后要尽量找到病征，通过综合分析后才能恰当地进行病害的诊断。在病害预测预报过程中，还需要根据病状发生的情况，预测病害发展的趋势，给防控该病害提出合理的时机和防治的建议。

2.4.2 病害流行基础

植物病害流行(botanical epidemic)是在一定的时间、空间内，病害在某种植物群体上普遍而严重的发生，并导致植物产量和质量显著损失的现象。病害流行的基本特点是发生面积大，发病迅速，造成损失严重。对于烟草病害来说，烟草会有很多病害的发生，单一的单株的病害造成的损失小，不是我们关注的重点。我们在生产上真正关注的是群体，在病害流行情况下会造成较大经济损失的病害。植物病害流行的时间和空间动态及其影响因素是植物病害流行调查和研究的核心。病原物群体在环境条件、人为因素以及植物体相互作用下导致病害的流行。因此，预测预报必须以明确病害流行规律为基础。

侵染(infection)。该词来源于拉丁语 infestare，意为袭击，含有经常侵扰之意。病原菌对植物的侵染是指病原物寄生到寄主植物的组织内或者器官上，持续地侵扰植物的现象。病原菌侵染寄主分为初侵染和再浸染。

初侵染(primary infection)即由经越冬或越夏的病原物，在植物生长季节中在寄主植物群体中引起的侵染，指植物在生长季节里受到病原菌的第一次侵染。这次侵染不一定就能导致病害的流行，但这是病原在寄主植物上开始活动的起始。

再侵染(secondary infection)即在初次侵染的植株上，以及以后各次发病的植株上，产生繁殖体，通过传播引起的侵染，是指在同一个生长季节里再一次侵染寄主，使其发病的现象。再侵染是病害流行的一个重要基础。

侵染过程(infection process)。病原物与寄主植物可侵染部位接触，并侵入寄主植物，在植物体内繁殖和扩展，然后发生致病作用，显示病害症状的过程，也是植物个体遭受病原物侵染后的发病过程。关注这个发病过程，理解其动态变化，在我们调查和预测病害时可以充分考虑不同阶段的不同特点，以便准确获取信息。病原物的侵染过程包括接触、侵入、潜育、发病四个时期，调查过程中要注意区分。

潜育期(incubation period)。从病原物侵入寄主后建立寄生关系开始，到出现明显的症状为止的这一时期称为潜育期。这是病害侵染过程中的一个重要时期，也是病原物和寄主植物相互竞争和斗争最激烈的时期，病原物要从植物体内取得营养和水分，而植物则要阻止病原物侵入体内以及对其营养和水分的掠夺。植物病害潜育期的长短不一，一般 7～10d，短的 2～3d，长的则整个季节都可能不发病，如一些病毒病。潜育期的长短受环境和植物自身健康状况的影响，外因中温度的影响最大，而内因则与植物的生长状况，营养水平和抵抗力等有关。

发病中心(infection center)。植物病害发生过程中，在一定区域内最早出现发病症状的地方就叫发病中心。植物病害流行时，若侵染源来自当地就有发病中心。距离发病中心愈远，病害密度愈小；反之，外地(气流)传入的病原物一般没有明显的发病中心，即使有也是偶然因素造成的，病害群体呈弥散式分布。烟草病害中，黑胫病、青枯病通常有明显的发病中心，而赤星病、野火病等发病中心不明显，但会有发病重要的区域。烟草病害调查时要特别注意关注发病中心，测报时，发病中心出现的时间和范围也是测报信息中需要体现的。

侵染循环(infection cycle)指病原菌在植物从前一个生长季节开始发病，到下一个生长季节再度发病的过程。只有病害具有了侵染循环的特点，才能导致植物在生长季节中发病和造成病害流行。在侵染循环过程中，病原菌存在方式及传播途径是关键的环节。病原菌种类不同，其越冬越夏场所和方式也不同，有的病原菌在植株活体内越冬，有的则在烟杆烟根残体内越冬，有的又以孢子或菌核的方式越冬。病原菌传播的途径主要有空气、水、土壤、种子、昆虫及风雨等。有些病原物在寄主同一生长时期，只有初侵染而无再侵染，对此类病害只要消灭初侵染的病原物的来源即可达到防治的目的。能再侵染的病害，则需重复进行防治，发生在烟草上的病害绝大多数属于后者。

单年流行病害(monoetic disease)指在作物一个生长季节中，只要条件适宜，菌量能不断积累、流行成灾的病害。这类病害在一个季节中可以再侵染而引起新一轮的病害发生，因此又叫多循环病害(polycyclic disease)。其特点是：①病害潜育期短，再侵染频率高，一个季节内可繁殖多代，多由气流、风雨或虫媒传播；②病害流行程度除部分取决于越冬菌量外，主要取决于当年的环境条件，特别是温、湿度。烟草上发生的赤星病、野火病、白粉病等大多数叶斑类病害都属于单年流行病害。对于这类病害，调查的重点是要系统调查，并且要把握流行的关键时期；预报的重点是短期预报，而且也特别关注气候变化；防治的重点要考虑品种抗性、栽培措施的保障以及降低病原菌的初侵染量和程度。

积年流行病害(polyetic disease)指病原物需要经连续几年的菌量积累，才能引起不同程度流行危害的病害。度量病害流行时间尺度一般以“年”为单位。在一个季节如果发生这类病害，一般不会再引起新的侵染和发病，因此又叫单循环病害(monocyclic disease)，其特点为：①潜育期长，一般无再侵染或者再侵染次数少，多由土壤、种子传播；②病害流行程度主要取决于越冬基数，受环境条件的影响较小。烟草上发生的根结线虫病、青枯病、黑胫病等根茎类病害都是这类病害。对于这类病害，调查上要注意普查分析，测报上要关注长期测报，防治上要注意土壤保育，借助综合措施，降低病原基数。

流行过程(epidemic process)是病害在栽培作物区发生、传播和终止的过程，称为流行性病害的流行过程。可以用流行曲线表示，该曲线呈现出 S 形。流行过程一般可划分为始发期、盛发期和衰退期。这三个时期相当于 S 形曲线的指数增长期(exponential phase)、逻辑斯谛增长期(logistic phase)和衰退期(decline phase)(图 2-2)。指数增长期从开始发病到发病数量达到 5%(0.05)为止；逻辑斯谛增长期由发病数量 5%(0.05)上升到 95%(0.95)这段时期；衰退期为发病数量达到 95%(0.95)以后。由此可以看出，指数增长期是调查、预测和预防的关键时期，逻辑斯谛增长期是治疗和控制的关键时期。

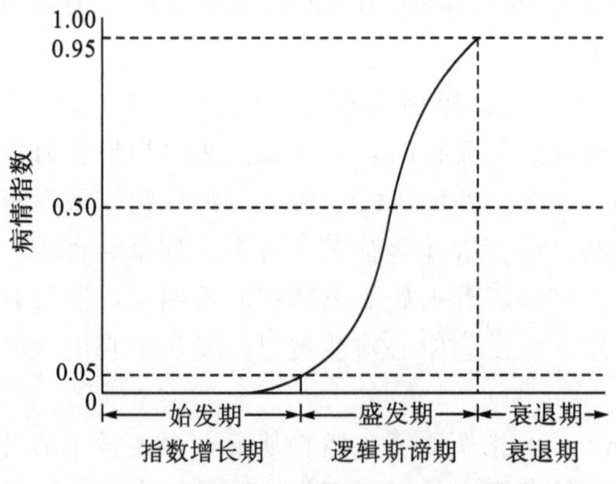

图 2-2 病害流行过程的阶段划分

逻辑斯谛模型(logistic growth model)。在病害流行过程中，指数增长期虽然发病率低，它是发病的基础。而逻辑斯谛增长期是病害快速增长的关键时期，根据其数学规律，可得线性化公式（逻辑斯谛模型)：

$$\ln\frac{x_t}{1-x_t}=\ln\frac{x_0}{1-x_0}+rt$$

式中，x_0为初始病情(普遍率或者病情指数，范围 0～1)；t 为病害发展经历的时间(以日为单位)；r 为单位时间的病情增长率；x_t为经过 t 时间的病情。

逻辑斯谛增长模型的图形是 S 形曲线，与多循环病害季节流行曲线相似，从而可利用该数字模型来分析多循环病害的流行。模型中 r 为逻辑斯谛侵染速率，实际上是整个流行过程的平均流行速度，统称为表观侵染速率(apparent infection rate)。若以 x_1、x_2 分别代表 t_1、t_2 日的发病数量，则由逻辑斯谛模型可得

$$r=\frac{1}{t_2-t_1}\left(\ln\frac{x_2}{1-x_2}-\ln\frac{x_1}{1-x_1}\right)$$

这里的 r 是一个很重要的流行学参数，是指单位时间内新增病害数量与原有的病害数量的比率，因为是以日为单位，所以也称为病害的“日增长率”(daily growth rate)。了解逻辑斯谛模型的意义就可以很好地理解病害发展的过程，用参数来表达便于在调查分析、预测预报和预警中很好地采用数字化来表达病情的发展情况。

2.4.3 烟草病害预测预报的依据

预测预报依据(forecast basis)是烟草病害流行预测的预测因子，应根据病害的流行规律，从寄主、病原物和环境因素中选取。一般来说，菌量、气象条件、栽培条件和寄主植物的生育情况等是重要的预测依据。

(1)根据病原菌进行预测。单循环病害侵染概率较为稳定，受环境条件影响较小，可根据越冬菌量预测发病数量；多循环病害有时也利用菌量作为预测因子，如烟草野火病的预测。对于一些常发性的病害，必须关注病原菌致病力的变化。在精准预报过程中，还要考虑病害对药剂的抗性情况。

(2)根据气象条件预测。多循环病害的流行受气象条件影响很大，而初侵染菌源不是限制因素，对当年发病的影响较小，通常根据气象因素预测。有些单循环病害的发生和流行也取决于初侵染时期的气候条件，因此气候因素是烟草病害预测的重要依据。

(3)根据病原菌与气候条件结合进行预测。综合菌量和气候因素两者之间的效应实现病害发生流行的预测，是当前多种病害预测的重要依据。如烟草野火病侵染期需要高湿和低温阶段，大面积流行爆发需要连续降雨后的骤晴天气；赤星病的侵染与流行需要后期高温高湿的条件等。

(4)根据寄主植物的生育期和生育状况预测。烟田有些病害的预测除了要考虑菌量和气候因素外，还要考虑栽培条件和寄主的生育期、发育状况。例如，对于烟草野火病的发生和流行，菌源的存在是必要条件但不是充分条件，烟草的生育期、种植密度以及施肥状况等都是烟草野火病发生的重要影响因素。一般而言，在菌种存在的情况下，处于烟草移栽后两周左右或烟草的打顶以后，烟田氮肥施用过多、磷钾肥施用过少，种植密度过大，气候多雨高温的情况下易导致烟草野火病的爆发。

(5)根据寄主植物的健康栽培条件进行预测。寄主植物的健康栽培条件包括土壤基础、耕作状况、施肥条件、营养平衡情况、田间管理状况，以及农药施用，特别是生长调节物质、抗性诱导物质、抗生素等的施用时期和施用量等。根据这些情况，结合病原菌基础数量以及天气状况，在预测上将更为准确可靠。

在以上预测的依据中，要有科学数据支撑，基础调查十分重要。但同时要结合往年的发病情况以及权威人士的意见建议，才能恰当地做出判断。

2.5　烟草虫害的预测预报

2.5.1　害虫种群

种群(population)是指一定区域内生活着的同种个体的集合，同一种群内的个体能随机交配。种群数量受食物、天敌、自身繁殖能力等因素的影响而处于不断的变动之中。害虫大发生实质是害虫种群在特定的时间内迅速增长、种群密度剧增的结果。我们进行虫害的预测预报也是对种群数量动态的关注和分析。

种群特征(population characteristics)是指种群个体相应特征的统计量。出生率、死亡率、年龄组配、性比、基因型比率和滞育率等都是反映种群特征的一些指标。此外，数量动态、种群的空间分布和种群的集聚与扩散、种群分化等都是种群的特征。

种群结构(population structure)又称种群组成，是指种群内生物特征不同的各类个体在种群中所占比例的分配状况，或在总体中的分布。最主要的是性比和年龄结构，其次是因昆虫多型现象而产生的生物型，如烟蚜种群内的有翅型和无翅型的比例状况。

性比(scx raito)是种群中雌性个体数和雄性个体数的比值。

年龄结构(age distribution)是种群内各年龄组(虫态、龄期)个体占总体的百分率。

生命表(life table)是按照种群的年龄(虫龄和虫态)顺序编制，系统记录种群死亡率及死亡原因和不同年龄阶段的生殖力，并按照一定的格式详细列成的表格。昆虫生命表技术为种群数量动态分析和害虫发生量预测提供了重要的工具。

生命表记载系统和详尽，能清晰地反映整个种群在生活周期中的数量变化过程，具体化、数量化地描述出了各因子对种群动态的作用，因此可以明确分辨出影响种群的重要因素及关键因素。按用途、内容可有两大类型，即特定年龄生命表、特定时间生命表(包括自然种群、实验种群生命表)等。

2.5.2 害虫发生期的预测

发生时期预测(prediction of occurrence period)是根据某害虫防治策略的需要，预测某个关键虫期出现的时期，以确定防治的有效时期。在烟田害虫的发生和预测中，常将各虫态的发生分为始见期、始盛期、高峰期、盛末期和终见期。始盛期、高峰期、盛末期划分标准分别为出现某虫期总量的16%、50%、84%。烟田害虫发生期预测常用的方法有以下几种。

形态结构预测法(morphological structure prediction method)是害虫在生长发育过程中，会发生外部形态和内部结构的变化，这些变化会经历一定的时期，根据这个变化的历期就可预测下一虫态的发生期。另外，还可以通过系统解剖雌虫，按卵巢发育分级标准分级统计，以群体卵巢发育进度预测产卵期。

发育进度法(developmental progress method)是根据田间害虫发生进度，参考当时气温预测，加相应的虫态历期，推算以后虫期的发生期。这种方法主要用于短期测报，准确性较高，是常用的一种方法。

历期法(developmental duration method)，通过对前一虫期田间发生进度，如化蛹率、羽化率、卵孵化率等的系统调查，当调查到其百分率达到始盛期、高峰期和盛末期，分别加上当时气温下各虫期的历期，即可推算出后面某一虫期的发生时期。

分龄分级法(method of sub worm age)，对各虫态历期较长的害虫，可以选择某虫态发生的关键时期(如常年的始盛期、高峰期等)，作2～3次的发育进度检查，仔细进行幼虫分龄、蛹分级，并计算各龄、各级占总虫数的百分率。然后自蛹壳级向前累加，当达到始盛期、高峰期、盛末期的标准，即可由该龄级幼虫和蛹到羽化的历期，推算出成虫羽化始盛期、高峰期和盛末期，其中累计至当龄时所占百分率超过标准时，历期折半。并进一步加产卵前期和当季的卵期，推算出产卵和孵化始盛期和盛末期。

期距法(periodic distance forecast method)，与前述历期预测相类似，主要根据当地多年累积的历史资料，总结出当地各种害虫前后两个世代或若干虫期之间，甚至不同发生率之间“期距”的经验值(平均值与标准值)作为发生期预测的依据。但其准确性要视历史资料积累的情况而定，越久越系统，统计分析得出的期距经验值就越可靠。

有效积温法(effective accumulated temperature method)，根据有效积温法则，在研究掌握昆虫的发育起点温度(C)与有效积温(K)之后，便可结合当地气温(T)运用式(2-1)计算发育所需要的天数(N)。如果未来气温多变，则可按照式(2-2)逐日算出发育速率(V)，而后累加至$\sum V \approx 1$，即为发育完成之日。但是用于发生期预测，还必须掌握田间虫情，在其现有发育进度(如产卵盛期等)的基础上进行预测。

$$N = \frac{K}{T - C} \tag{2-1}$$

$$V = \frac{T - C}{K} \tag{2-2}$$

物候法(phenology method)，物候是指自然界各种生物活动随季节变化而出现的现象。自然界生物，或由于适应生活环境，或由于对气候条件有着相同的要求，形成了彼此之间的物候联系。因此可通过多年的观察和记录，找出害虫发生与寄主或某些生物发育阶段或活动之间的联系，并以此作为生物指标来推测害虫的发生和危害时间。害虫与寄主的物候联系是在自然界长期演化的过程中，经适应生活环境遗留下来的一种生物学特性，这种特性在一化性害虫中表现尤为突出。物候法适用于主要受温度影响的害虫的发生期。烟草害虫中的小地老虎、烟青虫等可采用物候法进行发生期预测。

数理统计预测法(mathematical statistics prediction method)是运用统计学方法，利用多年来的历史资料，建立发生期与环境因子的数学模型以预测发生期的方法。如根据历年害虫发生规律、气象资料等，采用多元回归、逐步回归等方法建立害虫发生期与气象等因子间的关系回归式，经验证后可用于实际预测。数学模型的建立要有多年资料的积累，资料越丰富，模型建立就越可靠，预测的效果就越准确。

2.5.3　害虫发生量的预测

发生量预测(occurrence quantity prediction)就是预测害虫在一定阶段的发生程度或发生数量，用以确定是否有防治的必要。害虫的发生程度或危害程度一般分为轻、中偏轻、中、中偏重、大发生和特大发生 6 级，具体的标准可以根据不同种类害虫的实际情况来确定。常用的预测方法有以下几种。

2.5.3.1　有效虫口基数预测法(prediction method of effective insect population base)

通过对上一代虫口基数的调查，结合该虫的平均生殖力和平均存活率，可预测下一代的发生量，常用如下的公式计算繁殖数量：

$$P = P_0\left\{e\,\frac{f}{m+f}(1-M)\right\}$$

式中，P 为下一代的发生量；P_0为上一代的发生量；e 为平均产卵量；f 为雌虫数；m 为雄虫数量；M 为各虫期累计死亡率。

也可以依据前一时期虫口基数，用描述种群增长的逻辑斯谛方程(参见本章 2.4.2 病害流行基础)来预测下一时期虫口基数。

2.5.3.2　气候图及气候指标预测法(climate chart and climate index prediction method)

昆虫属于变温动物，其种群数量变动受气候影响很大，有不少种群数量的变动受气候支配。因此，可以用昆虫与气候条件变化的关系对昆虫的发生情况进行预测。

气候图(climate chart)通常以某一时间尺度(日、旬、月、年)的降水量或适度为一个轴向，同一时间尺度的气温为另一轴向，两者组成平面直角坐标系。然后将所研究时间范围的温湿度组合点按顺序在坐标系内绘出来，并连成线。根据此图形可以分析虫害发生与气候变化间的关系，并对害虫发生进行预测。将当年气候预报和实际资料绘制成气候图，并与历史上的各种模式图比较，就可以做出当年害虫可能发生趋势的估计。

2.5.3.3 经验指数预测法(empirical exponential forecasting method)

经验指数预测是在分析影响害虫发生的主导因子的基础上，进一步根据历年资料统计分析得来，用以估计害虫来年的数量消长趋势。

温湿系数(coefficient of temperature and humidity，RH/T value)预测是害虫适生范围内的平均相对湿度(或降水量)与平均温度的比值，称为温湿系数(或温雨系数)。如某地区根据7年资料分析，影响烟蚜季节性消长的主导因子为平均气温和相对湿度。

温湿系数=5d平均相对湿度/5d平均气温。

根据经验，当温湿系数为2.5~3时，烟蚜危害猖獗。

天敌指数(natural enemy index)预测是分析当地多年的天敌及害虫数量变动的资料，并在实际调查后，对所得数据用如下的公式计算出天敌指数：

$$P=\frac{X}{\sum(y_i \cdot ey_i)}$$

式中，P为天敌指数；X为当时的每株蚜虫数；y_i为当时平均每株某种天敌数量；ey_i为某种天敌每日食蚜量。

一般情况下，当$P\leqslant1.65$时，烟田4~5d后烟蚜将受到天敌控制，不需要防治。

2.5.3.4 形态指标预测法(shape index prediction method)

对于那些具有多型现象的害虫，可根据其型的变化来预测发生量。如无翅若蚜多于有翅若蚜时，则预示着烟田蚜虫数量即将增加，应做好防范工作。对于一些鳞翅目害虫的幼虫来说，低龄幼虫的数量对于高龄幼虫数量来说是一个重要的基数，预测3龄以前幼虫的出现时期，可有效提升防治效果；如果进入5龄之后，则可以判断化蛹的量，对于下一代虫口数量也可以做初步判断。

2.5.3.5 数理统计预测法(mathematical statistics prediction method)

数理统计预测是将测报对象多年发生资料运用数理统计方法加以分析研究，明确其发生与环境因素的关系，并把影响害虫数量变动的关键因子用数学方程式加以表达，建立预测经验公式。公式建立后，只需要将影响因素变量带入公式即可预测害虫的发生情况，指导防控。

回归分析预测法(regression analysis prediction method)，害虫数量的变动与周围条件中的关键因子具有密切关系，在测报中用数理统计方法分析害虫发生与关键因子的关系，并制定相关的数学表达方式，用以预测害虫的发生，这种方法称为相关回归分析。该方法的步骤具体如下：第一，根据大量的调研数据和历史资料，经分析，明确影响虫害流行的关键因子；第二，对已经确定的关键因子，通过调查分析，建立预测经验公式；第三，对预测经验公式的可靠性及误差进行检验；第四，分析影响害虫发生流行的关键因子和次要因子之间的关系。

判别分析预测法(judgment and analysis prediction method)是用来判别研究对象所属

类型的一种多元分析方法。它用已知类型的样本数据构成判别函数，继而用此判别函数预测新的样本数据属于何类。在害虫测报中，害虫发生情况可用“严重发生”“大发生”“一般发生”“轻微发生”等类型来划分，因此可用判别分析进行预测。包括两类判别、多类判别预测及逐步判断预测法。

两类和多类判别分析应用是人为地确定判别因子，从而建立判别方程。在害虫预测中，要考虑的因子很多，如何从诸多因子中挑选出最佳因子值得研究。逐步判别法可以自动地从大量可能因子中挑选出对虫情预测最重要的因子，并建立预测方程。

时间顺序预测法(time sequence prediction method)，在回归分析和判别分析中，对虫害进行预测要利用其影响因素作为预测因子，属于他因分析。时间序列预测对害虫进行预测只考虑害虫种群本身的变化，是自因分析，但并不是说不考虑外部因素，而是将害虫自身变化视为各种内外因子综合作用的结果。马尔科夫链(A. A. Markov，1856～1922)方法描述了一种状态序列，其每个状态值取决于前面有限个状态，在害虫测报中的应用和推广就是该方法最成功的一个例子。

模糊数学预测法 (fuzzy mathematics prediction method)，模糊数学并非让数学变成模糊的东西，而是用数学来解决一些具有模糊性质的问题。这里的模糊是指客观事物差异的中间过渡不分明性。在害虫预测中，虫情的严重程度也是模糊的，于是可以用模糊数学来加以预测。

2.5.3.6 种群系统模型预测法(population system model prediction method)

种群系统模型预测法主要是根据多年生命表资料，并结合试验生态方法，研究不同温度和湿度、寄主及天敌对害虫种群参数(如发育速率、出生率、死亡率)的影响，从而组建害虫种群数量预测模型。只要输入种群起始数量及有关生态因素的值，就可在计算机上运行该预测模型，给出未来时间害虫种群密度的预测值。同时，还可通过田间的调研数据不断校正预测结果。这对害虫的中长期预报及综合治理决策具有十分重要的意义，但是要建立这样的模型需要长期系统的基础研究。

2.6 系统及系统分析

2.6.1 系统及系统分析方法

系统(system)是由相互作用、相互依赖的若干组成部分结合而成的具有特定结构和功能的有机体，这个系统又是它所从属的一个更大系统的组成部分(钱学森，1983)。构成系统必须满足以下条件：第一，由两个或两个以上的元素组成；第二，各元素之间相互联系、相互依赖、相互作用；第三，各元素协同工作，使“系统”作为一个整体；第四，系统是运动和发展变化的；第五，系统的运动有特定的目标。

20 世纪 60 年代国际上提出的有害生物综合治理(IPM)以及我国 1975 年提出的“预防为主、综合防治”的植保方针使有害生物防治策略得到了发展。随着系统科学这门新兴学科的发展，系统的思想和方法很快被人们接受并广泛用于解决农业有害生物防治中的复杂问题。因此，在系统思想的指导下，在绿色生态环保理念的影响下，如何合理地利用预测预报的基本信息，对有害生物进行管理就具有十分重要的意义。

系统分析(system analysis)是从系统组成的条件分析，系统具有整体性，系统的各组分之间，组分与整体之间，整体及各组分与外部环境之间保持着有机的联系。如烟草的根、茎、叶、花、果各组分的数量和结合形式以及它们与外部环境(气候、土壤、其他生物、农事操作等)相互作用的形式，对事物整体功能(烟叶的产、质量)产生的影响就是系统整体性的体现。系统内各元素之间相互联系、相互作用并具有某种相互依赖的特定关系；系统具有层次性，任何系统向下可以再分解为若干较低层次的子系统，同时它又从属于较高一级系统的子系统。如病害流行系统可以包括病原物、寄主和环境条件三个子系统，但它本身又属于农田生态系统。

系统分析法(system analysis method)。瓦特(K. E. F. Watt)1966 发表的《生态学中的系统分析》论文集在病虫害预测预报与防治上产生了重要的影响，标志着系统分析已成为研究有害生物种群动态、预测预报和综合治理的重要方法。系统分析方法是一个立足整体，统筹全局，使整体与部分辩证地统一起来的科学方法，它将分析与综合有机地结合起来。分析是对系统总目标、系统层次、对多级系统控制的状态进行分解，使复杂的大系统问题变换为许多简单的小系统问题，在完成各种定性的、定量的、动态的、静态的分析研究后，再按照系统固有的形式进行综合，即根据系统的总任务和目标要求，使子系统相互协调配合，实现系统的全局最优化。它始终着眼于从整体与部分(要素)之间以及整体与外部环境间的相互联系、相互作用、相互制约的关系，综合地、定量地考察研究对象，以达到最佳决策的一种方法，其显著特点是整体性、综合性和最佳化。

2.6.2 烟草有害生物生态系

有害生物生态系(pest ecosystem)是指烟草种植过程中影响烟草健康的生物因子和非生物因子相互作用、相互影响而构成的复杂系统。

烟草病虫害的发生与防治涉及品种的更替、种植制度、有害生物的变异、农事操作和自然环境、气候条件的变化等，这其中任何一个因素的变动都可能导致病虫害的大发生。长期以来，在与这些有害生物做斗争的过程中，人们始终摆脱不了采用一些单一的措施(如仅仅靠施用农药，或者仅仅靠释放一种天敌)，这些措施可能在局部有一些效果，但不久病虫害就会卷土重来，有时还会造成更大的损失。经过多次的失败人们认识到：我们的对手不仅仅是数量繁多、不断繁衍的微生物和昆虫，而且是千姿百态、纷繁复杂的整个生态系统(图 2-3)，我们试图干涉这个生态系统，或者控制消灭某一种病原菌或者害虫，但难免会顾此失彼，最终导致控制措施的失败。因此，必须站在系统的高度，运用生态学的观点，在明确有害生物发生发展动态的基础上，制定有害生物防治的战略和策略，特别是采用系统生态学理论中的系统分析方法来解决烟草的病虫害控制问题。

有害生物系统控制(pest system control)是在进行病虫调查、测报以及制定一个有害生物复合体(这里包括害虫、植物病原和杂草等)的最佳防治策略时，把整个农田看作一个由相互作用的成分构成的生态系统，而这个生态系统还必须和外界因素相联系，由此而产生出的计划、方案和控制对策就叫有害生物的系统控制。对于烟田生态系统来说，其包括有生命的成分，如烟草及其有害生物，以及存在于它们之间与之有千丝万缕联系的有益微生物和其他生物等；这些动态的、相互作用的生物种群受着非生物环境的巨大影响。非生物环境包括太阳辐射、温度、湿度以及土壤中可给态水分和营养物质。此外，如何来影响这个系统，谁来影响，以及在烟草生育期采用的栽培措施、管理措施等人为操作因素对生物因子和非生物因子的影响等。而要干涉这个系统，则必须注意了解和掌握与这个系统相关联的信息，这对做出一个恰当的决定十分重要。

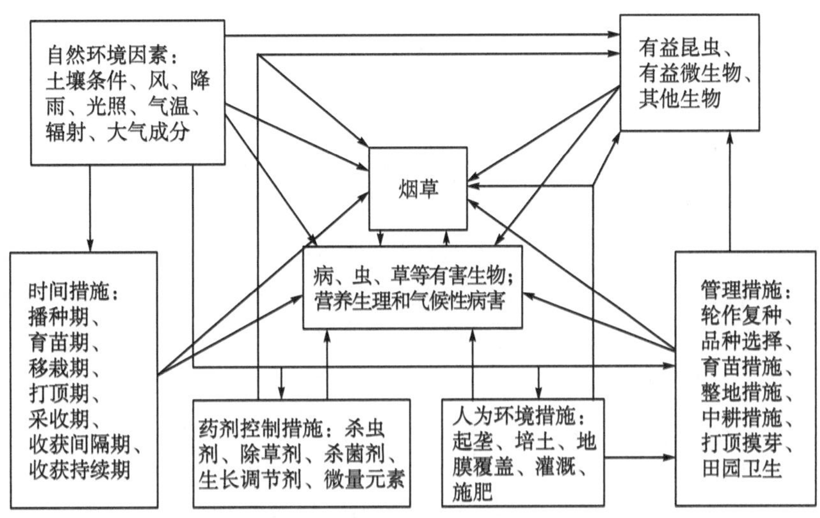

图 2-3　烟草生态系统的主要成分之间的相互关系

2.7　微生态及其调控

微生态(microecology)是指以植物体为核心，植物与土壤因子、微生物因子及土壤微环境相互作用、相互影响而形成特殊的、小的生态环境。主要包括根际微生态、叶际微生态以及植物体内环境微生态等。在进行病虫害调查、预测预报及综合防治的过程中，很多现象与微生态密切相关，了解和掌握微生态的一些知识，对于深入研究和分析烟草病虫害发生、预测和控制技术具有十分重要的意义。

根际(rhizosphere)是指受植物根系活动对土壤的影响，在物理、化学和生物学性质上不同于土体的那部分微域土区。生活在根际环境中的微生物称为根际微生物。根际是植物、土壤和微生物相互作用的重要界面，也是物质和能量交换的结点。1904 年德国科学家 Hiltner 首次提出根际这一概念，现在已经成为研究植物健康的一个重要概念，也是未来控制植物有害生物所必须关注的一个重要概念。

叶际(phyllosphere)(叶、茎、花、果等)是植物的地上有效部分，其环境条件一致，由其组成的生境统称为叶际(Lindow S E，2002)，而生存在其表面和内部的各种类型的细菌、真菌、酵母、藻类等微生物统称为叶际微生物。

微生态调查(microecology investigation)其主要目标是明确一个单元内微生态环境中

微生物的结构多样性和功能多样性。通过在烟草根系周围或者叶的表面采集样本信息，经过前处理之后，提取总DNA，并采用DGGE、16S rDNA、18S rDNA等测序技术对微生物结构多样性进行测定，可以分析烟草根际和叶际微生物种群结构区系特征。基于Biology-Eco方法可以进行土壤微生物功能多样性研究，通过多因素方差分析健康及发病样本微生物群落对6大类碳源的利用情况等，可以揭示发病与健康样本微生物功能特征的差异。

微生态调控(microecology control)是通过采用有效措施调节微生态的相关因子，达到提升有益因子，降低有害因子，实现微生态有序平衡，保障作物健康目的的一项技术。

当前，优质特色烟草生产面临三大难题，一是如何在各种生产要素变化的情况下彰显特色，二是如何在有限的土地上实现持续稳定发展，三是如何在确保收益的情况下实现安全高效。三大问题集中表现在特色逐渐缺失，土壤退化严重，病害严重发生，化学投入品依赖性加大，抗御风险能力差，农民增收的空间有限。这整体反映为植物的病虫害发生出现了新的问题，一些病虫害的发生靠现有的技术已经很难实现正常的控制。要想破解这些难题，单一技术不行，现有生产体系不行，靠大生态因子的分析和利用也不行。解决这些问题必须借助现代生物技术和植保技术，在认真分析影响烟草健康稳定发展的关键因子的基础上，既要从大的生态环境入手进行调查分析，也要关注微生态环境，调查一些关键的微生态指标，以烟草为核心，分析根系健康和叶部健康保障的要素，从宏观和微观两个方面着手，克服单一技术的缺陷，从根本上做到精准、科学、实用和有效。

近年来，*Science*，*Nature*，*Cell* 等世界著名的科技期刊都在关注植物健康与根际和叶际微生态的结构和功能的关系，形成了维护植物健康、保障安全生产的一个崭新的重要技术体系。随着分子生物学技术的发展成熟，如宏基因组、16S rDNA 测序、ITS 测序、磷脂脂肪酸图谱分析技术(PLFA)、变性梯度凝胶电泳技术(DGGE)、Biology-Eco 功能多样性等技术，为探讨微生态系统中生物与非生物成分的分布、数量和空间结构，研究微生态系统的结构、功能及其调节机理，分析微生物与植物互作的分子机制提供了可能。分析微生态的微生物区系结构多样性与功能多样性特征，明确微生态平衡机制，探讨微生态平衡与病虫害发生的关系，做出恰当和系统的精准预报，最终筛选出一系列提高烟草抗性、平衡微生态、提升烟叶品质的生态调控措施，这是微生态调控的主要目标，也是烟草有害生物绿色生态防控的重要组成部分，对于解决烟草植保、土壤、环境安全等问题，保证烟叶生产的健康、持续、安全的发展，提高烟草的经济效益意义十分重大。

2.8 烟草有害生物系统监测

监测(monitor)即监管并检测，对有害生物的监测一般是指持续地调查以查证某种有害生物种群动态的一系列活动。对病虫害的预测预报本身就是一种监测活动，但这个活动的系统化和组织化地实施才是真正意义上的监测。

监测系统(monitoring system)是指借助于一定的手段和方法，形成信息收集、传递、分享的一个平台，实现对有害生物的监测。建立监测系统是病虫害调查分析科学化、系统化、规范化的一个重要体现。

烟草病虫害预测预报及综合防治网络的建设是一项系统工程，该系统功能是以烟草农业生态系统中的病虫草害为研究对象，监测病虫草害种群动态，分析各有关因素对它们的影响，预测它们发生、发展的趋势，研究其综合防治措施，给决策者和生产者发布病虫草害趋势预报和提供防治建议。该系统层次的上一级系统可为农作物病虫害预测预报及综合防治网络系统，向下由烟草病虫害监测网络系统(数据采集系统)、烟草病虫害预测预报系统(信息处理系统)、烟草病虫害治理系统(综合防治系统)和烟草病虫害测报咨询系统(工程维护系统)等二级系统组成。

烟草病虫害监测网络系统(tobacco disease and insect pest monitoring network system)即数据采集系统，其功能主要是通过设立监测点进行病虫害的普查和系统调查，严密监测病虫害发生、发展动态，将数据汇总。各二级系统相互联系、相互依赖、相互作用。烟草病虫害预测预报系统将采集到的数据进行人工综合分析，并辅以数理统计分析，依据生物学、生态学、生物数学原理，分析病虫历年来各种相关因素，判断病虫的未来变化和发展趋势，做出科学结论。然后决策者和生产者将病虫预测预报信息输入烟草病虫治理系统进行病虫害的综合治理。要使病虫害监测网络系统、病虫害预测预报系统和病虫害治理系统发挥最大的功能，必须注意对系统进行维护和管理，对系统功能进行整合优化，这是烟草病虫害测报咨询系统的功能。

组成烟草病虫害监测网络系统的每个二级系统根据目标和功能向下又分为若干层次，如烟草病虫害监测网络系统可分四个层次：中国烟草病虫害预测预报及综合防治中心为第一个层次，各省级烟草病虫害预测预报及综合防治站为第二个层次，省站下面又分地市级(或者县级)测报站为第三个层次，各测报站下又可设若干测报点为第四个层次。这四个层次都可看作为系统进行病虫害的监测、预报和综合防治的功能单元，各个层次之间又同时进行病虫信息的传递、工作的交流，体现着上一级系统的功能。预测预报系统也可分为数据库系统、测报数据查询系统、人工综合分析系统、病虫测报专家系统和综合评判系统等子系统。数据库系统又可分为病虫害档案系统、气象档案系统、旬(或候)报系统、数据库管理系统等子系统。烟草病虫害监测治理系统各组分如图 2-4 所示。

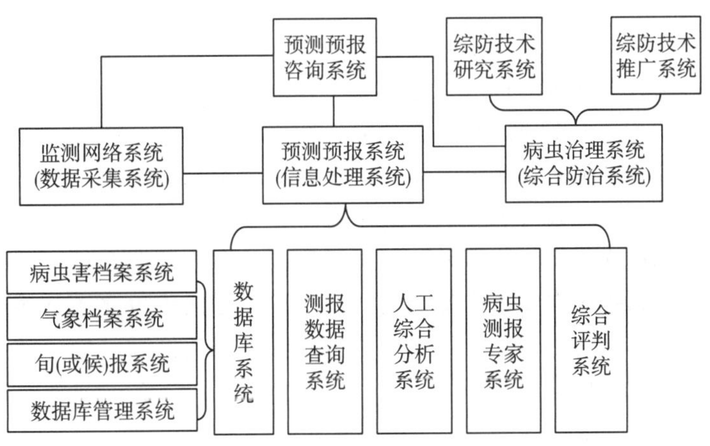

图 2-4　烟草有害生物的监测治理系统组分图

系统分析的核心是组分间的关系，用以研究的烟草有害生物系统组分很多，如上面介绍的烟草有害生物监测治理系统若仔细分下去还会有很多，但并非每一个组分都存在不可忽视的关系，在众多关系中起作用的都只是一部分，要根据已有的知识和经验分清主次，力求抓住那些必不可少的关键性的关系。

2.9 绿色生态防控

2.9.1 精准防治

对病虫害调查、预报和监测的目的是为了实现很好的防治。这体现在时间上恰当，方法上得当，对靶性准确，投资性最小，效果上最好。要实现这一点，测报的准确性就要求很高。因此，实现精准防治的基础是精准的预测预报技术。

精准防治可以借鉴医学上精准医疗(precision medicine)的思想。精准医疗是以个体化医疗为基础，随着基因组测序技术快速进步以及生物信息与大数据科学的交叉应用而发展起来的新型医学概念与医疗模式。其本质是通过基因组、蛋白质组等组学技术和医学前沿技术，对于大样本人群与特定疾病类型进行生物标记物的分析与鉴定、验证与应用，从而精确寻找到疾病的原因和治疗的靶点，并对一种疾病不同状态和过程进行精确分类，最终达到对于疾病和特定患者进行个性化精准治疗的目的，提高疾病诊治与预防的效率(人民网，2015.4.21)。

对于烟草病虫害的精准防治，也要能够很好地诊断，很好地了解病因，很好地确定病情发生动态，以及靶标的变化情况，结合药剂和相应的控制技术，而且，对于药剂选择的精准、施药方法的精准、施药时期的精准、施药器械的精准等也需要统筹考虑，只有这样才能获得很好的控制效果。

2.9.2 绿色防控

绿色防控就是尽量不采用化学农药，最大限度减少农药带来的毒副作用和残留污染等而采用的病虫害控制技术。该方法主要是采用农业防治、物理防治、生物防治、生态调控以及科学、合理、安全使用农药的技术，达到有效控制烟草病虫害，确保烟草生产安全、烟叶质量安全和烟区农业生态环境安全，促进烟叶增产、增收的目的。

多年的病虫害防控实践告诉我们，对于有害生物的控制单一措施是不行的，靠化学防控风险很高，因此必须借助于综合防控的手段。从烟草植保来说：①绿色防控是持续控制病虫灾害，保障烟区农业生产安全的重要手段。②绿色防控是促进标准化生产，提升烟叶质量安全水平的必然要求。③绿色防控是降低农药使用风险，保护烟区生态环境的有效途径。④绿色防控是提升烟草行业负责任良好形象，促进烟草可持续健康发展的重要保障。

绿色防控以“绿色　生态　低碳　循环”为宗旨，以烟田生态系统为整体，以生态系统控制为主线，以烟草为主体，以烟田主要有害生物为靶标，紧紧围绕烟草—害虫—天敌系统、烟草—其他植物(作物)系统、烟草—病原物—微生物系统、烟草—烟农—生态系统等四大系统，通过农业防治、物理防治、生物防治、生物多样性调控和精准施药五大技术，提升绿色防控技术对烟田主要有害生物的控制效能、农田生态作用效应、烟农收入调控作用，为我国烟区农业可持续健康发展提供典范。

2.9.3　有害生物系统管理

对烟田有害生物管理的目的是保障烟叶生产安全、烟叶质量安全和生态环境安全，因此控制有害生物只是过程而不是目标。环境和气候的变化、农业产业结构的调整、优质特色烟叶生产的更高要求，使烟草植保工作更为复杂。烟草病害流行学、昆虫生态学、杂草科学等有害生物种群动态的规律和种间互作、群落生态等研究的不断深入，烟叶生产可持续发展战略的实施，基本烟田规划和基本烟田保护制度建设的推进，为烟草植保工作提出了更高的要求。要想实现烟草的健康栽培和持续发展，就要采用系统管理的办法，将控制技术与生产技术、政策保障及市场调控结合在一起。

对烟草有害生物进行调查和预测预报的根本目的是对烟草主要的有害生物能够早知道、早准备、早控制，最大限度地降低病虫害造成的损失，为烟草的安全生产提供准确的科学指导。调查和预测预报不是目的，病虫害的防控也不是目的，真正的目的是确保烟草的安全、高效、可持续生产。烟草有害生物对烟叶生产造成的损失、采用不合理的防治措施所带来的药害、残留和污染问题等一直是制约烟叶生产可持续发展的重要因素。

回顾我们与烟草有害生物做斗争的历史，有成功的经验也有失败的教训，这使我们逐步认识到有害生物发生的复杂性和控制的延续性。简单地采取某一单项防治措施往往不能达到预期效果，有时甚至适得其反，有害生物的防治已经由单一的病虫害防治或者简单采用一种方法转移到多因子的协调以至到整个农业生态系统的平衡上来。相应的对策也由“有害生物防治”更改为“有害生物系统管理”，从以病虫害的化学防治为主上升到以生物防治为主的绿色生态防控战略上来，从以有害生物控制为核心上升到以植物健康维护和可持续发展为核心的理念上来。因此，烟草植保工作必须在充分认识烟草有害生物发生发展规律的基础上，在生态学、系统科学的指导下，坚持以烟草为核心，走保健栽培、预测预报和系统控制相结合的植保新路线。在通过营造良好的生长条件，采用良好的农业措施，保证烟草健康生长和充分发挥其自身对病虫害抵抗作用的基础上，发挥病虫害预测预报系统的作用，认真调查病虫发生情况，及时传递有关预报信息，预测未来的发展趋势，提出综合防控措施，由此来指导专业化、社会化的植保服务组织，采取综合的、安全的、经济有效的防控措施，把烟草有害生物控制在经济危害水平之内，才是未来烟草植保的发展方向和必由之路。

第3章　烟草有害生物发生与危害

3.1　烟 草 害 虫

3.1.1　烟草害虫的发生与危害特点

3.1.1.1　食烟昆虫危害所造成的损失

在烟草生长过程中，有很多以取食烟草为生的昆虫或者其他害虫会对烟草造成一定的伤害。苗期有蚜虫等害虫，移栽期有地下害虫和软体动物，生长期有食叶类害虫和刺吸类害虫，也有蛀干类害虫。在烟叶收获后，有一些取食烤后烟叶的害虫。这些昆虫的共同点是主要以烟草为食，烟草是它们生长发育和繁殖后代的基本食物来源。

这里所介绍的食烟害虫主要是指发生在田间取食烟草的昆虫。这些昆虫以烟草为生，可以危害苗子，取食叶片，钻蛀茎秆；可以刺吸危害，咬食危害，也可以钻蛀危害，由食烟昆虫的取食给烟草造成的伤害叫烟草虫害。

根据烟草害虫发生危害的情况，可将其分为三类，一类是刺吸危害，如烟蚜、烟蓟马、烟粉虱等；第二类是食叶危害，如烟青虫、斜纹夜蛾、棉铃虫等；第三类是有一个阶段在地下发生，主要危害移栽期苗子，如小地老虎、金针虫等。

据全国烟草有害生物调查研究项目组(2015年)发布的数据，我国23个植烟省(市、区)全面调查结果表明，烟田发生的害虫种类共计749种，其中包括昆虫类734种、软体动物10种、螨类5种。害虫天敌共计439种，其中包括昆虫类天敌364种、蜘蛛类天敌73种、螨类天敌2种。这些虫害每年都会发生，如果控制不当，加之条件合适，害虫的大量发生就会造成严重经济损失。如烟蚜主要是桃蚜，在我国所有烟区都会发生。由于该虫寄主植物多达170多种，因此发生危害就显得非常普遍。该虫直接用口针取食烟草汁液，田间植株生物学性状、生理生化和内在质量都会受到影响。该虫可传播CMV、PVY、TEV等多种病毒病，还可以分泌大量蜜露于烟叶表面，从而诱发烟叶煤污病的发生。同样刺吸危害的还有烟粉虱，其成虫和若虫均可危害烟草，在烟株叶片和嫩茎上刺吸汁液，造成植株生长发育受阻，并可分泌蜜露污染叶片、诱发煤污病，影响叶片光合作用，另外烟粉虱还可传播烟草曲叶病毒病等。2002年，烟粉虱在我国多个地区大发生，山东、河南等烟区发生严重。对山东青州、临朐、安丘、诸城、莒县、莒南、沂水7个植烟县(市)的调查表明，烟粉虱在这7个县(市)均有不同程度的发生，其中有的县(市)感病烟草品种单叶虫量(包括成虫、若虫和伪蛹)高达1000只以上，煤污病的发病率在80%以上，受害较重的叶片基本都在中、下部，有些已经失去采收价值(东方烟草网，

2004)。烟草上其他主要害虫，如地下害虫(地老虎类、金针虫、拟地甲、蝼蛄等)在烟草的苗期、移栽期至团棵期咬断烟草根部或近地茎秆，使烟草失水枯萎死亡；一些食叶性的害虫(烟青虫、棉铃虫、斜纹夜蛾等)危害烟草叶片，常造成缺刻和孔洞。

根据全国烟草病虫害预测预报与防治网的信息，2009 年全国烟草主要害虫的发生和危害情况见表 3-1。

表 3-1　全国烟草主要害虫的发生和危害情况(2009)

害虫种类	发生面积/万亩	产量损失/万千克	产值损失/万元
烟青虫、棉铃虫	110.09	506.80	6386.53
烟蚜	228.94	1848.45	7224.23
斜纹夜蛾	41.26	258.52	3064.26
地下害虫	65.91	311.4	3147.8
其他害虫	52.84	560.83	2073.15

由表 3-1 可知，烟蚜和烟青虫/棉铃虫是烟草上的重要害虫，特别是烟蚜的危害更为普遍也更为严重。虽然斜纹夜蛾发生面积不大，但在局部地区造成的危害严重，而且近年来呈快速扩展的趋势。另外，根据 2000～2009 年的统计数据分析表明，全国烟草害虫造成的损失在逐年增加，而且这种损失还是在采用有效防控措施，可以取得一定效果的情况下发生的。因此，烟草害虫对烟草的危害是直接和直观的，应该认真对待、科学防治。需要分清烟田危害的主要害虫和次要害虫，明确害虫的危害特性，在科学预报的前提下，抓住关键的防控时机，恰当有效地进行防控。

3.1.1.2　食烟昆虫发生危害的特点

食烟昆虫的发生和危害特点主要表现在选择寄主植物、取食危害、传播病害、扩散传播等方面。

(1)寄主的非专一性。除个别种类外，危害烟草的害虫多数也取食、危害其他农作物和果蔬等，一年内和年际间会在这些寄主上转移扩散，选择其适宜生境的寄主繁衍；如烟蚜可危害 170 多种植物，中间寄主比较多；小地老虎也可以取食危害木本和草本等 100 多种植物。因此，在调查时要注意该害虫在其他寄主上的发生及危害情况。

(2)传播、扩散较快。昆虫的移动性强，成虫可以迁飞与移动，幼虫也可转移危害。如烟蚜在烟田一般有 2～3 个迁飞高峰，有翅蚜在烟田活动的空间主要在离地面 0.5～0.7m。一些危险性的检疫性害虫会因为烟草及其制品在省际、国家间调拨频繁，导致食烟昆虫扩散传播范围广、速度快。

(3)害虫危害造成的损失在时空上的差异性。烟草植株不同部位叶片的经济价值差异很大，因此害虫危害部位不同，或危害时期不同，所造成的经济损失也不一样。食叶类害虫取食叶片只是造成叶片的损失；蛀茎蛾危害幼茎造成大脖子病，造成严重的经济损失；地下害虫咬断幼苗和幼茎，直接造成死苗和缺苗断垄。

(4)烟草因为昆虫的取食而表现出经济损失，常常比较直观。烟草幼苗叶片被少量取食后，叶片和烟株的生长一般不受影响，或仅受细微影响，但取食所造成的缺刻或孔洞会随叶片的生长而扩大，叶片破损明显，经济价值降低。

(5)直接危害与间接危害的伴随性。烟粉虱、烟蚜、烟蓟马等都是烟草的一些病毒病的传播媒介，它们对烟草的直接危害可能微不足道，但其传播的病毒病会对烟草造成严重危害，甚至是毁灭性的。

(6)烟田害虫受烟田生态系统的影响较大。烟草害虫的发生与烟田耕作措施、天气状况、天敌数量和人为施药控制的效果等有密切关系。烟田释放天敌是控制烟草害虫重要而且十分有效的措施。如不断释放蚜茧蜂可以有效地将烟田蚜虫数量控制在较低水平。

相比其他农作物，食烟昆虫对烟草质量的影响较为复杂。这种影响不仅因昆虫的种类而异，而且与其取食时间、所传播的病害种类、烟草的生育期、被食叶片在植株上着生的部位、被食叶片物质的代谢变化等都有密切关系。例如烟蚜在烟草伸根期取食，叶片中氯离子、蛋白质、烟碱的含量都会明显增加，而于旺长期取食，叶片中这些物质的变化都较小。

3.1.2 影响烟田昆虫发生和分布的主要原因

影响烟田昆虫种群数量增长的因素很多。在调查烟田昆虫的分布时要注意以下几个问题。

3.1.2.1 不同烟草品种影响昆虫群落组成与分布

不同品种的烟草对昆虫的防御机制不同，昆虫对烟草的选择性就有差异，这样会导致昆虫发生的种类和数量有明显差异。如生产上栽培利用较广的烟草有普通烟草 *Nicotiana tabacum* L. 和黄花烟草 *N. rustica* L.，在研究中发现，室内烟夜蛾趋向于在黄花烟草上产卵而棉铃虫则相反，在两种烟草的混栽田，黄花烟草上 2 种夜蛾混合种群的落卵量明显高于普通烟草，其全生育期平均百株累计落卵量高达 15120 粒，与之相邻的普通烟田仅有 42 粒(薛伟伟等，2009)。不同品种的烟草所含的化学成分对昆虫有明显的作用，那些不能忍受这些化学成分影响的昆虫是不能在烟草上生存的。因此，调查时必须注明烟草的品种。

3.1.2.2 不同的耕作模式影响烟田昆虫的群落结构与组成

如将烟草与瓜类、茄果类等进行轮作，可以减轻南美斑潜蝇对烟草的危害；地膜覆盖会影响烟草地下害虫和烟蚜的发生；烟田杂草的生长与防除情况对烟草昆虫也会产生很大的影响。

在烟田里，烟草昆虫是以烟草为主体的生物系统中的一个组成部分，烟田中其他任何组分变动都会直接或间接地影响烟草昆虫种群数量动态。当烟田生态环境条件不利于昆虫发生时，烟草害虫受抑制，烟草损失就轻；反之，烟草害虫种群数量增长危害性就会增加。而耕作模式，农业技术措施的变动不仅可以影响烟草的生长发育，也会间接影响害虫的种群。

3.1.2.3 不同生态区域影响烟田昆虫的发生与分布

这主要与昆虫对地域生态环境的适应性以及昆虫的基本习性有一定的关系。由于各地的生态条件差异较大，即使同一地区，因为海拔的不同，昆虫的发生情况也会有很大的差异。如小地老虎在南方和北方都有分布，但是发生的时间和代数不同。一些昆虫由于生态区的适应性导致出现地理种群，它们虽然在形态上差异不大，但这些昆虫会对一些化学物质的刺激产生明显的差异反应。如同样是斜纹夜蛾，对攀枝花种群有很好诱集效果的性诱剂，在河南烟区就不能很好地诱集到斜纹夜蛾。

3.1.2.4　物理因素影响到昆虫的移动和分布

昆虫对温、湿、声、色、电、光等物理因素很敏感，如烟粉虱、烟蚜对黄色有明显的趋性，而对白色则有一定的避性；小地老虎、烟青虫的成虫具有趋光性，且对糖、酒、醋液比较敏感。人们可以利用害虫的这种生物特性来诱集调查和消灭害虫。物理防治就是在掌握害虫对环境条件中各种物理因素有一定反应的基础上形成的。

3.1.2.5　农药的使用影响烟田昆虫的种群数量和结构

杀虫剂的使用直接对昆虫种群数量产生影响。既表现在对靶标昆虫的直接杀伤，也表现在对非靶标昆虫的伤害，对烟田昆虫种群生态系统的影响是复杂和长远的。杀虫剂的使用虽然可以控制一些害虫种群数量，但有时又会造成一些次要害虫种群数量的激增。对烟田昆虫的调查既要关注到施药前，也要关注到施药后。

3.1.2.6　烟田害虫的生物防治措施会对昆虫的数量产生一定的影响

生物防治是利用活体生物或其代谢产物控制害虫的方法。生物防治的内容包括：害虫天敌的保护和利用、昆虫激素及信息素的利用、昆虫病原微生物的利用等。生物防治措施的应用在一定程度上会减少一些昆虫的数量，但同时也会增加其他一些昆虫的数量，在一定程度上也影响了环境生态。长期持续地在一个生态环境中释放或者增加一种昆虫的天敌数量，会对这种昆虫的种群数量产生长期持续的影响，最终达到生态防控的目的。因此，在烟田昆虫数量调查的过程中，不仅要调查害虫的数量，还要调查天敌的种类和数量。

3.2　食烟软体动物

3.2.1　软体动物的主要识别特征

软体动物门(mollusca)是动物界中仅次于节肢动物门的第二大门，种类数量多，与植物的关系密切。该门动物身体柔软，左右对称，不分节，由头部、足部、内脏囊、外套膜和贝壳等五部分组成。因大多数软体动物体外覆盖有各式各样的贝壳，所以统称贝类，最常见的是各种蜗牛。但有些生活在陆地上的软体动物，由于长期的适应，体外覆盖的贝壳退化，仅剩柔软的躯体，如蛞蝓。

3.2.2 我国烟田中常见的软体动物

3.2.2.1 野蛞蝓

野蛞蝓(*Agriolimax agrestis* Linnaeus)成体柔软，无外壳，黄白色或灰红色，少数有不明显的暗带或斑点；体长约25mm，宽4～6mm，体伸展可达36mm以上；全体呈灰褐色；前触角短，长约1mm，后触角长约4mm；口内具齿舌；体前背部有外套膜，约为体长的1/3；成体边缘卷起，在外套膜下方有一块卵圆形的石灰质贝壳(盾板)；外套膜中后部右侧下方为呼吸孔；以细小的细带环绕；体后部背面有树皮状纹；尾脊钝，黏液无色(图3-1)。

图3-1 危害烟草的野蛞蝓

3.2.2.2 双线嗜黏液蛞蝓

双线嗜黏液蛞蝓(*Philomycus bilineatus* Benson)全身灰白色或淡黄色，背部中央有1条黑色斑组成的纵带，两侧亦各有1条，并有细小的黑色斑纹；伸展时35～37mm。外套膜覆盖全身；触角2对，前1对短，后1对长；呼吸孔位于体右侧，距头部5mm，圆形；足肉白色(图3-2)。

3.2.2.3 黄蛞蝓

黄蛞蝓(*Limax flavus* Linnaeus)体长伸展时可达120mm，外套膜前半部游离，收缩时可覆盖头部2对，体深橙色或黄褐色，并有零星的浅黄色或白色斑点淡蓝色；具有2对淡蓝色触角；呼吸孔位于体右侧的外套膜边缘上，足淡黄色(图3-3)。

图 3-2　双线嗜黏液蛞蝓

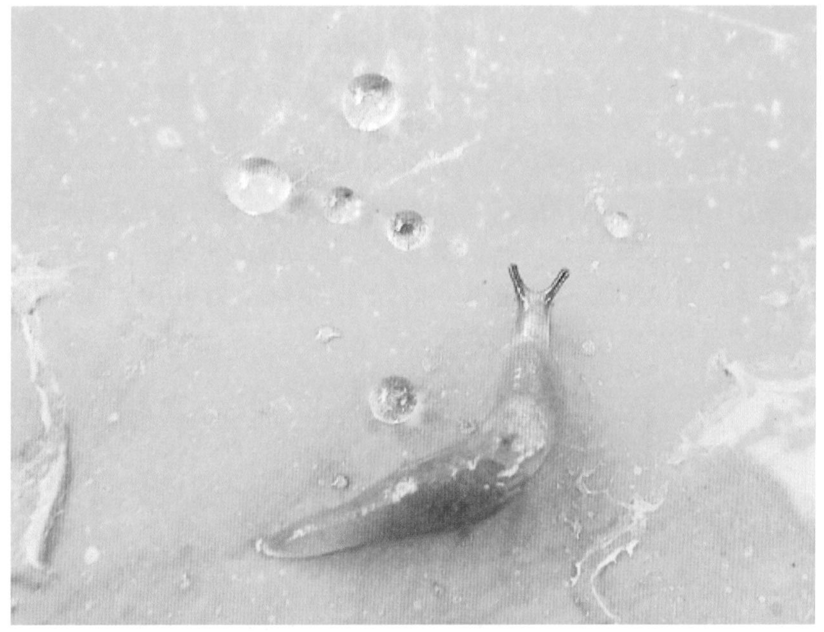

图 3-3　黄蛞蝓

3.2.2.4　灰巴蜗牛

危害烟草的蜗牛种类很多，主要是灰巴蜗牛(*Bradybaena ravida* Benson)。体为圆球形，有 5.5～6 个螺层。壳面黄褐色或琥珀色，有细而稠密的生长线和螺纹；壳顶尖，缝合线深，壳口椭圆形，口缘完整，略外折；轴缘在脐孔处外折，略遮盖脐孔；脐孔狭小，呈缝隙状；壳高 19mm，宽 21mm(图 3-4)。

图 3-4　灰巴蜗牛

3.2.3　食烟软体动物的危害特点

受气候条件和耕作制度的改变，食烟软体动物近年来在西南烟区特别是武陵秦巴山区发生非常严重，主要是危害苗床烟苗和移栽后的大田烟苗。造成烟的叶片受损，严重时会导致幼苗茎秆断折，影响移栽质量和效果。软体动物危害烟苗的主要特点是：

(1)发生在幼苗期和苗期，主要危害幼嫩的烟叶和茎秆，对于中后期烟株的伤害不大。

(2)它们的成虫和幼体都可以造成取食危害，将叶片咬成大小不等的空洞，或者咬断根部和嫩茎。

(3)发生危害和气候关系密切。该类害虫怕光喜湿。一般白天潜伏，晚上危害。越是阴雨天发生越重，干旱天气发生较轻。

(4)危害与移栽技术也有密切关系。膜下烟受害较轻，而井窖式移栽会促使该类害虫在移栽烟穴内聚集，加重危害。

(5)该类害虫的危害还可以导致一些病害的发生。

蛞蝓对甜味、腥味等有趋性，用带这些气味的物质诱杀。软体动物接触到四聚乙醛可导致神经麻痹而死亡，是控制该类害虫的理想药剂。

3.3　烟草侵染性病害

3.3.1　烟草侵染性病害的发生与危害

烟草侵染性病害是烟草在其生长发育的过程中，受到生物的影响，发生一系列形态、生理和生化上的病理变化，阻碍了正常生长、发育的进程，直至烟草的生命活动终结的现象。侵染性病害最大的特点是烟草病害是由一些致病微生物或者侵染性植物造成的，这些病原微生物可以包括病毒、细菌、真菌、线虫等，侵染性植物主要是寄生性种子植物。烟草病害的发生具有病理变化的过程，当烟草受到外来有害病原物的侵扰时，导致正常的生理生化过程发生改变，以致烟草植株对能量和营养元素利用失调，表现出不同程度的病态或受害，这些病变都有一个逐渐加深、持续失调的发展过程。据估计，全国烟叶生产每年因病害遭受的损失普遍在 10%～15%，严重烟田发病率达 70%～90%。

根据 2010～2014 年我国 23 个产烟省、市(区)的调查，目前有烟草侵染性病害 85 种，其中真菌性病害 35 种、细菌性病害 7 种、病毒病害 25 种、线虫病害 16 种及寄生性种子植物 2 种。主要烟草病害是(按危害严重程度及分布范围为序)普通花叶病毒病、黑胫病、青枯病、赤星病、野火病、马铃薯 Y 病毒病、黄瓜花叶病毒病、蛙眼病、根结线虫病、空茎病、炭疽病、猝倒病、角斑病、根黑腐病、蚀纹病毒病等。真菌病害中，烟草黑胫病和赤星病危害最为严重，在 16 个调查省(市)中有 12 个省(市)是严重发生的病害。细菌病害中，危害最为严重的是烟草青枯病和烟草野火病。病毒病害中，烟草普通花叶病和烟草黄瓜花叶病最为严重，其次是烟草马铃薯 Y 病毒病。

根据烟草病害对烟草的危害情况和流行规律可以分为三大类，统称为“三病”，一是烟草病毒病，以普通花叶病(TMV)为代表，主要靠动物媒介传播，系统性病害，危害比较普遍；二是烟草叶部病害，主要是指靠气流媒介传播的病害，以赤星病、野火病、白粉病等为代表，有系统性病害也有局部危害的病害；三是烟草根茎病害，以青枯病、黑胫病、线虫病为代表，主要是经过土壤媒介传播，有系统性病害也有局部危害的病害。

近年来在我国各大生态区，烟草病害中发生和危害程度较重的为病毒病、黑胫病和赤星病，青枯病、野火病(包括角斑病)，烟草根结线虫在局部地区发生严重。其中烟草病毒病仍为第一大病害，烟株带菌率很高，条件合适时即可严重发生，在个别地区呈现集中爆发的态势。在我国，青枯病呈现出快速扩展并造成严重损失的趋势。根据全国烟草病虫害预测预报和综合防治网的信息，主要病害的发生和损失情况见表 3-2。

表 3-2　全国烟草主要病害的发生和危害情况(2009 年)

病害种类	发生面积/万亩	产量损失/万千克	产值损失/万元
病毒病	486.68	1894.73	3.2274
黑胫病	103.19	1170.01	2.1928
赤星病	137.73	846.17	2.4607
青枯病	48.98	514.53	1.0552
野火病	55.84	365.88	4258.95
根黑腐病	14.94	114.36	1362.18
根结线虫病	8.00	239.11	1519.97

另外，从多年来烟草病害发生和损失的统计结果看，我国烟草病害的发生在年度间都有变化，但总体上有一定的上升趋势，就是叶部病害的发生仍然严重，而随着生态环境条件的改变，土壤酸化趋势严重，根茎病害发生加重，特别是青枯病呈快速增长趋势。

另外，部分根茎病害呈现出从低海拔烟区向高海拔烟区蔓延，从温暖区域向冷凉区域扩展的趋势。

3.3.2 烟草主要病害的病状特征

3.3.2.1 烟草病害的主要病状类型

烟草感病后在一定时间内会表现出一定的病状，即所指的感病症状。这是烟草组织表现出的，与烟草的抗性、病原菌侵染特性以及环境条件都有关系。它们的病状往往具有一定的特点，且病状相对来说十分稳定，为我们诊断病害以及调查分析提供了方便和可靠的依据。根据症状观察分析，可以对常见的病害做出基本的诊断。有些病害的命名就是根据其特征表现而总结出来的，例如烟草普通花叶病毒病、烟草青枯病、烟草黑胫病、烟草空茎病等。常见的烟草病害病状很多，变化也很大，从植物病理学的角度来看大体上有 5 种病状类型，即变色、坏死、萎蔫、腐烂和畸形。

1. 变色(discoluration)

烟草植株感病后局部或全株失去正常的色泽或者发生了色泽上的改变。一般来说，变色并不意味着植物细胞死亡，然而变色的发展最终也可导致植物细胞的死亡。其中大多数变色在病害症状的初期发生，尤其是病毒病中最为常见，例如烟草普通花叶病毒病、烟草黄瓜花叶病所引起的烟草叶片变色症状。

变色主要发生在叶片上，但是也可以是全株，一般变色主要有以下几种情况：

(1)叶片均匀地变色。主要表现是褪绿(chlorotic)和黄化(yellowing)。由于叶绿素的减少而使叶片呈现为浅绿色而造成褪绿，而叶绿素的量减少到一定水平就表现为黄化。除去整株或整个叶片的褪绿和黄化外，有的局限于叶片的一定部位，有的局限于叶脉。属于这种类型的变色，还有整个或部分叶片变为紫色或红色，例如烟草丛枝病的花瓣变绿。

(2)叶片不是均匀地变色，通常不伴随叶片出现坏死斑。第一种情况是花叶(mosaic)，叶片上出现形状不规则的深绿、浅绿、黄绿或黄色部分相间而形成不规则的杂色，不同变色部位的轮廓是很清楚的，典型的就是烟草普通花叶病(TMV)的早期症状。第二种情况是脉带(vein banding)或沿脉变色，叶片变色是沿着叶脉变化的。主脉和支脉为半透明状的称为脉明(vein cleaning)。脉明可作为烟草花叶病的早期症状，也可以长期保持而成为一种病毒病的主要症状。烟草病毒病和有些非侵染性病害(尤其是缺素症)常表现以上这两种形式的变色症状。第三种情况是白化(albino)，叶片局部或者全部不含叶绿素，颜色十分白亮的现象。田间经常会出现单株上面局部或者全部叶片白化的叶片或者白化苗，例如烟草白化病，这多半是遗传性的，是一种典型的叶绿素合成缺陷突变体。

2. 坏死(necrosis)

植物在感病之后，病原物的寄生或其代谢过程中产生的毒素或酶的作用，以及植物自身的防御反应，使得植物细胞或组织受到破坏而死亡，称为坏死。坏死是细胞和组织的衰亡，因受害部位不同而表现各类症状。主要有以下几种：

(1)坏死在叶片上常表现为叶斑(leaf spot)和叶枯(leaf blight)。叶斑的形状、大小和颜色不同，但轮廓都比较清楚。有的叶斑组织只不过是局部的褪绿或变色，但表现出的一般都是坏死，例如烟草炭疽病、烟草蛙眼病。叶斑的坏死组织有时可以脱落而形成穿孔症状。

(2)有的叶斑上有轮纹，这种叶斑称作轮斑或环斑(ring spot)，例如烟草赤星病有同心轮纹。环斑是几层齐心圆组成的，各层颜色可以有差异。环斑组织有的并不坏死，有的只是表皮细胞坏死而表现蚀刻状；有的组织交织着坏死而表现为坏死环斑。

(3)有的病斑呈长条状坏死，称为条斑(leaf streak)或条纹(stripe)。

(4)植物叶片、果实和枝条上还有一种称作疮痂(scab)的症状，病部较浅而且是局限的，斑点的表面粗糙，四周木栓化开裂。在烟草茎干木质部分有时候会出现这种症状。

(5)植物根茎可以发生各种类型的坏死斑。烟苗近地面茎组织的坏死呈现出颜色变褐、组织腐烂、性状不规则的状况，有时引起所谓猝倒(damping off)和立枯(seedling blight)。

(6)空茎(stem hollow)，一些细菌引起的病害造成植物内组织坏死，从顶端向下枯死，一直扩展到主茎或主干，经常是外围尚在，组织中空的情况。例如烟草空茎病。

3. 腐烂(rot)

植物感病后，感病组织的果胶质和细胞壁被病菌的酶和毒素分解，致使细胞坏死、组织软化、离解，这些现象统称腐烂。根、茎、叶都可发生腐烂，幼嫩或多肉的组织则更易发生。腐烂与坏死有时是很难区别的。一般来说，腐烂是整个组织和细胞受到破损和消解，而坏死则多少还保持原有组织的轮廓。腐烂可以分为干腐、湿腐和软腐。

(1)干腐(dry rot)是指组织腐烂时，随着细胞的消解而流出水分和其他物质。由于组织的解体较慢，腐烂组织中的水分能及时蒸发而消失，病部表皮干缩或干瘦则形成干腐。

(2)湿腐(wet rot)是指多汁的组织腐烂后，由于组织解体很快，腐烂组织不能及时失水而形成湿腐。

(3)软腐(soft rot)主要先是中胶层受到破坏，腐烂组织的细胞离析，以后再发生细胞的消解。有的病部表皮并不破损，用手触摸有优柔感或有弹性。

根据腐烂的部位，又可以分为根腐(root rot)、基腐(foot rot)、茎腐(stem rot)等，例如烟草根黑腐病、烟草黑胫病等。烟草青枯病也可以造成根部的腐烂。

4. 萎蔫(wilt)

萎蔫是指植物感病后，部分叶片或全部叶片进入大量失水状态而表现凋萎下垂的现象。植物的萎蔫有各种原因，有全株性的，也有局部性的。大多数的萎蔫有以下两种类型：

(1)病理性萎蔫(pathological wilting)。茎基的坏死和腐烂、根的腐烂或根的生理活性受到破坏，使根部水分不能及时输送到顶梢，细胞失去膨压，致使地上部枝叶萎垂，这种萎蔫一般不能恢复，称为病理性萎蔫。例如烟草青枯病、烟草黑胫病、烟草根黑腐病所形成的萎蔫；根据病害发生的程度，萎蔫可分为整株萎蔫，局部叶片萎蔫，或者是整个叶片萎蔫或者半个叶片萎蔫。这在烟草青枯病的不同发生时期都可以看到。

(2)生理性萎蔫(physiological wilting)。土壤中含水量过少，不足以补偿植物蒸腾作用损失的水分而使植物暂时缺水所产生的萎蔫，称为生理性萎蔫。若及时供水，植物仍可恢复正常。

5. 畸形(malformation)

植株受病原物产生的代谢物质的刺激作用，其局部组织或细胞生长受阻或过度生长造成的异常形态，称为畸形。在植物病理学上大致可分为增大、增生、减生和反常四种。

(1)增生(hyperplasia)是病组织的薄壁细胞分裂加快，数目迅速增多，使局部组织呈现瘤肿或癌肿，如烟草根结线虫病等，植物的根、茎、叶上均可形成瘤肿；细小的不定芽或不定根的大量萌发生成为丛枝或发根也是增生的结果。

(2)增大(hypertrophy)是病组织的局部细胞体积增大，但数量并不增多。如烟草根结线虫在根部取食时，在线虫头部四周的细胞因受线虫渗出毒素的影响，刺激增大而形成巨型细胞，外表略呈瘤状凸起。

(3)减生(hypoplasia)是病部细胞分裂受阻，生长发育亦减慢，造成植株矮缩、矮化、小叶、小果等症状。矮缩(dwarf)是因为茎秆或叶柄的发育受阻，叶片卷缩，如烟草剑叶病所引起的矮皱缩症状。矮化(stunt)是枝叶等器官的发展发育均受阻，各器官受害程度和减少比例相仿，故呈现矮化，如烟草马铃薯 Y 病毒病等。

(4)反常或变形，病株的花器反常成叶片状，如花变叶(phyllody)、叶变花、扁枝和蕨叶(fernleaf)等。

3.3.2.2 烟草病害的主要病征类型

植物感染病菌发病后，除表现以上的病状外，在发病部位往往会呈现出各类由病原物自身发展而形成的特征性结构，俗称病征(sign)。常见的有下面五种：霉状物、粉状物、粒状物、脓状物、绵毛状物等。

1. 霉状物

烟株感病后，病原物在烟株的感病部位大量繁殖，到达一定时期，形成人们肉眼就能看到的大量菌丝体，即各种毛绒状的霉层。霉状物是真菌性病害常见的病征，各种孢子梗和孢子在植物表面构成的特征，其着生部位、颜色、质地、结构因真菌种类不同而异。可分为霜霉、黑霉、灰霉、青霉、白霉等。如烟草蛙眼病和烟草灰霉病在潮湿时生有暗灰色霉状物，烟草赤星病病斑中心常有黑色霉状物。

2. 粉状物

部分病原菌在感病部位发育到一定阶段后，在发病部位产生大量的、各种颜色的粉状物，它是某些真菌孢子密集地聚积在一起所表现出来的特征。它直接产生于植物表面、表皮下或组织中，以后破裂而散出。按照颜色的不同可分为白粉、锈粉、黑粉等，如烟草白粉病。

3. 粒状物

病原物的一些种类可在发病部位的表皮组织下和表皮上产生大小、形状、颜色及着生情况差异很大的颗粒状物，它是真菌菌丝体变态形成的一种特殊结构，有的似鼠粪状，有的似菜籽形，有的呈针尖大的黑色或褐色小粒点，例如烟草炭疽病、烟草破烂叶斑病，有的是较大的颗粒，如烟草菌核病、白粉病、根结线虫病。

4. 脓状物

这是细菌特有的特征性病征，它们多存在于植物的导管、维管束等输导组织内，当细菌大量繁殖，浓度达到一定程度时，常从管道开口溢出，在病部产生白色或黄色胶黏状似露珠的脓状物，即菌脓，干燥后形成菌胶粒状或菌胶膜。如横切烟草青枯病病株茎秆，用力挤压切口，可见导管中渗出很多乳白色浑浊而黏稠的黏液，即菌脓。

5. 绵毛状物

在病部表面产生白色绒毛状物，这是真菌的菌丝与子实体的混合物。如烟草苗期猝倒病容易在烟苗表面长出导致白色棉絮状霉层而形成的烟草猝倒病。

3.3.3 烟草的主要病原及危害症状

3.3.3.1 烟草病原真菌及真菌病害症状

1. 病原真菌概念

真菌(fungi)一般是指具有真正细胞核、典型的营养体为丝状体，不含光合色素，主要以吸收的方式获取养分，通过产生孢子的方式进行繁殖的生物。

真菌在自然界的分布极广，从热带到寒带，从动、植物的活体到动物尸体或植物的枯枝落叶，从淡水到海水，从空气到土壤以及地面的各种物体上都有真菌存在，总而言之，真菌无处不在。真菌的形态大小各异，小的通常要在显微镜下才能看得清楚，大的其子实体达几十厘米。真菌种类繁多，据估计全世界有真菌 150 万种，已被描述的约 10 万种。

真菌主要有以下几个主要特征：①有真正的细胞核，为真核生物；②繁殖时产生各种类型的孢子；③营养体简单，大多为菌丝体，细胞壁主要成分为几丁质，有的为纤维素；④无叶绿体或其他光合色素，营养方式为异养型，需要从外界吸收营养物质。

植物病原真菌(plant pathogenic fungi)是指那些可以寄生在植物上并引起植物病害的真菌，已记载的有 8000 种以上，约占植物病害的 70%～80%。烟草真菌病害(tobacco fungal diseases)是指由病原真菌引起的烟草病害。从发生种类、数量到危害程度、防治难度，烟草真菌病害一直是烟草生产中的主要问题。历史上曾经危害严重的烟草病害几乎都是真菌性的，如在我国主要烟区普遍发生的黑胫病，近年来在我国东北烟区爆发的靶斑病，烟草中后期普遍流行的赤星病等。

2. 烟草病原真菌所致烟草病害症状

烟草真菌性病害除了有明显的症状外，大多数真菌病害在病部产生病征，如霉状物、粉状物、粒状物等，或者稍加保湿培养即可长出子实体来。但是，在引起烟草病害的真菌五大亚门中(鞭毛菌亚门、接合菌亚门、子囊菌亚门、担子菌亚门和半知菌亚门)(Mastigomycotina，Zygomycotina，Ascomycotina，Basidiomycotion，Deuteromycotina)，各个亚门产生的症状还有所区别。

1)鞭毛菌所致烟草病害的主要症状特点

该亚门与烟草病害关系密切，属于卵菌纲霜霉目。主要引起烟草霜霉病、烟草黑胫病、烟草猝倒病等。鞭毛菌所致病害的症状有腐烂、斑点、猝倒等，病部长有孢子囊及孢子梗。以卵孢子越冬，一般以孢子囊及游动孢子引起初侵染和再侵染，借雨水和气流传播。在条件适宜时，潜育期短。可以多次重复侵染。尤其是在低温多雨、潮湿多雾、昼夜温差大的条件下容易引起病害的流行。

鞭毛菌引起的植物病害常见的有六大类：根肿病、猝倒病、疫病、霜霉病、白锈病和腐烂性病害。腐烂性病害往往按被害部位分别称为根腐病、茎腐病、基腐病和瓜果腐烂(棉腐)病等。

主要病状特点是：①植物受侵染部分腐烂；②幼苗猝倒；③组织增生；④叶片局部枯斑或枯焦；⑤花序、花梗畸形。主要病征为棉絮状物、霜霉状物、白锈状物、碟片状物等。

2)接合菌所致烟草病害的主要症状特点

接合菌的寄生性较弱，通常危害受伤或抵抗力弱的植物器官。感染幼苗，多在温度过低或过高和幼苗伤根的情况下发生。引起植物病害的接合菌种类不多，只有根霉、笄霉等少数几个属，引起植物花器及果实、块根、块茎等贮藏器官的腐烂。主要病状为：幼苗腐烂、花器及贮藏器官腐烂等。主要病征是初起为白色、后期灰黑色的霉状物，霉层上可见黑色小点。造成的病害常称为软腐病、褐腐病、根霉病和黑霉病等。

接合菌与烟草病害有关的是接合菌纲毛霉目的真菌，例如根霉菌在烟叶采收时引起的新鲜烟叶腐烂病。

3)子囊菌和半知菌所致烟草病害的主要症状特点

半知菌不全是子囊菌的无性阶段，但子囊菌的无性阶段全是半知菌。子囊菌病害与半知菌病害的症状基本相似，它们大多数引起局部坏死性病害，少数引起系统感染的维管束病害——萎蔫病(枯萎或黄萎)。

这两类真菌所致病害的主要病状：叶斑、炭疽、溃疡、腐烂、肿胀、萎蔫、发霉等。主要病征是白粉、烟霉、各种色泽的点状物(以黑色为主)与霉状物、颗粒状的菌核、根腐菌索等。有时还可产生黑色刺毛状物、白色棉絮状的菌丝体。

子囊菌与烟草病害关系密切的有核菌纲白粉目中的白粉菌、柔膜菌目中的核盘菌、曲霉目中的各种曲霉菌，它们分别引起烟草生育期中的不同病害，以及烟叶、卷烟的真菌性霉变。子囊菌多侵染烟草的地上部分，造成局部性病害。

与烟草病害有关的半知菌有丛梗孢菌、黑盘孢菌、球壳孢菌、无孢菌四类。半知菌引起烟草病害很多，例如烟草赤星病、蛙眼病、炭疽病、低头黑病、斑点病、白斑病、灰斑病、萎蔫病、黄萎病等。半知菌侵染烟草后，除少数侵染维管束的能引起系统性萎蔫症状外，大多数则引起局部坏死和腐烂症状。近年来，在河南烟区引起烟草主根腐烂导致烟草死亡的一类根腐病就是由半知菌门的镰刀菌引起的。

4)担子菌所致烟草病害的主要症状特点

担子菌多外寄生或在表皮、皮层寄生，造成病状有：斑点、斑块、立枯、纹枯、根腐、叶腐、肿胀和瘿瘤等。除了锈菌、黑粉菌、丝核菌外，担子菌亚门很少引起叶斑。主要病症是黄锈、黑粉、霉状物、粉状物、颗粒状菌核，或粗线状菌索。

担子菌引起的根腐病大多数可在被害的根部或茎基部发现菌丝体或菌索。如华南地区的橡胶树红、褐、黑根病等，病根上一般均可发现菌索。

担子菌中引起烟草病害的有烟草白绢病菌和烟草腰折病菌。

3.3.3.2 烟草原核生物病原及症状

1. 原核生物的概念

原核生物(procaryotes)是指含有原核结构的单细胞生物，一般是由细胞膜和细胞壁或只有细胞膜包围的单细胞微生物。它的遗传物质(DNA)分散在细胞质中，无核膜包围，无明显的细胞核。细胞质中含有小分子的核蛋白体(70s)，但无内质网、线粒体等细胞器。原核生物界的成员很多，有细菌、放线菌以及无细胞壁的菌原体等，通常以细菌作为原核生物中有细胞壁类群的代表。大多数原核生物的形态为球状或短杆状，少数为丝状或分枝状至不定形体。菌原体的体积很小，仅为0.01～0.03μm^3，光合细菌最大，为5～10μm^3。

2. 烟草原核生物病害症状

引起烟草病害的原核生物主要是细菌、植原体和螺原体等，它们的重要性仅次于真菌和病毒，引起的重要病害包括烟草青枯病、野火病、角斑病、空茎病、丛枝病等。植物受原核生物侵害以后，在外表显示出许多特征性症状，根据症状的表现即可初步做出诊断，有的要经显微镜检查才能证实，有的还要经过分离培养接种等一系列的实验才能肯定。原核生物病害症状如下：

1)植原体病害的症状特点

引起病株矮化或矮缩，枝叶丛生，叶小且黄化。因此丛生、矮缩、小叶与黄化相结合是诊断菌原体病害症状时必须掌握的关键，常见的烟草植原体病害有烟草丛枝病等。

2)细菌病害的症状特点

病植物表现的症状类型主要有坏死、萎蔫、腐烂和畸形等四类，褪色或变色的较少；有的还有菌脓(ooze)溢出，可做喷菌试验。

坏死类型症状是最常见的一类。在病斑初显时，常常可见水渍状斑，或同时在病斑上泌出淡黄色或灰白色的菌脓，干涸后成为颗粒或菌膜，病斑逐渐扩展，坏死面积扩大变成为条斑或枯死斑，如烟草细菌性叶斑病、烟草青枯病。病斑也可受到木栓化组织的限制，在产生离层以后使病斑部脱落而成穿孔状，如烟草角斑病、烟草野火病。

萎蔫症状是细菌侵害维管束系统以后所造成的，它与真菌性病害造成的萎蔫症状相似。烟草青枯病是常见的代表类型，可通过茎横切面可否出现菌脓与真菌性萎蔫病进行区分。

腐烂是细菌病害较为特有的一种类型，大多由伤口侵染，或介体传带侵染，引起肉质或多汁组织的软腐，尤其是在厌氧条件下最易受害。烟草细菌性黑胫病是由细菌 *E. carotovora* subsp. *atroseptica* 引起的，如果从上部顶端伤口侵入就会造成烟草茎秆的腐烂中空，引起空茎病。

畸形大多发生在植物的根冠或茎基部、枝条上，少数在叶柄或叶脉上出现，主要是由土壤习居菌侵害所致，如烟草剑叶病、烟草癌肿病等。

3.3.3.3　烟草病毒及病害症状

1. 病毒的概念

1991年，Matthews将病毒定义为：包被在蛋白或脂蛋白的衣壳中，只能在寄主细胞内完成自身复制的一个或多个基因组的核酸分子，又称分子寄生物。按寄主来划分，病毒可以分为动物病毒、植物病毒、细菌病毒(噬菌体)和真菌病毒等。植物病毒是病毒类群中很重要的一类，它作为一类病源，能引起许多植物病害。据1999年统计，有900余种病毒可引起植物病害。几乎每种作物上都有一到数种病毒病危害，尤其以禾本科、茄科、葫芦科、豆科、十字花科等植物受害较多。在这些病毒中，能侵染烟草的占很大一部分，其中不少是引起毁灭性病害或对植物生长和发育造成严重影响的病毒。

2. 烟草病毒病害的症状

植物病毒病害的症状千奇百怪、变化多端，它的识别往往比真菌和细菌病害复杂得多。因为非侵染性病害、遗传生理病害、药害以及植原体引起的病害都与病毒病症状相似。植物病毒病害的特点是有病状无病征，其病状以花叶、矮缩、坏死为主，见不到病征。撕取病组织表皮镜检，有的可以看到内含体，它们以各式各样的变色、变形、增生、矮化、株形畸变等为特征，最终是全株衰亡或畸形不育。症状随病害进程而演变，比如烟草被 TMV 侵染后，首先在新出幼叶上出现脉明，即叶脉或沿叶脉色变浅绿或呈半透明状，数日后形成花叶斑驳，再过几日则深绿浅绿嵌镶明显，叶片开始扭曲而呈畸形，再后则全株矮化抽缩，呈畸形。症状类型主要是指演变中、后期的典型症状，同一种病害可兼具几种症状。

因此，一般植物病毒病的症状识别有两个步骤：一是病样初步检测和判断，确定植物发生的病害是否是病毒病；二是病样的实验室诊断，必要时还须做进一步的病原鉴定。因此，植物病毒病的诊断通常要依据症状、发生条件、寄主范围、植物生境、光学与电子显微镜观察、传染方式、血清学反应和分子生物学鉴定等。

3. 病毒病害症状与非侵染性病害症状的区别

(1)病毒病有发病中心或中心病株且早期病株点片分布，而非侵染性病害大多同时大面积发生。

(2)发生病毒病的植株多为系统感染，症状分布不均一，新叶新梢上症状最明显，而生理性病害大多比较均一。

(3)病毒病有传染性，非传染性病害无传染扩散的过程。

(4)病毒病害症状往往表现为花叶、黄化、萎缩、丛生等，少数有脉带、环斑、耳突、斑驳、蚀纹等特征性症状。此外，随着气温的变化，特别是在高温条件下，植物病毒病时常发生隐症现象。

4. 病毒病症状与其他病原生物引起的传染性病害的主要区别

(1)病毒病害在植物表面绝对无病症，而区别于线虫虫体、细菌菌脓、真菌的子实体等病症的出现。

(2)系统侵染病毒病的症状在新展幼叶上更严重，而其他病害大多在老叶上症状更明显。

(3)病毒病的症状会随植株抗性和环境条件的变化而有所缓解，甚至表现出带毒不显症的情况。

3.3.3.4 烟草线虫及线虫病害症状

1. 线虫的概念

线虫(nematodes)属动物界线形动物门，是一类低等无脊椎动物。大多数体长约1mm，多呈线形，无色或乳白色，不分节，假体腔，左右对称。危害植物的称为植物病原线虫，简称植物线虫。其口腔壁加厚形成吻针的特征，是大多数植物寄生线虫与其他线虫的重要区别之一(图 3-5)。

2. 烟草线虫病害症状

受害植物因线虫侵入吸收体内营养而影响到正常的生长发育，线虫代谢过程中的分泌物还会刺激寄主植物的细胞和组织，导致植株畸形，使农产品减产和质量下降。线虫对植物的危害及其发病过程与昆虫咀嚼植物造成的机械损害不同，在摄取寄主体内营养物质和水分之前，线虫往往先通过口针的穿刺将含有多种酶系的分泌物注入受害细胞，通过分泌物的毒害作用，寄主植物内部发生一系列生理病变和组织病变，再加上线虫的取食，就在外部出现症状。

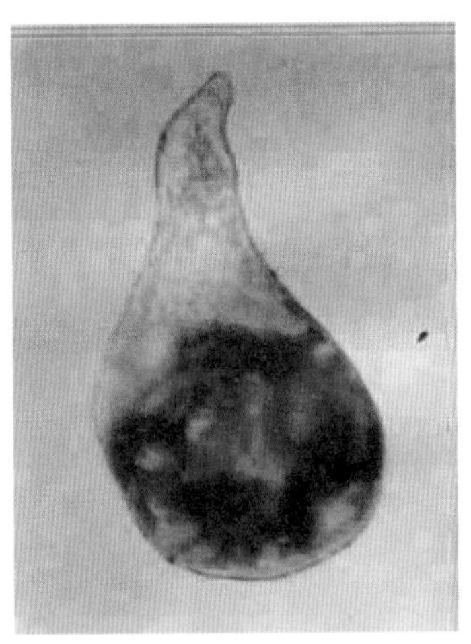

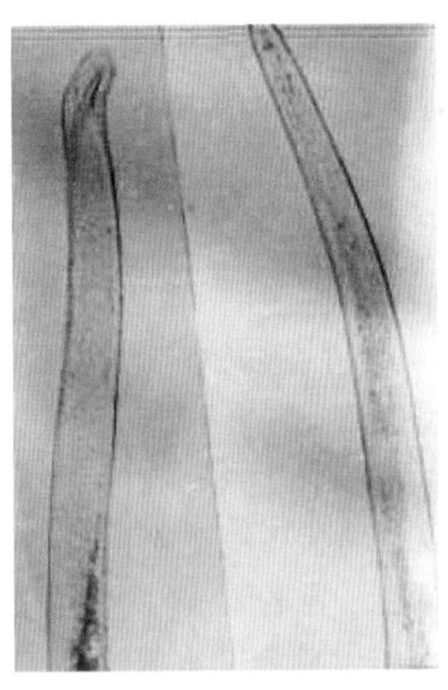

图 3-5　烟草根结线虫的虫体(左为雌虫、右为雄虫)

植物线虫造成的危害因线虫的种类、危害部位及寄主植物的不同而不同。大多数植物线虫危害植物的地下部分，如根、块茎等，如马铃薯根腐病就是由马铃薯茎线虫取食根部造成伤口，并使地上部分表现叶片发黄、植株矮小、营养不良。根部症状可表现为：

(1)结瘤。入侵线虫周围的植物细胞受到线虫分泌物的刺激而膨大、增生，形成结瘤。通常由根结线虫、鞘线虫和剑线虫引起。远距离传播则主要靠携带线虫的种苗和其他种植材料的调运。最典型的就是烟草根结线虫病(图 3-6)。

图 3-6　烟草根结线虫危害状

(2)坏死。植物被害部分酚类化合物增加，细胞坏死并变成棕色，可由短体线虫引起。

(3)根短粗。借助水的流动，线虫在根尖取食，根的生长点遭到破坏，致使根不能延长生长而变粗短。常由毛刺线虫、根结线虫和剑线虫引起。

(4)丛生。由于线虫分泌物的刺激，根过度生长，须根呈乱发丛状丛生。世代长短因种类不同而有很大差别，根结线虫、短体线虫、胞囊线虫、长针线虫及毛刺线虫均可引起这种症状。

此外还有一些植物线虫侵袭植物的茎、叶、花和果实等地上部分，表现的症状有萎蔫、枯死、茎叶扭曲、叶尖捻曲干缩、叶斑、虫瘿和花冠肿胀等。

3.3.3.5 寄生性种子植物及病害症状

1. 寄生性种子植物的概念

种子植物大多数是自养，只有少数种子植物由于根系或叶片退化或缺乏足够的叶绿素，完全或部分丧失自养能力而营寄生生活，称为寄生性种子植物。根据寄生性种子植物对寄主营养的依赖程度不同可分为全寄生和半寄生种子植物，根据寄生部位不同可分为茎寄生和根寄生两类。目前中国烟草上已发现的寄生性种子植物有列当(图 3-7)和菟丝子(图 3-8)，它们都属于全寄生植物。

2. 烟草寄生性种子植物病害的症状

寄生性种子植物都有粗壮或发达的茎和花，能结出大量的种子，对寄主植物的损害十分严重，大多数根系退化，以吸根的导管与寄主维管束的导管相连，吸取寄主植物的水分和无机盐，常使寄主植物提前枯死。

寄生性植物都有一定的致病性，致病力因种类不同而有差异。半寄生类的桑寄生和槲寄生对寄主的致病力较全寄生的列当和菟丝子弱，半寄生类的寄主大多为木本植物，寄主受害后在相当长的时间内似无明显表现，但当寄生物群体数量较大时，寄主生长势削弱、早衰，最终导致死亡。全寄生的列当、菟丝子等多寄生在一年生草本植物上。当寄主个体上的寄生物数量较多时，很快就黄化、衰退致死，严重时寄主成片枯死。

图 3-7 列当植株

图 3-8 野地菟丝子

3.3.4　烟草侵染性病害发生的原因

烟草病害发生的原因主要分为四个方面：一是烟草品种自身的抵抗力；二是环境条件是否有利于病原侵染，是否不利于烟草的健康生长；三是病原物的侵染能力和致病性；四是人为的农事操作对以上三个方面所产生的影响。

烟草在生长过程中，有许多生物因子和非生物因子与其发生密切的关系。这些因子对烟草产生正面影响时，将对烟草的健康生长有明显的促进作用；当这些因素对烟草产生负面影响时，就会造成烟草病害。

当然烟草病害的发生除了病原外，还必须有容易感病的烟草品种存在，当病原物侵染烟草时，烟草会积极地抵抗，因而在有病原物存在的情况下，烟株本身不一定都会发病，病害发生的严重性在一定程度上取决于烟草抗病能力的强弱，所以采用保健栽培措施提高烟株的抗逆性是减少病害发生的一项基础保障措施。

病原能不能引起发病，不仅取决于是不是有感病的烟草，还要取决于外界环境条件是不是合适。只有当环境条件有利于病原物而不利于烟草生长时，烟草病害才能发生和发展，例如在烟草生长的 7～8 月份，雨水较多、气温较高，有利于病原物的繁殖和侵染，根茎病害集中爆发。烟草病害的发生必然是病原、感病烟草和环境条件共同发生作用的结果。

一般情况下，病原物的致病性较强，且数量较大，环境条件特别是气候、土壤和耕作栽培条件有利于病原物的侵染、繁殖、传播和越冬，而不利于寄主植物的抗病性时，病害才会发生和流行。病原、植物和环境条件三者之间的相互关系称为“病害三角”或病害三要素。在病害三角关系之外，人类对品种的选择、土壤条件选择、栽培与管理措施、化学药剂的调控等左右着病害的发生和发展过程。因此，这种关系在植物病理学中又叫病害发生的四面体组合(图 3-9)。

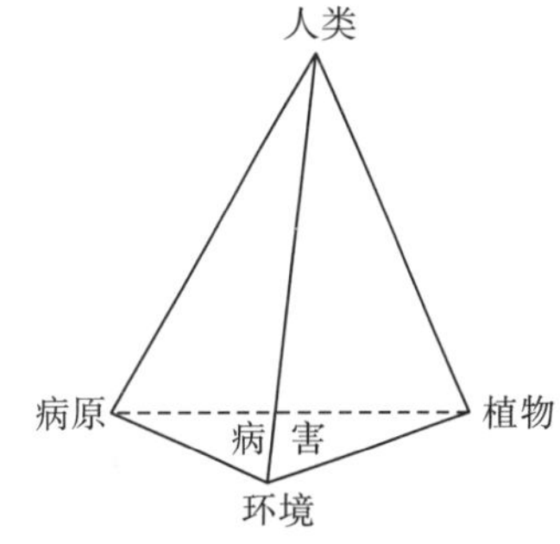

图 3-9　病原、植物和环境条件的关系(病害三角与四面体)

植物病害流行是指侵染性病害在植物群体中的顺利侵染和大量发生。其流行是病原物群体和寄主植物群体在环境条件影响下相互作用的过程；环境条件常起主导作用。对植物病害流行影响较大的因素主要包括以下三类：①气候土壤环境，如温度、湿度、光照和土壤结构、酸碱度、含水量、通气性等。②生物环境，包括昆虫、线虫和土壤微生物及植株周围的微生物等。③农业措施，如耕作制度、种植密度、施肥、田间管理等。

3.3.5　烟草侵染性病害发生面临的新挑战

我国烟草病害的发生种类多、分布广、传播快、危害损失重。烟草苗期和大田整个生育期都可受多种病害的危害，虽然各地都采取了大量的防控措施，但效果仍然不够理想，主要原因表现在以下几个方面。

一是气候变化导致病虫害发生频率加大。根据近几年的调查发现，随着全球气候的变暖，植烟区的气候也发生了明显的变化，一些原生性有害生物频繁爆发，灾害持续不断、经济损失巨大；主要表现在根茎病害在局部地区加剧危害，叶部病害流行范围广、持续时间长。

二是植烟区划限制性大。种植结构调整，集约经营、大户种植、规模化发展，加之植烟地区的资源限制、人员限制、技术限制等，导致烟草连作致病这一核心问题不能回避，部分地区的连作导致土壤退化、病菌积累、营养失衡，根茎病害造成的危害加剧。

三是保健栽培技术推广不力。烟草品种确定之后，栽培管理是最为关键的环节。如何让烟草在卫生保健、营养平衡、抗性发挥等方面得到符合烟草自身生理生化特性的保护是烟草健康栽培的关键。但土壤酸化、深耕有限、肥料单一、中后期调控缺失等因素导致烟草自身抗性低下，抵御各种灾害特别是生物灾害的能力下降，一些系统性侵染的病害在局部地区常常爆发。

四是化学品投入风险加大，可持续发展隐患重重。借助于化学品的投入，烟草可以提升基本生物量，但化肥的连续投入导致大量元素富集，中微量元素的利用受限，可利用元素的平衡性不能保障；地膜的覆盖可以保温、保水、保肥，但不恰当的处理导致污染加重，一些有机肥、灌溉水、无机农药的投入导致局部的重金属超标；化学合成农药的投入导致生物活性化合物积累，农药残留对非靶标的毒性以及对烟草生长的潜在影响等已经成为重要隐患，对烟草的可持续发展产生不利影响。

五是缺乏行之有效的防病药物，一些药剂虽然有效，但由于没有科学地使用，一些地区的病原菌抗性增加，药效大大降低。

以上情况总体表现为烟草的植保问题越来越复杂，而且植保问题已经不是单一的有害生物的发生问题，对有害生物的调查、预警和防控也必须转变观念，更新技术，强化研究和积极应对。传统的植保体系已经很难满足烟草健康栽培和植保的需要，构建新的植保体系，建立一套有效的管理和实施机制，加大技术措施的落实，已经成为烟草植保人的一项重要使命。为此，在烟草病害调查过程中，既要关注烟草病害发生的情况，也要关注病害防控过程中的情况；既要看到现象，也要关注原因，这样才能做好准确的预报，更好地指导防治。

3.4 烟草的非侵染性病害

烟草非侵染性病害是指温度、水分、土壤、肥料等外部环境因素导致的烟草病害。该类病害不具有传染性，而且有些病害会随着生态条件的改变而有所恢复。烟草非侵染性病害具有发生的突然性、随机性、危害性等特点，在局部地区造成的危害也十分严重。如 2015 年在重庆丰都、奉节两地发生的冰雹灾害，有 5000 多亩烟叶绝收，对当地烟农的打击相当大。另外，我国烟草农业基础设施比较薄弱、烟农科技种烟水平相对较低、烟叶生产技术人员对一些非侵染性病害的诊断不够及时以及对该病在防治过程中不能够采取合理有效的方式，导致一些缺素综合征的发生，严重影响烟叶的产量和品质。如烟草生长早期发生的烟草气候斑点病，被很多烟农和技术人员误认为是炭疽病；烟草在生长过程中出现的一些生理病害与真菌引起的一些叶部病害难以区分；由真菌或细菌引起的根部病害与线虫病害容易混淆；而线虫危害导致的叶尖伤害症状与烟草的缺钾症状也十分相似。非侵染性病害对烟叶生产的负面影响确确实实地存在，但是很多情况下，都把这类病害归结为气候或者自然因素，很少有部门和研究人员对该类病害的发生、发展的条件及规律进行探索和研究。我国植烟区没有较为完善和系统地对烟草非侵染性病害进行预测和预报的机构，以至于非生物性病害较其他病害来说，烟草发病以后可能挽回的损失较少，由气候性因素引起的非侵染性病害更具有代表性。

2008 年通过对黑龙江、吉林、辽宁、山东、河南、安徽、陕西、湖北、湖南、四川、重庆、贵州、云南、福建、江西、广东等 16 省(市)的烟草非侵染性病害在烟草生产上发生的面积及其损失进行了调查和统计。结果显示，在调查的 16 个省(市)中有 11 个省(市)烟草非侵染性病害的发生较为严重，其中四川、安徽、福建、湖北、云南、辽宁和广东烟草非侵染性病害发生比较严重，结果见表 3-3。

表 3-3　全国烟草主要非侵染性病害的发生和危害情况(2008 年)

省份	发生面积/万亩	产量损失/万千克	产值损失/万元
四川	22.5	4.2	47.1
安徽	9.0	10.6	50.6
福建	4.9	10.2	106.5
湖北	4.9	47.3	261.9
云南	4.6	50.2	601.8
辽宁	1.6	404.3	824.6
广东	1.6	4.2	42.0

由表 3-3 可知，虽然一些地区烟草非侵染性病害的发生面积大，但损失并不大。而有些区域尽管发生面积小，但损失却巨大(如辽宁省)。因此，对于非侵染性病害的破坏力需要引起足够的重视。

烟草非侵染性病害的危害主要发生在西南烟区、武陵山区、东南烟区、淮海烟区以及东北烟区，一方面与这些烟区的土壤养分含量情况有关，另一方面与这些烟区的特殊气候条件有密切的关系。如西南烟区所处地势较高、山地气候的区域性较强、阴雨天气和旱涝天气交替，高温天气和突然降温时常发生，早春的低温对烟苗的生长不利，中后期的低温又容易导致一些叶部病害的发生。变化多端的气候导致一些非生物性病害和生物病害的混合发生；武陵山区早春低温，后期降温，中期发生的冰雹天气也在局部地区造成了严重损失。东南烟区受暴风雨天气的影响较为频繁，导致该烟区烟叶生产面临受风灾和涝灾危害的风险；黄淮烟区降温相对较早，使烟叶生产的后期常面临冷害的危害；东北烟区常年气温相对其他烟区较低，冷害对烟叶生产的影响较为明显。

在今后烟草有害生物调查和测报过程中，要加强对非侵染性病害的调查和测报工作。要关注气候、土壤、营养元素和农事操作等对烟草健康生长的影响，特别是调查相关因子，做好预报工作，提出控制与防范对策，落实好防控措施，对于烟草健康、稳定和持续发展具有十分重要的价值和作用。

整体来说，中国受大陆性季风气候的影响。中国的气候具有夏季高温多雨、冬季寒冷少雨、高温期与多雨期一致的季风气候特征。冬季盛行从大陆吹向海洋的偏北风，夏季盛行从海洋吹向陆地的偏南风。冬季风产生于亚洲内陆，性质寒冷、干燥，在其影响下，中国大部分地区冬季普遍降水少、气温低，北方更为突出。夏季风来自东南面的太平洋和西南面的印度洋，性质温暖、湿润，在其影响下，降水普遍增多，雨热同季。中国受冬、夏季风交替影响的地区广，是世界上季风最典型、季风气候最显著的地区。和世界同纬度的其他地区相比，中国冬季气温偏低，而夏季气温又偏高，气温年差较大，降水集中于夏季。这种气候特征决定了中国烟叶生产的区域特殊性，而这种区域性的气候特征直接影响烟草的抗性特征。

就南北地区来看，南方雨季开始早而结束晚，北方雨季开始晚而结束早。中国季风气候特征显著，气候要素变率大，旱、涝、低温等气候灾害频繁发生。我国烟草农业基础还比较薄弱，抵御由气候条件带来的各种灾害的能力还比较差，导致我国烟草产业每年受气候条件的不利影响带来的损失相对较大。由于每年夏季风的势力强弱变化较大，我国植烟区常常出现“北旱南涝”或相反的情况，同时还极易产生寒潮、霜冻、冰雹和飓风等引起的自然灾害，严重影响烟草的生长情况。其中最为典型的是在武陵山区移栽后到团棵期出现的降温天气导致的早花现象，采收期出现的冰雹天气对烟叶的直接伤害，采收后期出现的低温降雨天气对烟叶成熟度的影响，同时又诱发其他侵染性病害的发生。

气候条件对我国不同植烟区、不同烟草品种的烟叶产生的影响在很大程度上不同，应根据当地的具体气候情况选择合适的烟草抗性品种，有意识地调整农业种植制度，选择合适的生产措施等来适应当地的气候变化，从而避免恶劣的气候条件对烟叶生产的影响，保证我国烟叶的产量和品质。

烟草非侵染性病害使烟株本身抗病性降低，有利于侵染性病原的侵入，如冻害不仅可以使细胞组织死亡，还往往导致烟株的生长势衰弱，使许多病原物更易于侵入；烟草侵染性病害有时也削弱烟株对非侵染性病害的抵抗力，如某些叶斑病不仅引起烟株提早落叶、早熟，也使烟株更容易受冻害和高温伤害；提高烟农及基层烟技员科技种烟水平，加强烟草栽培管理，改善烟株的生长条件，对田间发生的烟草非生物性病害进行及时的鉴定和诊断，迅速采取有效的防治措施，一方面可以有效地控制非生物性病害对烟株生长的危害，另一方面可以增强烟株本身对其他一些侵染性病害的抵抗能力，在一定程度上减少生物性病害对烟株造成的危害。

烟草非生物性病害与生物性病害的不同主要表现在病原上。烟草非生物性病害的病原：物理因素如温度、湿度和光照等气象因素的异常，病害有烟草“高温伤害”等；化学因素如土壤中的养分失调、水分失调、空气污染和农药等化学物质的毒害等，病害有烟草缺素症、烟草气候斑点病、烟草旱涝症等；植物自身遗传因子或先天性缺陷引起的遗传性病害，虽然不属于环境因子，但由于没有侵染性，也属于非生物性病害。

3.5　烟田杂草的发生与危害

3.5.1　烟田杂草的概念

烟田杂草是指生活在烟草种植地的其他非人类栽培植物。在烟草的一生中，每一个阶段都有杂草的伴生，会和烟草竞争水、肥、光和空间，有些杂草还是一些病原菌和昆虫的中间寄主。杂草的发生对烟草的生长造成不良影响，严重发生的杂草会带来烟草的严重减产甚至绝收，因此烟田杂草是需要给予关注并积极治理的一类有害生物。

杂草不同于一般意义上的植物的基本特征表现为三性：杂草的适应性(adaptation)、持续性(persistence)和危害性(harmfulness)。根据杂草的三性，现阶段人们普遍认可的杂草定义为：杂草是能够在人类试图维持某种植被状态的生境中不断自然延续其种族，并影响这种人工植被状态维持的一类植物。简而言之，杂草是能够在人工生境中自然繁衍其种族的植物。

烟田属于人类为了满足自身的利益创造的人工环境，因此可以把烟田杂草定义为：在烟田中生长、不断自然延续其种族，并影响烟草的生长的一类植物。

烟田杂草伴随烟草种植而生，会和烟草竞争水、肥、光、热等资源。杂草小而数量少时，对烟草的影响不大，但当杂草种群数量大、个体生长快时就会对烟草质量产生较大影响。此外，杂草还是一些病虫的中间寄主，杂草的发生会影响到其他一些病虫害的发生。对于杂草的控制是烟草种植过程中一项重要农艺活动。虽然对杂草发生的预测预报工作开展得比较少，但掌握杂草的调查技巧，评估杂草的发生情况，检查防控效果，有效地控制杂草的发生和危害，也是一项十分重要的植保工作。

3.5.2　烟田杂草的生物学特性

烟田杂草的生物学特性是指杂草对烟草种植的环境条件长期适应所表现出的繁衍发展的特性。杂草是在经历了长期的自然选择后形成的，生长发育和繁殖能力比较特殊，所以它与其他植物相比，有较为特殊的生物学特征。而烟田杂草又与一般杂草有一定的区别。

(1)杂草的繁殖结实量大。杂草的每个生育周期都会产生大量的种子，其数量通常是烟草的几十到上百倍，甚至更多。一株杂草一年的结实量有几千粒至上万粒。如一株马唐可结上万粒种子，繁殖系数惊人。

(2)传播途径广。杂草的种子可以通过多种方式传播，水力、风力、人和动物的活动，以及杂草自身的弹力，都可被其应用于种子的传播。如食草动物取食杂草后，未消化的杂草种子在一定情况下，依旧可以繁殖。

(3)繁殖方式广。杂草既可以通过种子繁殖，还可以通过根、茎等进行无性繁殖。如马唐产生大量种子繁殖，小蓟除通过种子繁殖外，还可由根、茎等进行无性繁殖。

(4)种子寿命长。杂草的种子经过长时间的休眠后依然保持着活力，在达到一定的条件后依旧可以发芽。与大多数农作物相比，杂草种子具有较长的寿命，如荠菜、藜等种子可存活 10～40 年。

(5)种子的成熟和出苗期参差不齐。烟田杂草种类繁多，各种杂草的种子出苗与成熟期都有一定的差异。通常情况下，杂草的种子成熟期较烟草早，且杂草常一边开花，一边结实，一边成熟，成熟后通过多种传播方式散落于田间。一些杂草的种子还具有后熟特性，在开花后被拔除，已经受精的胚珠仍有发育成种子的可能性。杂草的出苗期基本上不一致，除了受温度的影响外，水分是重要的影响因素。通常情况下，在每一次降雨后，杂草都有一次出苗的高峰。

(6)适应性强。杂草的繁殖能力强，在经过长期的自然淘汰后，形成了高度的适应性，很多杂草都能耐旱、耐涝、耐热、耐冻、耐贫瘠。通常我们都可以看见在烟草不能生长或生长不良的环境下，杂草依旧生长茂盛。

(7)杂草竞争力强。多数杂草具有与玉米等植物相同的 C4 光合途径，与烟草等 C3 植物相比，更加耐旱。同时利用光能、水资源和肥料的效率高，生长速度快，竞争能力强。

(8)杂草吸肥能力强。杂草的光合速率通常较烟草高，能够提供更多的能量供吸收土壤或者叶面的养分，所以在草害严重的情况下，不除草就进行施肥，不仅不能明显地促进烟草的生长，反而会增加杂草的危害。

3.5.3 烟田杂草的种群与群落

烟田杂草种群是指在一定时间内，占据指定烟田的同种杂草所有个体。烟田杂草群落是指：在一定的环境因素综合影响下，由烟田各种杂草种群有机组合构成的整体。

3.5.3.1 杂草种群的动态

杂草的种群结构以及数量由土壤中杂草的种子库决定，即杂草种子库的动态预示着下一年杂草种群的动态。杂草种子库是指在土壤中存留的杂草种子或营养繁殖体的总称，它主要是由杂草种子成熟后自由散落或经翻耕等农业操作，进入土壤中积累起来的种类繁多且数量庞大的杂草种子组成。

土壤中杂草种子库是由输入、输出和滞留三个子系统构成的一个动态系统。输入子系统主要是杂草种子成熟后的自由散落或由动物和人类传播带入；输出子系统是杂草种子的萌发、死亡以及动物和人的传播输出；滞留系统包括未达到萌发条件而继续处于休眠中的种子和即将萌发的杂草种子。若设当年输入的杂草种子为 V_t，滞留在土壤中的杂草种子为 N_t，当年输出的杂草种子为 S_t，杂草种子库来年的数量可表示为

$$N_{t+1} = N_t + V_t - S_t$$

在烟田杂草的防除中，通过化学除草和一些农事操作，减少杂草种子结实量以及增加杂草种子在土壤中的滞留量，从而减少杂草的输入量和增加滞留系统中的杂草种子量，最终减少来年杂草种群数量是杂草防治的重要措施之一。

3.5.3.2 杂草群落的演替

烟田杂草群落在生物与非生物因素的影响下，杂草群落会发生演替，主要表现为群落中的优势杂草种类发生改变，一些原有的杂草种类被新的杂草种类所取代，特别是在一些烟区，长时间、大面积使用禾本科杂草敏感的除草剂使原来的禾本科为优势杂草种群的群落结构演变为以菊科等阔叶杂草为优势种群的群落结构。如福建省漳平市烟田中，烟农长期大量使用除草剂盖草灵、微霸、丁草胺、敌稗等主要针对稗草以及一年生的莎草科和部分阔叶杂草的除草剂，使稗草等杂草的种群数量大大降低，而对这些药剂敏感性差的小飞蓬、胜红蓟、雀舌草、繁缕等上升为优势种杂草。

3.5.4 烟草杂草的危害

烟田杂草种类繁多，据调查研究，我国烟田杂草的种类大约有500多种，各地的杂草分布有一定差异，烟田优势杂草种群的差别也比较大。如在昆明烟区明确的杂草种类就有36科159种(2009年)，而在重庆地区的168种杂草分属于45科。在生产实践中，人们认为烟草的损失主要集中在病、虫害上，对于草害，许多人认为烟株与杂草的个体差异较大，烟株高大而杂草个体较小，杂草不会对烟草的正常生长造成较大的影响，常常忽略对杂草的防除，导致烟田杂草丛生，影响烟叶产量和质量。实际上，杂草直接或间接危害造成的损失在有害生物所致损失中占有相当大的比例，只是由于杂草的危害是渐进的，其造成的损失具有隐蔽性而不被人们所重视。

烟田杂草的危害主要集中在直接影响烟株的正常生长，间接传播病虫害，增加生产管理成本等三方面，具体危害主要表现为：

(1)与烟草争夺水分、养分、光照和空间，降低烟叶产量和质量，直接影响烟草的正常生长。杂草根系发达，吸收水分与肥力速度快，光合效率高，苗期快速生长，夺取水分、养分和光照，从而影响烟草的正常发展，降低烟叶产量和质量。如杂草猪殃殃每生产1kg干物质就需要消耗912kg的水分，杂草蒺藜需要消耗658kg水分；而烟草每生产1kg的干物质，需要消耗501～668kg的水分。杂草的需求、吸收和消耗能力比烟草强，能够从土壤中夺取更多的水分和养分，从而减少水、肥对烟草的供给，影响烟草的生长。根据研究表明除草与不除草的烟田相比较，移栽后到采收结束不除草的烟株株高比完全人工除草的烟株矮2.4cm，产量和产值分别减少51.08kg/亩和640.93元/亩。

(2)传播病虫害，间接危害烟草。许多杂草不仅是烟草病虫害的中间寄主，还可以传播病虫害。研究表明，烟蚜可寄生于一些茄科和十字花科杂草上；当烟草赤星病达到高峰时，不除草烟田比完全人工除草烟田的病情指数高3.39。

(3)增加生产成本。烟田杂草的化学防除从药剂研发到技术推广都处于相对落后的水平，在大面积生产实践中应用较少，目前我国烟田杂草的防除主要还是依靠人工除草。人工除草需消耗大量的人力和时间，特别是在中后期，烟田杂草在烟草中耕后，若降雨量较大，除草难以进行而形成草荒，造成更大损失。

在烟草有害生物调查过程中，人们主要关注病虫害的调查和预警，对烟田杂草的调查和预警关注还不够。这在今后烟草有害生物调查中需要给予更多关注。从杂草的发生与气候、耕作等方面入手，调查杂草的发生期、发生量，并做出相应的中长期预报，科学指导防治，这将对烟田有害生物的系统控制发挥重要的作用。

第 4 章　烟草有害生物的调查

4.1　调查与抽样基础

4.1.1　烟田病虫草害发生量的计算

4.1.1.1　田间病情的表示方法

田间病情一般用发病量、发病率、严重度和病情指数表示。

1. 发病量(number of a disease)

发病量指在单位面积、单位时间或一定寄主单位上发病对象出现的数量，是指通常意义上的发病多少。发病量可以指一个器官、一个单株、一个地块、一个地区等，可以定性描述一个病害的发生情况。

2. 发病率(incidence of a disease)

发病率是指发病田块、植株和器官等发病的普遍程度，有时也叫发病的普遍率，一般用百分率表示。

$$\text{发病率}=\frac{\text{发病株(叶、茎、病斑)数}}{\text{调查总株(叶、茎、病斑)数}}\times 100\%$$

对于从田块概念上的发病率，一般是指在规模比较大的层面上表达发病情况。田块的发病率可采用上面公式计算。

总的发病率常常是个估计的数字。如一个基地单元的发病率，一个县域规模的发病率是需要在多点调查的基础上进行综合分析得出的相对准确的数据。

3. 严重度(severity)

严重度表示田块植株和某一组织器官的发病严重度。通常根据调查对象的特点，调查发病部位或者组织器官在单位面积上的发病情况。

$$\text{严重度}=\frac{\text{叶(株)孢子堆面积}}{\text{调查叶(株)总面积}}\times 100\%$$

上面公式的孢子堆面积也可以是发病面积、受伤面积等。

根据严重度，可以将病情进行分级。一般分为 9 级，没有任何病斑的健康叶片为 0 级，全叶或者全部器官都发生了病斑，失去了任何价值的，定为 9 级。有时为了方便，也可以采用 0、1、2、3、4 等 5 级标准进行分级。分级的标准不同的病害有一定差异，要参考有关标准或者文献进行确定。

4. 病情指数(disease index)

病情指数表示总的病情，由发病率和严重度计算而得。由于发病率不能表达出严重的程度，而单一的严重度又不能表达出普遍程度，因此采用病情指数就能够比较全面地反映出一个地块的发病情况。

$$病情指数 = \frac{\sum(各级病株数 \times 该级的代表值)}{调查总株数 \times 最高级的代表值} \times 100$$

上面公式中，各级的病株数也可以用病叶数等来表达。发病最重的病情指数是 100，完全无病是 0，所以其数值表示发病的程度。

例如一块烟田烟草普通花叶病，经实地调查记录到的病情如表 4-1 所示。

表 4-1 烟草普通花叶病发病程度分级及调查记载

病级	发病程度	病株数
0	全株无病	324
1	心叶脉明或轻微花叶，植株无明显矮化	51
3	1/3 叶片花叶但并不变形，或植株矮化为正常株高的 3/4 以上；	44
5	1/3 至 1/2 叶片花叶，或少数叶片变形或者主侧变黑，或植株矮化为正常株高的 2/3 至 3/4	32
7	1/2 至 2/3 叶片花叶，或变形或者主侧脉坏死，或病株矮化为正常株高的 1/2 至 2/3	38
9	全株叶片花叶，严重变形或坏死，或病株矮化为正常株高的 1/2 以上	11

根据表 4-1，发病率和病情指数的计算结果为

$$发病率=\frac{51+44+32+38+11}{500}\times 100\%=35.20\%$$

$$病情指数=\frac{324\times 0+51\times 1+44\times 3+32\times 5+38\times 7+11\times 9}{500\times 9}\times 100=22.93$$

病情指数与发病率的高低或单株受害严重程度无关，它反映的是总的情况下植物病害的轻重程度。在定量研究中，病情应该由发病率和严重度两个方面的数值来表达，才能客观反映单位面积的病情，以及可能造成的损失。而且，在不同田块或处理之间进行比较时，也需要用病情指数来表示。显然，田间发病率相似的地块损失可能大不一样，病情指数也不一样，因为地块发病的严重度可能不一样。相同病情指数的两个材料，有可能造成的损失相似，但不等于它们发病率相同，因为任何一项指标(发病率或严重度)都可影响病情指数的大小。

4.1.1.2 田间虫情的表示方法

田间虫情是指田间有没有害虫危害，危害程度如何？根据害虫危害情况能不能找到害虫，害虫又处于什么虫态？对于虫情的量化表达，一般用发生量和虫口密度来表示，对于作物的受害程度一般用被害率、被害程度以及损失率来表达。

1. 虫情表达

1)虫口数量(insect population)

虫口数量是指单位面积、单位时间、单位容器或一定寄主单位上调查出的虫口的数量。如一株烟上有多少虫，一天调查出多少虫，一个诱捕装置里面有多少虫等。

2)虫口密度(population density)

虫口密度是虫口数量的一种科学表达方式。根据调查对象的特点，调查获得的单位时间内，在单位面积、单位容器或一定寄主单位上所调查获得的虫口数量。一般用百株虫量、每平方米虫量等来表达。虫口密度一般代表一个种群在一定时间和区域内的种群密度。

对于地上部分的害虫，如调查烟草上斜纹夜蛾卵块，折算成百株卵量或者每公顷卵块数；调查烟青虫在烟株上的虫量，要折算成百株虫量；对于地下害虫，则常用筛土或淘土的方法统计单位面积一定深度内害虫的数目，必要时进行分层调查。如金针虫、蛴螬、拟步甲等地下害虫，常用单位面积土中的平均虫数表示；对于飞行的昆虫或行动迅速不易在植株上计数的昆虫，可进行诱捕，以单个容器逐日诱集数表示。根据具体情况，也可以采取网捕，标准捕虫网柄长 1m，网口直径 0.33m，来回扫动 180°为 1 复次，以平均 1 复次或 10 复次的虫口数量表示。

2. 作物受害程度

田间虫情也可以用烟草被害虫危害后表现出的损失情况来表示，即用被害率、被害指数和损失率来表示。对于危害苗子的小地老虎幼虫，很难数清楚虫口数量时，就只有用单位面积的被害株数来代替。

1)被害率(rate of damage)

表示烟草的株、秆、叶等受害的普遍程度，这里不考虑每株(秆、叶等)的受害轻重，计数时只要有受害的就同等对待。

$$被害率=\frac{被害株(秆、叶)数}{调查的总株(秆、叶)数}\times 100\%$$

如在田间调查烟青虫危害情况时，只要有烟青虫危害的，我们都计算在内，不管发生的程度如何，都算作被害株。显然被害率和被害程度以及因虫害造成的损失率是不同的概念。

2)被害指数(damage index)

许多害虫对烟草的危害只造成植株产量的部分损失，植株之间受害程度不等，用被害率表示并不能说明受害的实际情况，因此往往用被害指数表示。在调查前按受害轻重分成不同等级，再通过计算，即可用被害指数来表示。

被害指数的计算方法同病情指数的计算。

3)损失率(loss rate)

被害指数只能表示受害轻重程度，但不直接反映产量损失。单株产量损失用损失率来表示：

$$损失率=损失系数\times被害率$$

$$单株产量损失系数=\frac{健株单株产量-被害株单株产量}{健株单株产量}\times 100\%$$

在此假设损失都相同的情况下，而实际情况是被害的程度不同，损失系数的差异很大，结果并不能正确反映实际的损失情况。因此，采用大田产量损失率才能从总体上反映出害虫危害造成的损失情况：

$$L=\frac{A-B}{A}\times 100\%$$

式中，L 为大田产量损失率；A 为未受害区的产量；B 为受害区的产量。这里只是一个大概的数据，由于损失情况不一样，因此各调查单元的损失率与损失情况密切相关。还需注意，避免因为其他原因造成的损失而全部算成是虫口造成的损失。

4.1.1.3 烟田草情表示方法

烟田草情是指烟田杂草的发生情况，通常是指杂草在一定时间、单位面积内发生的种类数量、不同种类杂草的组成和生长情况等，常常是指数量状况。烟田杂草通常采用倒置“W”9点取样法取样调查，每点的调查面积传统为1平方尺(0.11m^2)，也有以0.25m^2为取样面积，现在通常为1m×1m(1m^2)，实际调查中可根据杂草发生情况灵活确定。

1. 频度(F)

频度是指在被调查的田块数中，某种杂草出现的百分率，本参数不考虑其数量多少与个体大小。

$$\text{田间频度}(F)=\frac{\text{某杂草出现的田块数}}{\text{总调查田块数}}\times 100\%$$

$$\text{相对频度(RF)}=\frac{\text{某种杂草的田间频度}}{\text{各种杂草的田间频度之和}}\times 100\%$$

2. 密度(MD)

密度是指单位面积内某种杂草生长分布的个体数目，可目测或实测，但是一个具体的数值，一般规定是1m^2中某种杂草的个体的数量。一般采用5级制的数字来确定密度。稀少：1～4株/m^2；偶遇：5～14株/m^2；常遇：15～29株/m^2；丰富30～99株/m^2；很丰富：多于99株/m^2。

这里的密度也只是涉及个体的数目，不考虑个体的大小。密度适于测定非根茎型，且分布相当分散的杂草，尤其适合于测定杂草种子田间出苗率，小草以及烟田早期杂草的发生情况，但不宜作为大株丛杂草对烟草危害的衡量标准。株体高大的杂草，即使其数目较少，但对烟草的危害可能数倍于同样密度的小株体杂草，所以此法亦不适于统计根茎或匍匐茎杂草。

平均密度：在调查密度时，一般要在一个地块中选择3～5个调查样点，这些调查样点的杂草密度的平均数就是平均密度。研究中关注的田间密度是通过多个田块的平均密度来计算。

$$\text{田间密度(MD)}=\frac{\text{某杂草在各调查田块平均密度之和}}{\text{调查田块数}}\times 100\%$$

$$\text{相对密度(RD)}=\frac{\text{某杂草的平均密度}}{\text{各种杂草密度之和}}\times 100\%$$

这里的相对密度是指在一个调查区域内，区域可大可小，可根据情况进行确定。如一个乡镇杂草的相对密度、一个地块的杂草的相对密度等。

3. 均度(U)

均度是指某杂草在田块中出现的样方数占调查田块总样方数百分比。

$$\text{田间均度}(U)=\frac{\text{某杂草在田块出现的样方数}}{\text{调查田间总样方数}}\times 100\%$$

$$\text{相对均度(RU)}=\frac{\text{某杂草均度}}{\text{各种杂草均度和}}\times 100\%$$

4. 多度(A)

多度指样方中某种植物个体的多少程度，如稀疏、少、较多、多、很多等。一般可以用频度、密度、均度定量的基础上来进行定性描述，草本植物多度常用7级制评定。一般用分散与覆盖(分盖度，即一种植物对样方地面的投影面积)来表示：分盖度在70%以上的为6级，表示植株极多；分盖度50%～70%为5级，表示植株很多；分盖度30%～50%为4级，表示植株多；分盖度10%～30%为3级，表示植物不多，零散分布；分盖度10%以下的为2级，表示植株很少，偶尔见到一些个体；植株样方中只出现一株的，为1级。如果没有出现，可定为0级。

相对多度(RA)是指某种杂草相对均度、相对密度、相对频率之和。相对多度综合了实际调查数据和统计数据，可作为衡量当地优势杂草的重要指标。相对多度较大的杂草将被视为当地的主要优势杂草。

$$\text{相对多度(RA)} = \text{相对均度} + \text{相对密度} + \text{相对频率}$$

5. 盖度(*C*)

盖度即覆盖度，指整个植被或某种植物的垂直投影面积占地表面积的百分比，因此又叫投影盖度。基部盖度又称纯盖度，是指植物基部实际所占的面积，一般测定的盖度都含有基部盖度。测定杂草盖度的常用方法有样线法、步履点测法及样点测法等。样线法，又叫方格网法，用1m^{2}的框架，再用线分隔成100个1dm^{2}的小格，直接计算；烟田调查中通常使用步履点测法，又叫针刺法：如样方框为1m^2，借助于钢卷尺和样方框绳上每隔2.5cm的标记，用粗约2mm的细针(针越细结果越准确)，按顺序在样方内上下左右间隔62.5px的点(共100个点)上，从植被的上方垂直下插，如果针与植物接触，即算作一次“有”，如没有接触，则算“无”不划记。最后计算划记的数次，用百分数表示即为盖度。测定位置一般事先确定，如以W形穿过整个调查地块，每隔5步测定1次。通常一块地至少测3～5个样方。

$$\text{田间盖度}(C) = \frac{\text{某种杂草在各调查田块中盖度和}}{\text{总调查田块数}} \times 100\%$$

$$\text{相对盖度(RC)} = \frac{\text{某种杂草植株垂直投影面积}}{\text{所有杂草种垂直投影面积之和}} \times 100\%$$

6. 重量

重量是评定杂草危害的最重要的指标，是杂草密度和植株大小的综合体现，通常情况下，干重比鲜重更为准确。测定干重时应尽快使样品干燥，通常采用的是在85～95℃烘箱内干燥16h或105℃下处理12h。测定重量可采用刈割、称重、估计重量，或生长状态下估测重量等方法。最为准确的方法是刈割法，多用于精度要求较高的杂草研究。但刈割的缺点是每次调查后，小区被毁，不能再继续收集资料，而且费时，一般仅在处理较少、要求很精确的试验中采用。称重法是田间调查和评价大量不同处理小区的方法。估计还应注意不断与实际重量相比较，以减少估计误差。尽量让几个人同时调查估计，取其平均值。第三种方法是不刈割植物，在整个生长季内，定期估测牧草或其他植物方法。

7. 草情指数

根据杂草株数或综合指数，如盖度、高度、多度等的综合，提出分级标准，将不同田块的杂草危害归入不同的级别范畴，而后用下面类似病情指数的计算方法计算草情指数。五级草害目测分级标准如表 4-2 所示。

$$草情指数=\frac{(\sum 草害级数\times 该级的田块数)}{调查的田块数\times 草害最高级的代表数值}\times 100$$

表 4-2 五级草害目测分级标准

危害程度	相对高度/(cm,%)	相对盖度/%	相对多度/%
5 级严重危害	100 以上	30～50	—
	50～100	50 以上	
4 级较严重危害	100 以上	10～30	—
	50～100	30～50	
	50 以下	50 以上	
3 级中度危害	100 以上	5～10	50～100
	50～100	10～30	
	50 以下	30～50	
	50 以下	5 以下	
2 级轻度危害	100 以上	3～5	25～30
	50～100	5～10	
	50 以下	10～30	
	50 以下	5 以下	
1 级有出现不造成危害	100 以下	3 以下	25 以下
	50～100	5 以下	
	50 以下	10 以下	

8. 数据的多元统计分析

通过模糊聚类分析、系统聚类分析或主要成分分析等方法，对所得数据矩阵进行分析处理。该分析宜通过自编程序或使用统计分析的结果会将调查的样点分成若干不同的样点集群，杂草群落结构相似的那些样点，通常会聚在一起，而这些样点大多具有比较一致的农田生态条件。经下列公式算出每个聚类群数量特征：

$$综合草害指数=\frac{\sum(该级出现样方数\times 该级代表值)}{(调查该类型群落的总样方数\times 5)}\times 100\%$$

$$频数=\frac{该草出现的样点数}{聚类群包含的总样点数}\times 100\%$$

由此可以比较不同类聚群在杂草群落结构上的差异，分析其相对应的样点生态影响因子，从而揭示一定农田生态条件下发生的杂草群落类型，阐明杂草发生、分布的规律。

注：聚类群是指将某个杂草作为优势种，把各调查样点进行归类，把优种和亚优势种相同的样点定为一个杂草群落型，这个群落型称为聚类群。例如：某调查样点的群落的优势种为狗牙根，伴生的亚优势种为香附子、水蜈蚣、千根草，可以将其命名为狗牙根+香附子+千根草杂草群落，简称为狗牙根杂草群落型。

4.1.2　病虫草害的空间分布特征

在一定区域内，有害生物不仅有量的大小，同时也存在空间分布的差异。对于空间分布情况，一般用空间分布型来表达。空间分布型(spatial distribution pattern)又称空间格局或田间分布型，是指某一种群在某一时刻在不同的单位空间内病虫草(或病原物、有害昆虫、杂草)数量的差异及特殊性。它是种群的重要属性，由生物种群特性、种群栖息地内各种生物种群间的相互关系和环境因素决定。在调查有害生物空间分布时，有时还调查有害生物危害寄主植物的空间分布型，即受害寄主植物种群受害个体的空间分布形式。病虫草害田间分布型是确定取样调查方式的重要依据。按照群内个体间的聚集程度与方式，可将空间分布型分为下列几类。

4.1.2.1　均匀分布(uniform distribution)

均匀分布是指种群内个体在生存空间呈等距离分布，是由生物个体间相互排斥造成的。如昆虫成虫产卵分布均匀或幼虫具有自相残杀习性等原因而使种群内的个体在田间呈均匀分布。

4.1.2.2　随机分布(random distribution)

随机分布(又叫泊松分布)是指种群个体在空间分布随机，即每个个体在空间各个点上出现的机会是相等的，形成这种格局是由于各个体彼此之间既不互相吸引也不互相排斥，彼此独立，个体独立地、随机地分配到可以用的单位中。其概率分布可用泊松(Poisson)理论公式表示：

$$P_{(k)} = \mathrm{e}^{-m} m^k / k!$$

相应的理论次数

$$f'_{(k)} = NP_{(k)} = N\mathrm{e}^{-m} m^k / k!$$

式中，k 为各样方内昆虫数；m 为平均每样方中的虫数；N 为调查总样本数；e 为自然对数底数。

4.1.2.3　聚集分布(aggregated distribution)

聚集分布是指种群个体在空间中成群或成簇的分布，最常见的分布类型有核心分布和嵌纹分布两种。烟田有害生物的分布型中聚集分布情况是比较多的。

1. 核心分布(clumped distribution)

生物种群在田间的分布由许多核心组成，其个体逐渐向四周扩散，这种分布类型又叫奈曼(Nyman)分布。核心分两个亚型，一类是核心大小大致相同的亚型，另一类是核心大小不等的亚型，但是“核心”本身在空间呈随机分布，故核心分布也可视为随机分布的一种类型，往往是有昆虫成虫以卵块产卵，或幼虫有聚集习性造成的。其概率分布可用奈曼分布理论公式表示：

$$P_0 = \mathrm{e}^{-m_1(1-\mathrm{e}^{-m_2})}$$

$$P_{(k)} = \frac{m_1 m_2 e^{-m_2}}{k} \sum_{r=0}^{k-1} \frac{m_2^r}{r!} P_{(k-r-1)} \qquad (k > 0, r \leqslant k-1)$$

理论频次为

$$f_{(k)} = NP_{(k)} = N \frac{m_1 m_2 e^{-m_2}}{k} \sum_{r=0}^{k-1} \frac{m_2^r}{r!} P_{(k-r-1)}$$

式中，k 为各样方内虫数；r 为$\sum$内各计算项数，从 0 到 $k-1$；

$$m_2 = \frac{S^2}{\overline{x}} - 1; m_1 = \frac{\overline{x}}{m_2}$$

2. 嵌纹分布(mossaic distribution)

个体在田间分布疏密相间，密集程度很不均匀，呈嵌纹分布，这种分布又叫负二项分布。这种分布正常是由于很多密度不同的随机分布混合而成，或由核心分布的几个核心联合而成。其概率分布可用负二项分布理论公式表示。

负二项分布在昆虫田间分布中是范围最广的一种理论分布，大多数昆虫种群符合负二项分布，符合此分布规律的无虫样本的比例(P_0)与种群平均密度(λ)的关系如下：

$$P_0 = (\frac{k}{k+\lambda})^k$$

式中，k 为负二项分布的参数。

发生的频率(即有虫的比例)$P = 1 - P_0$，即

$$P_{(k)} = 1 - \left(\frac{k}{k+\lambda}\right)^k$$

4.1.2.4 烟田有害生物空间分布的关系

烟田有害生物空间分布的特征如图 4-1 所示。一般情况下，病虫草作为生物，在田间的分布是随机的，是很复杂的，需要在调查时给予区分。

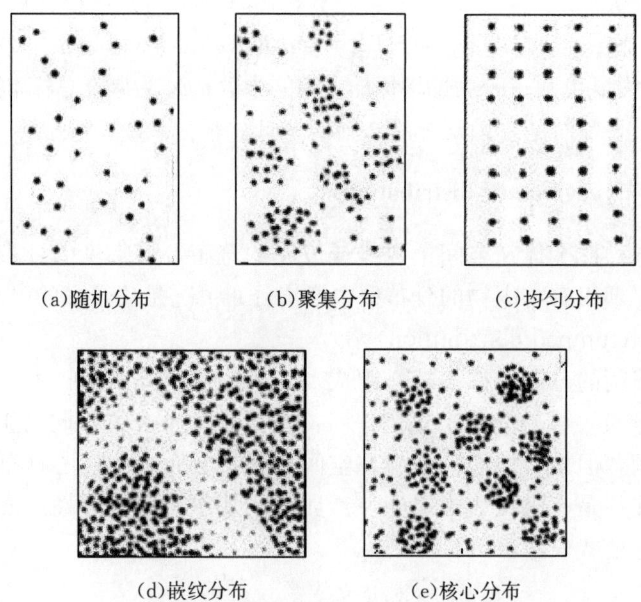

(a)随机分布 (b)聚集分布 (c)均匀分布

(d)嵌纹分布 (e)核心分布

图 4-1 不同空间分布型中各个体的分布特征示意图

空间格局取决于生物种的生物学特性、种群密度、寄主植物以及其他环境条件在田间的分布，病虫害的增殖(生殖)方式、活动习性和传播方式、发生的阶段、环境等都能影响病虫草的空间分布格局。所以了解病虫草本身的生物学特性，有助于初步判断它们的分布格局。如果病虫草由田外迁来，传入数量较小，其初始的分布情况都可能是泊松分布，即随机分布。当病虫草经过一至几代增殖，每代传播范围较小或扩展速度较小，围绕初次发生的地点就可以形成一些发生中心，将会呈奈曼分布。在病虫草大量增殖以后，则可能逐步向二项式分布过渡。

4.1.3　样本和总体

在统计学上，我们将一群性质相同的事物的总和称为总体。在病虫草害的抽样调查统计中，不可能也没必要调查所有的受害植株或者田块，一般是根据病虫害分布和危害状况，按照一定的抽样方法从总体中抽取一定数量的个体。我们将选定的一个调查单元(如具有一定单位面积的一块地)称为总体(population，overall)，被调查的一部分植株称为样本(sample)。如在进行烟草有害生物调查时，我们称烟田为总体，被调查的一部分烟株称为样本。根据研究目的确定具有相同性质的个体所构成的全体，总体所包含的范围随研究目的不同而改变。样本必须对于其所属的总体具有代表性。

样本和总体虽然有一定差别，但是一个好的取样能提供有关病虫草害发生流行的真实情况，根据所抽取的调查结果，也能比较有准备地对所调查的病虫草害进行估计。并为病虫草害调查和预报工作提供许多准确的信息，从而及时得出一个比较正确的结论，有效地指导烟草生产。

实际上，平均数、标准差、变异系数等，都是通过样本计算得来的，不可能完全代表总体的情况，它们之间所产生的差异称为抽样误差。误差的来源主要有以下两个方面：

(1)取样方式不同。取样方式的选择与病虫草的田间分布情况有关，分布不同，选用取样方式也不同，这样才能使调查结果与总体的实际情况基本符合。

(2)取样数目的多少。一般来说取样的数目越多，越能代表总体的情况。但取样数目太多，就会多费人力和时间，因此样品数目的选取要根据调查要求的精确度来确定。

4.1.4　常规抽样方法

从总体抽取部分观察单位获得样本的过程叫抽样(sampling)，在性质上分有随机抽样(random sampling)、顺序抽样(sequential sampling)和典型抽样法(typical sampling)。在大田调查中，随机抽样是基本，但非随机抽样也经常使用。在田间控制性试验研究中，这些抽样方法也经常使用。

4.1.4.1　随机抽样

随机抽样获得随机数据是进行数理统计的基础，注意随机抽样并不是随便抽样。在抽选样本时，应该使总体内所有个体均有同等机会被抽取，因此随机抽样又叫概率抽样。纯随机抽样的基本做法有抽签法和随机数法。抽签法是先将总体(如某一地块)划分成 N

个相同的单位(如一定面积和形状的小区)，并且按次序编号为 1，2，…，N，然后根据随机数抽取 n 个不同的数码为样本。随机数法是利用随机数表、随机数骰子或计算机产生的随机数进行抽样。

随机抽样不随主观性而改变，而是根据田块面积大小，按照一定的抽样方法和间隔距离选取一定数量的样本单位，一旦确定就不再改变，严格执行，不能再加大或减少，也不得随意变更抽样单位，随机抽样法在田间特别是大面积是很难操作的。

随机抽样又可分为：简单随机抽样、分层随机抽样、整群抽样和双重抽样四种情况。可根际调查的精细程度进行选择使用。

4.1.4.2 顺序抽样

顺序抽样是按照调查对象的总体大小，选好一定间隔，等距离抽取一定数量的样本。另一种理解是先将总体分为含有相等单位数量区，区数等于拟抽出的样方数目。随机从第一区内抽取一个样本，然后隔相应距离分别在各小区内各抽一个样本。这种抽取方法又称为机械抽样或等距抽样。田间试验的顺序抽样常采用的取样方法包括 5 点式、对角线式、棋盘式、平行线式和“Z”字形式等。

1. 5 点取样

5 点取样法在烟草田病虫草害等调查中比较常用的一种方法。可按一定的面积、一定的长度或一定的植株数量选取 5 个样点(图 4-2)。这种方法比较简便，取样数量比较少，样点可以稍大，适合小或近方形田块。

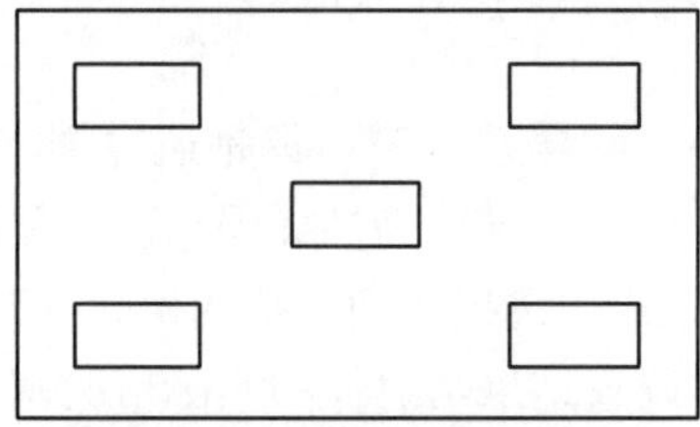

图 4-2 五点取样法示意图

2. 棋盘式取样

将田块划成等距离、等面积的方格，每隔一个方格在中央取一个样点，相邻的样点交错分布(图 4-3)。该方法适合于田块较大或长方形田块，取样数目比较多，调查结果比较准确，但较费工时。此方法多用于分布均匀的病虫草害调查，能获得较为可靠的调查结果。

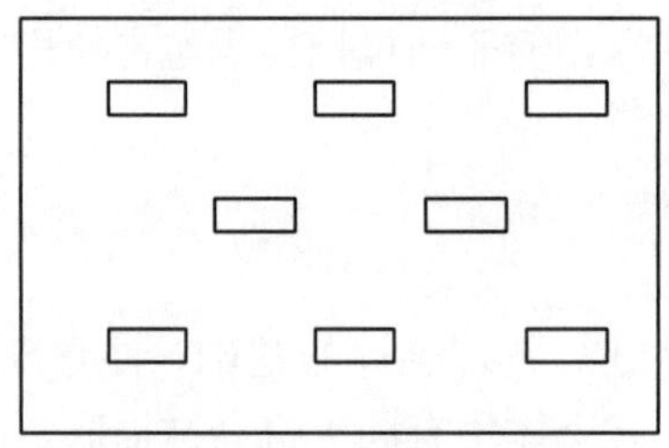

图 4-3 棋盘式取样示意图

3. 对角线取样

对角线取样是指调查取样点全部落在田块的对角线上，可分为单对角线和双对角线两种。单对角线取样方法是在田块的某条对角线上，按一定的距离选定所需的全部样点[图 4-4(a)]。双对角线取样法是在田块四角的两条对角线上均匀分配调查样点取样[图 4-4(b)]。对角线取样与五点取样相似，取样数较少时，每个样点可稍大。对角线取样法在一定程度上代替棋盘式取样法，但误差较大。调查烟田蚜虫危害情况可以采用单对角线法。

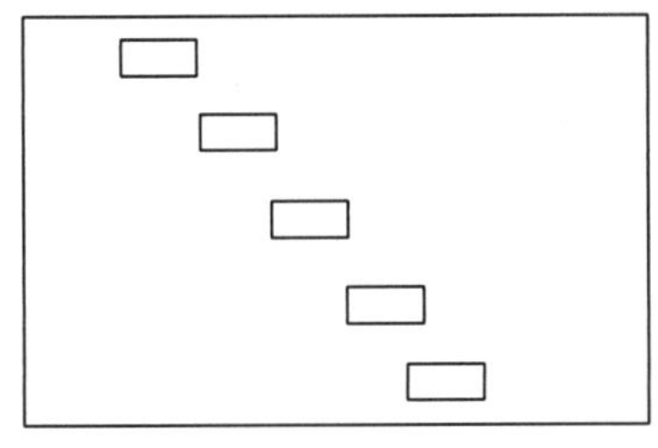

(a) 单对角线取样示意图

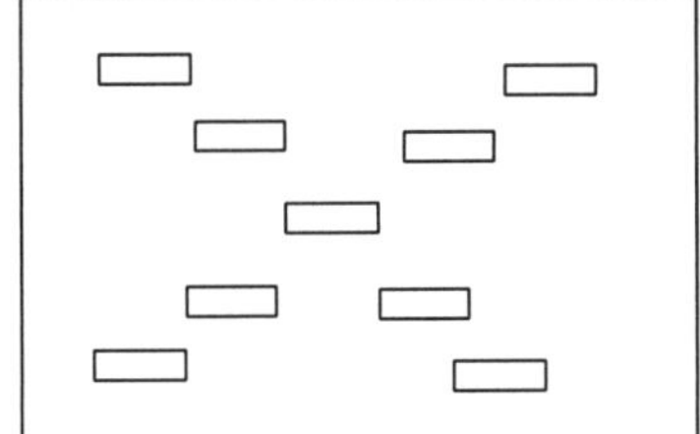

(b) 双对角线取样示意图

图 4-4　对角线取样方法示意图

4. 平行线取样

平行线取样适用于烟田苗期地下害虫调查，病害普查时也常用这种方法。在田间每隔若干行调查 1 行，一般在短垄的地块可用此法；若垄长时，可以在行内取点。这种方法样点较多，分布也比较均匀，适用于分布不均匀的病虫害调查，调查结果的准确性较高(图 4-5)。

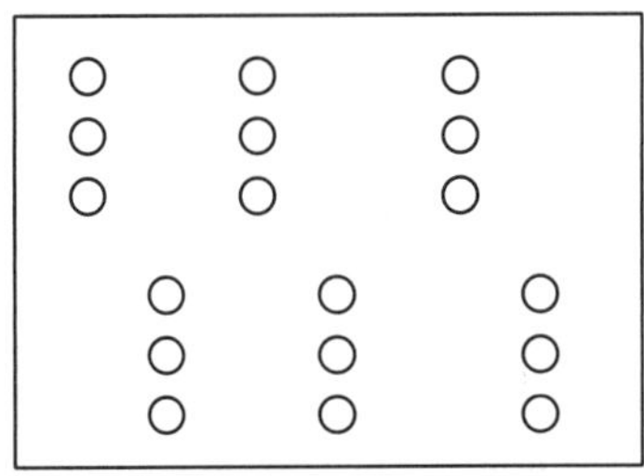

(a)平行跳跃式取样示意图

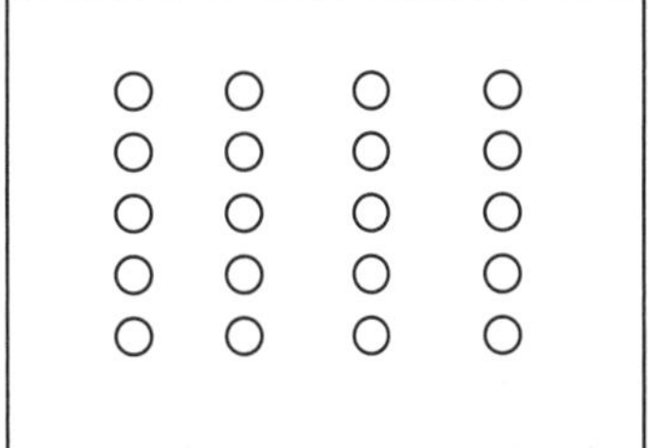

(b)分行式取样示意图

图 4-5　平行线取样方法示意图

5. “Z”字形取样

“Z”字形取样适合于不均匀的田间分布，样点分布田边较多，田中较少，在田边呈点片不均匀分布的病虫害调查。如烟蚜前期在田间点片发生时，宜采用此法(图 4-6)。

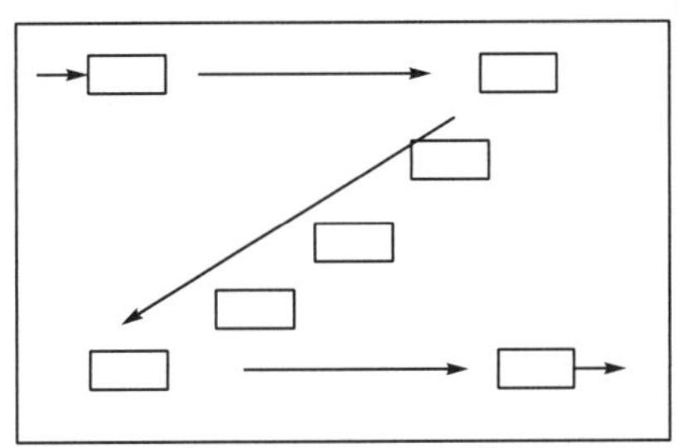

图 4-6　“Z”字形取样示意图

6. 等距抽样

抽样时用尺或步测量田块长度和宽度，估计田块面积，根据田块面积决定取样点数。一般田块在 2 亩(1 亩≈0.067hm^2)以下抽样 7 个，2～10 亩抽样 10 个，0.73～2hm^2 抽样 15 个，2～4hm^2 抽样 20 个，4～6hm^2 抽样 25 个，6.7hm^2 以上抽样 30 个。

$$样点距离=\sqrt{\frac{长\times宽}{样点数}}$$

一般取比开方后得数略小的正整数为样点距离。抽样时从田边的一角起，距离长边和短边各为样点距离一半处为第一点，以平行长边向前按样点距离抽样，若到一个样点，距另一短边的长度不够一个样点距离时，可测出这一样点距离短边多长(设为 x)，然后从这一样点顺短边平行走去，在顺长边反向走去，这时走到距离短边为样点距离减去 x 的长度为一个样点，然后按原定样点距离抽样。

7. 倒置“W”字形取样

此方法一般用于田间杂草调查，调查时，在选定的大田向前走 70 步，再向右转向里走 24 步，开始倒置“W”9 点的第一个点取样抽取自然田块样本。调查结束后，向纵深前走 70 步，再向右转向田里走 24 步，开始抽取第二个自然田块样本。以同样的方法完成 9 点取样。根据田块面积，可以相应调整向前向右的步数，以便尽可能使样本田块均匀分布于田间。每点面积为 1m^2(1m×1m)(图 4-7)。

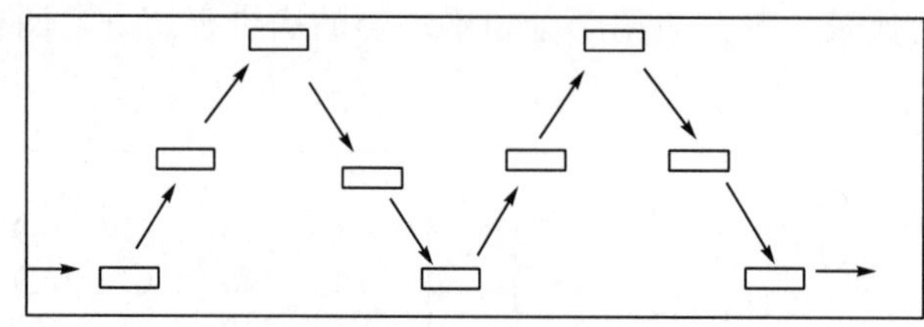

图 4-7 倒置“W”字形取样示意图

取样方法应视病虫害分布特征而选择，其中 5 点取样、对角线取样和棋盘式取样适合于随机分布的病虫草害取样；平行线式取样适宜核心分布的病虫害的取样；“Z”字形取样适宜于嵌纹分布的病虫害取样。

4.1.4.3 典型取样法

典型取样法又称主观取样，是指在总体中主观的选定一些能够代表全群的作为样本。典型取样在很大程度上依赖调查者的经验和判断能力，在归纳典型和选择样本时都会受到主观因素的影响，但当相当熟悉和了解全群的分布规律时，采用这种取样方式能节省人力和时间，应尽量避免人为误差。典型取样不必进行随机取样，所以比较简单，也正因为这一点使这种方法无法估计取样误差，只适用于大面积生产性调查。

4.1.4.4 分层取样法

当样本对象的性质差异比较大时，可以将对象按照一定属性预先分成若干类，这些类就是所谓的“层”。再对各层中的样本分别进行随机抽取。在抽样调查时，当样本属性差异较大时可以分多层来进行抽样。这种方法可以简化较大规模的调查，同时也便于对样本中的不同群体进行比较，同时提高了样本的精确性。此方法常用于调查病虫种群动态。

分层随机取样有三个步骤：

(1)将所调查的总体按变异情况分为相对同质的若干部分、地段等称为区层，各区层可以相等，也可以不等。

(2)独立地从每一区层按所定样本容量进行随机抽样。各区层所抽单位数可以相同，也可以不同。

抽样单位总数在各区层的分配有：

a. 比例配置法：指各区层大小不同时按区层在总体中的比例确定抽样单位数，若各区层大小相同，比例配置结果实际即为相等配置。

b. 最优配置法：指根据各区层的大小、变异程度以及抽取一个单位的费用综合权衡，确定出抽样误差小、费用低的配置方案。

(3)根据各区层的估计值，采用加权法估计总体参数。

总平均数：

$$\bar{y} = p_1\bar{y}_1 + p_2\bar{y}_2\cdots + p_i\bar{y}_i + \cdots + p_k\bar{y}_k = \sum p_i\bar{y}_i$$

例如，调查烟株上的烟蚜数量时，选择不同代表性的烟田，每块田五点取样，每点固定 10 株，每株取上、中、下各 1 片叶，调查记载各叶片上蚜虫数量，最后折算成百株蚜量。

4.1.4.5　分级取样法

分级取样是指一级一级重复多次地随机取样，又称巢式取样。具体操作时，先从总体中取得样本，然后再从样本里取出亚样本，依此类推，可以持续下去取样。当调查规模大、样本数量多时，可以对样本分为几级抽取对象，这样就使得大面积调查易于实施。例如，在烟草害虫预测预报工作中，先将全市生产烟草的县编号，作为第 1 级抽样单元；各区县随机抽取若干乡，作为第 2 级样本；再在其中随机抽取若干村，作为第 3 级样本，直至抽出所要的样本为止。应当注意的是，由于每抽取一级都会产生误差，级数越多误差越大，因此多级调查的分级一般不会超过三级。如在烟草害虫预测预报工作中，每日分拣黑光灯下诱集的害虫，若虫量太多，无法全部数点时，可以采用这种取样方法，选取其中的一半，或选取的一半中再选取一半，然后进行推算。在这里要注意与分层抽样的区别：分层抽样是将每层作为一个小总体，分别抽取随机样本；分级抽样是按级依次往下抽样，最后才抽出所需要的多级样本。

4.1.5　如何合理地确定样本容量和抽样单位

4.1.5.1　理论 *n* 值的计算

在抽样过程中，从总体中抽出的样本容量如果太小，往往难以反映出总体面貌。应当确定怎样的样本容量才算合理呢？一般情况下，确定样本量需要考虑调查的目的、性质和精度要求，以及实际操作的可行性、经费承受能力等。通常情况下样本量的大小由总体和调查的允许误差的大小来决定。换句话说，就是通过样本估计种群平均数时能够忍受多大的误差，研究的问题越复杂，差异越大时，样本量要求越大；要求的精度越高，可推断性要求越高时，样本量也越大。在这里，允许误差的高低标准可由精密度来表示，它的计算公式如下：

$$精密度(\mathrm{RV}) = \frac{标准误}{平均数} \times 100$$

由上式可以引出精密指标(D)

$$精密指标(D) = 精密指数(D) = \frac{标准误}{平均数}$$

将上式转化成数学公式，为

$$D = \frac{\sqrt{\frac{s^2}{n}}}{\overline{x}} \tag{4-1}$$

根据式(4-1)可以得出样本容量的公式为

$$n = \frac{s^2}{\overline{x}^2 D^2} \tag{4-2}$$

该公式为一般的随机分布取 n 理论值的公式。

例如：调查小地老虎在烟田中的密度为 30 头/亩，根据经验，平均每亩小地老虎幼虫数目上下差别 6 头是允许的。这一差别头数系占 30 头的 20%，这 20%就是精密指标，即 $D=0.2$ 带入公式，得

$$n = \frac{s^2}{\overline{x}^2 D^2} = \frac{s^2}{0.2^2 \overline{x}^2} = 25\,\frac{s^2}{\overline{x}^2}$$

当调查的对象种群属于泊松分布，由于属泊松分布型种群的平均数与方差两值相等，即 $s^2=\overline{x}$，代入式(4-2)得

$$n = \frac{1}{\overline{x} D^2} \tag{4-3}$$

将 $D=0.2$ 代入式(4-3)，可得

$$n = \frac{1}{0.2^2 \overline{x}} = 25 \times \frac{1}{\overline{x}} \tag{4-4}$$

根据调查的种类不同，D 值也略有差别，一般在进行普查时，$D=0.02$；在进行系统调查时，$D=0.10$。

属于聚集分布(核心分布式负二项分布)的总体，已知

$$k = \frac{\overline{x}^2}{s^2 - \overline{x}} \tag{4-5}$$

根据式(4-5)，可以得出

$$s^2 = \frac{\overline{x}^2}{k} + \overline{x} \tag{4-6}$$

将上式结果带入式(4-1)，则

$$D = \frac{s}{\sqrt{n}} / \overline{x} \tag{4-7}$$

将上式带入式(4-2)，得

$$n = \frac{\overline{x} + \frac{\overline{x}^2}{k}}{\overline{x}^2 D^2} = \frac{1}{D_2}\left(\frac{1}{\overline{x}} + \frac{1}{k}\right) \tag{4-8}$$

4.1.5.2 抽样单位的选择

田间抽样调查的抽样单位(sample unit)是随调查研究目的、作物种类、病虫害种类、生育时期、播种方法等因素而不同的，可以是一种自然的单位，也可以是若干个自然单位归并成的单位，还可以用人为确定的大小、范围或数量作为一个抽样单位。

常用的抽样单位有：

(1)面积单位。常用于调查地面或地下害虫；虫口密度很低的情况。如某烟区小地老虎的卵和幼虫；或者如 0.5m^2 或/m^2 内的烟叶产量、株数、害虫头数等。

(2)长度单位。烟田中很少以长度为单位，测产时可以抽取 1～2 行若干长度内的产量、株数。由于烟草种植的株、行距常常是明确的，因此，可以考虑以行为单位，并限定一定的长度。

(3)以植株或植株的部分器官为单位。例如调查烟草青枯病等根茎病害，往往以烟株为单位分级，调查野火病、赤星病等叶部病害时，通常以烟叶为单位分级。

(4)器械。如利用诱捕器诱捕小地老虎成虫时以诱捕器为单位，黄板诱蚜时以每块黄板为单位，利用空中孢子捕捉器诱捕赤星病的孢子时，以每一个捕捉器为单位，再如一捕虫网的虫数，一只诱蛾灯下的虫数，每一个显微镜视野内的细菌数、孢子数等。

(5)其他。如一个田块、一个烟区，或者某省市等概念性的单位。

确定抽样单位的要遵循经济、精确、便于计算、便于有效开展调查的原则。

4.1.6 总体特征的表示与计算方法

4.1.6.1 平均数

平均数($\bar{x}$)是统计中最常见的统计数，表示资料中观测值的中心位置，平均数是表示一组数据集中趋势的量数，它是反映数据集中趋势的一项指标，作为资料的代表与另一资料相比较。

设某一资料包含 n 个观测值：x_1，x_2，…，x_n，则样本平均数可通过式(4-9)计算：

$$\bar{x} = \frac{x_1 + x_2 + \cdots + x_n}{n} = \frac{\sum_{i=1}^{n} x_i}{n} \tag{4-9}$$

式中，$\sum$为总和符号，表示从第一个观测值 x_1 累加到第 n 个观测值 x_n。当在意义上已明确时，可简写为$\sum x$，将式(4-9)可改写为

$$\bar{x} = \frac{\sum x}{n} \tag{4-10}$$

例 4-1：调查某块烟田青枯病发病情况时，采用五点法，各点调查 50 株，每点上发病率分别为：12%、14%、10%、12%、8%，则该烟田青枯病平均发病率为

$$\bar{x} = \frac{\sum x}{n} = \frac{12\% + 14\% + 10\% + 12\% + 8\%}{5} = 11.2\% \tag{4-11}$$

4.1.6.2 标准差与变异系数

标准差(s)：在观测值变异较小，用平均数不足以代表样本的强弱时，我们引进了一个表示资料中观测值变异程度大小的统计数——标准差，也称均方差，它是各数据偏离平均数的距离的平均数，是离均差平方和，即 $\sum (x-\bar{x})^2$ 平均后的方根，用 s 表示。标准差是方差的算术平方根。标准差能反映一个数据集的离散程度。平均数相同的，标准差未必相同。标准差的大小，受每个调查值的影响，如调查值间变异大，求得的标准差也大，反之则小。

样本的标准差公式为

$$s=\sqrt{\frac{\sum (x_i-\bar{x}_i)^2}{n-1}} \quad 或 \quad s=\sqrt{\frac{\sum x_i{}^2-\frac{\left(\sum x_i\right)^2}{n}}{n-1}} \tag{4-12}$$

式中，n 为样本容量，$\bar{x}$ 为样本平均数。

式(4-12)只是形式上不同的两种表达，实质一样，可根据具体计算，选择合适的表达方式。

总体的标准差公式为

$$\delta=\sqrt{\frac{\sum (x_i-\bar{x}_i)^2}{N}} \quad 或 \quad \delta=\sqrt{\frac{\sum x_i{}^2-\frac{\left(\sum x_i\right)^2}{n}}{N-1}} \tag{4-13}$$

式中，N 为总体个数。

标准差越小，表示数群偏离平均值越小；反之，标准差越大，数群偏离平均值越大。

变异系数($C.V.$)又称“标准差率”，是指标准差与平均数的比值，它是衡量资料中各观测值变异程度的另一个统计量。当进行两个或多个资料变异程度的比较时，如果度量单位与平均数相同，可以直接利用标准差来比较。如果单位和(或)平均数不同时，比较其变异程度就不能采用标准差，而需采用标准差与平均数的比值(相对值)来比较，可以消除单位和(或)平均数不同对两个或多个资料变异程度比较的影响。

$$C.V.=\frac{s}{\bar{x}}\times 100 \tag{4-14}$$

变异系数的大小受平均数和标准差两个统计量的影响，因而在利用变异系数表示资料的变异程度时，最好将平均数和标准差也列出。变异系数不受平均数的大小的影响，它既可以反映单组数据的变异程度，也可以比较两组资料间的变异程度，变异系数越大，相对变异量也越大。

4.1.6.3 标准差的特殊计算方法

有时利用公式计算步骤烦琐，有特殊分布时，标准差可以采用简便的计算方法。

当调查的对象符合泊松分布时，方差值与平均数相等，即

$$\delta^2=\mu, s^2=\bar{x} \tag{4-15}$$

标准差为

$$\delta=\sqrt{\mu}, s=\sqrt{\bar{x}} \tag{4-16}$$

当抽样结果的百分率 p 服从二项分布时，设总体比例为 P，当 nP 和 $n(1-P)$ 都大于 5 时，则

$$s=\sqrt{\frac{p(1-p)}{n}} \tag{4-17}$$

式中，n 为样本容量，p 为调查得出的每个个体出现的百分率。

4.1.6.4　样本平均数的置信区间与置信度

1. 置信度与置信区间

置信度又称显著性水平，是指估计总体参数落在某一区间时，可能犯错误的概率，用符号 α 表示。换句话说，就是在抽样对总体参数做出估计时，由于样本的随机性，其结论总是不确定的。因此，采用一种概率的陈述方法，也就是数理统计中的区间估计法，即估计值与总体参数在一定允许的误差范围以内，其相应的概率有多大。

置信区间是指在某一置信度时，样本统计值与总体参数值间误差范围。置信区间越大，置信水平越高。

例如，0.95 置信区间是指总体参数落在该区间之内，估计正确的概率为 95%，而出现错误的概率为 5%(α=0.05)，所以：

0.95 置信区间即是 0.05 显著性水平的置信区间，或 0.05 置信度的置信区间。

0.99 置信区间即是 0.01 显著性水平的置信区间，或 0.01 置信度的置信区间。

2. 置信区间估计

当我们通过取样，并计算出样本均值 $\bar{x}$ 之后，通常是想以样本均值 $\bar{x}$ 为依据对未知的总体均值做出估计或推断。利用统计量 t，我们不难以一定的把握确定一个包括在内的置信区间。这便是对总体均值的区间估计。

由于统计量 t 的定义是

$$t=\frac{\bar{x}-\mu_0}{\frac{S}{\sqrt{n}}} \tag{4-18}$$

根据式(4-18)，在明确了抽样误差或平均数的误差范围后，还应当确定在概率保证下的总体平均数(μ)的估计范围，也就是有概率保证下的样本平均数的置信区间估计。

当取样数 $n>50$ 时，

$$\mu=\bar{x}\pm s_{\bar{x}}t \tag{4-19}$$

当调查抽样计算结果为百分率时，则总体百分率(π)的区间估计公式为

$$\pi=p\pm s_p t \tag{4-20}$$

式中，n 为样本容量，μ 是总体平均数，π 是总体百分率，$\bar{x}$ 和 p 分别是根据调查算出的样本平均值和平均百分率；$s_{\bar{x}}$、s_p 分别为平均数标准差及百分率标准误差；t 为标准误差的概率，通过查表得出，它由自由度($n-1$)和置信区间($1-\alpha$)决定。

例 4-2：某烟田调查中，100 株烟株中，被烟青虫危害的有 30 株，分别求 95%和 99%可靠程度的该烟田的受害株的置信区间。

解：由已知条件可得，p=0.3，即

$$s_p=\sqrt{\frac{p(1-p)}{n}}=\sqrt{\frac{0.3\times(1-0.3)}{100}}=0.46 \tag{4-21}$$

查 t 表可知，$\alpha=0.05$ 时，$t=1.982$；$\alpha=0.01$ 时，$t=2.625$，将结果带入公式：

$$\pi = p \pm s_p t$$

$$\pi_{0.95} = 0.3 \pm (0.046 \times 1.982) = 0.3 \pm 0.091 \tag{4-22}$$

$$\pi_{0.99} = 0.3 \pm (0.046 \times 2.652) = 0.3 \pm 0.12057$$

该结果可以解释为，100 次调查中，烟青虫危害株率为(0.3±0.091)(即 20.9%～39.1%)的约为 95 次，在(0.3±0.12075)(即 17.9%～42.1%)的约为 99 次。

3. 区间估计的原理与标准误

区间估计的原理是样本分布理论，即在进行区间估计值的计算及估计正确概率的解释上，是依据该样本统计量时分布规律样本分布的标准误(SE)。也就是说，只有知道了样本统计量的分布规律和样本统计量分布的标准误才能计算总体参数可能落入的区间长度，才能对区间估计的概率进行解释，可见标准误及样本分布对于总体参数的区间估计十分重要。样本分布可提供概率解释，而标准误的大小决定区间估计的长度，如果标准误越小可使置信区间的长度变短，而估计成功的概率仍可保持较高水平。一般情况下，加大样本容量可使标准误变小。

这里强调标准误的概念，标准误(standard error of mean)，即样本均数的标准差，是描述均数抽样分布的离散程度及衡量均数抽样误差大小的尺度，反映的是样本均数之间的变异。这里需要区别的是标准误与标准差不是同一个概念，标准差是描述个体与观测值变异程度的大小，标准差越小，均数对一组观察值的代表性就越好；标准误是描述样本平均数变异程度及抽样误差的大小，标准误越小，表明样本统计量与总体参数的值越接近，样本对总体越有代表性，用样本统计量推断总体参数的可靠度越大，它是统计推断可靠性的指标。

对于一个正态分布的总体，平均数为 $\bar{x}$、总体标准差为 δ，其标准误为

$$SE = \delta_{\bar{x}} = \frac{\delta}{\sqrt{n}} \tag{4-23}$$

4. 平均数分布概率

以平均数的区间估计为例，说明如何根据平均数的样本分布及平均数分布的标准误，计算置信区间和解释成功估计的概率。

对于一个正态分布的总体，其样本平均值的分布情况如图 4-8 所示。

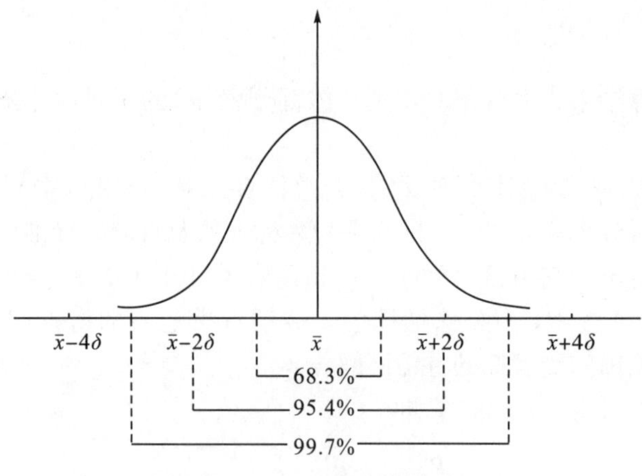

图 4-8 平均数分布概率

由图 4-8 可知，68.3%的平均数分布在$(\bar{x}-\delta_{\bar{x}}, \bar{x}+\delta_{\bar{x}})$区间；95.4%的平均数分布在$(\bar{x}-2\delta, \bar{x}+2\delta)$区间；99.7%的平均数分布在$(\bar{x}-3\delta, \bar{x}+3\delta)$区间。

4.1.7　数据转换

在比较几种抽样方法或不同药剂防治效果的优劣时需要进行统计分析。许多同级分析方法都是以总体为常态分布条件下再设计而得的，要求方差(s^2)不随平均数 $\bar{x}$ 而变化，试验误差是独立的。但在病、虫调查抽样中，多数数据不属于常态分布，平均数 $\bar{x}$ 与方差是相互依赖的，反映数据转换的方法，使原来表现为非常态性分布的资料接近于常态分布，从而消除部分不受统计学控制的误差，而使处理本身的差异不被误差所掩盖。常用的数据转换方法有以下几种。

4.1.7.1　平方根转换

如果资料具有方差与均数成正比的特征，在方差分析前，应该对每个观测值进行平方根变换。这个转换方法大多用于含有小整数资料，这些资料通常是服从泊松分布，其特征是平均数($\bar{x}$)与方差(s^2)相等。比如，在显微镜视野下计数的青枯病原菌的数量，或者一定面积范围内的某种植物的数目或某种昆虫的数目等。通常用下列公式转换：

$$y=\sqrt{x} \text{ 或 } y=\sqrt{x+1}\text{（数据中出现 0 时）} \quad (4\text{-}24)$$

例 4-3：以下是某烟田杂草经过不同除草剂处理后某种杂草的草株数(表 4-3)，试比较不同除草剂对该种杂草的除草效果。

表 4-3　某烟田中除草剂处理后的杂草调查结果

处理	除草剂				合计
	1	2	3	4	
Ⅰ	536	441	61	19	1057
Ⅱ	423	437	118	32	1010
Ⅲ	376	318	103	89	886
合计	1335	1196	282	140	2953
平均	445.00	398.67	94.00	46.67	246.08
标准差	82.24	69.89	29.55	37.23	——

数据显示，标准差随着平均数的增大而增大，为了进行显著分析，必须先将数据进行转换，转换结果如表 4-4 所示。

表 4-4　平方根转换后的数据

处理	除草剂				合计
	1	2	3	4	
Ⅰ	23.15	21	7.81	4.36	56.32
Ⅱ	20.57	20.9	10.86	5.66	57.99

续表

处理	除草剂				合计
	1	2	3	4	
Ⅲ	19.39	17.83	10.15	9.43	56.8
合计	63.11	59.73	28.82	19.45	171.11
平均	21.04	19.91	9.61	6.48	14.26
标准差	1.92	1.80	1.60	2.63	

转换后各组数据标准差比较接近，说明平方根转换后数据有效，可用转换后的数据进行显著性分析。

4.1.7.2 反正弦转换

这个转换常用于属于正二项分布的百分数或成数资料，尤其适用于全距很宽的百分数。当百分率都在30%～70%时可以不做转换，因为变换后的数据与变换前相差不大。这种变换是使两端的数向中间接50%靠近，使数据的差异幅度变小。

$$y = \sin^{-1}\sqrt{x} \tag{4-25}$$

4.1.7.3 对数转换

如果数据具有标准差和均数成正比的趋势，对于该资料往往需要做对数转换。对数转换主要用于各样本的方差差异较大，但变异系数相近的资料。

通常使用如下转换

$$y = \lg x \text{ 或 } y = \ln x \tag{4-26}$$

如果数据中含有0值，则用

$$y = \lg(x+1) \text{或} y = \ln(x+1) \tag{4-27}$$

下面以烟草中某种病原微生物不同组分在不同条件下发酵的增长结果为例来说明对对数转换的具体操作见表4-5。

表4-5 某种病原微生物不同培养条件下生长增长结果

组分	测定条件		
	Ⅰ	Ⅱ	Ⅲ
1	3700000	12000	9000
2	1400000	23000	3700
3	4000000	31000	8000
$\bar{x}$	3033333	22000	6900
S	1422439	9539.39	2816.03
CV	46.89	43.36	40.81

从表中数据显示，标准差变异很大，但是变异系数相差不大，说明标准差和平均数有成正比的趋势，所以考虑用对数变换。转换结果如表4-6所示。

表 4-6　该病原微生物增长状况对数转换结果

成员	测定条件		
	Ⅰ	Ⅱ	Ⅲ
1	6.57	4.08	3.95
2	6.15	4.36	3.57
3	6.60	4.49	3.90
$\bar{x}$	6.44	4.31	3.81
S	0.25	0.21	0.21
CV	3.95	4.89	5.51

可以看出对数转换后，标准差和变异系数相差都不大，说明转换成功，可以用转换后的数据进行进一步比较分析。

4.2　烟草虫害调查方法

种群密度(population density)是指每一种群空间的个体数(或作为其指标的生物量)，其表征种群数量及其在时间、空间上分布的一个基本统计量。种群密度可分为绝对密度和相对密度。绝对密度是指一定面积或容量内害虫的总体数。如 1hm^2 或 1t 烟叶内的某害虫数量。这在实际的研究或测报时常常是不可能直接查到的。通常人们是通过一定数量的小样本取样，如每株、每平方米、每千克等的虫口数量来推算绝对密度。相对密度是指一定的取样工具(如诱捕器、扫网等)或单位内的虫口数。相对密度有的也可以用来推算绝对密度。常用的相对密度调查方法有直接观察法、诱捕或拍打法、扫网法、吸虫器法和标记—回补法五类。

4.2.1　直接观察法

取单株或一定面积、部位、样方，直接观察记载所调查对象的数量、行为或症状等项目。在调查群落时，先观察记录大型的移动快的种类，再调查其他小型的移动慢的种类，最后调查固定的种类。调查时要注意调查植株的各个部位或指定的部位，如叶的正反面、茎秆、叶腋、叶柄、花等。指定的部位如查斑须蝽卵时，重点要注意叶背面、叶基部等；调查烟蚜的数量要注意幼嫩部位等。

单株调查适合于高大的植株或有整齐株行距的作物，如烟草团棵期。该方法尤其适合于群落或复合种群的调查研究。同时，也可用于种群空间分布型的调查。

在一定面积、行长或部位的调查时，烟草上常用直接观察方法。

单株调查

$$N = (\sum n_i)/n \times D \tag{4-28}$$

式中，N 为每公顷害虫个体数；n_i 为第 i 株查得虫数；n 为调查总株数；D 为每公顷总植株数。

一定行长调查

$$N = \frac{(\sum n_i) \times 10000}{L \times M} \tag{4-29}$$

式中，N 为每公顷总虫数；n_i 第 i 行样的虫数；$\sum n_i$ 为调查得总虫数；L 为行距(单位：m)；M 为行样总长度(单位：m)；10000 为每公顷为 10000m^2。

例 4-4：今调查烟草田的烟青虫数，烟草行距为 0.5m，共取 50 样点，每样点为 0.5m，共查得烟青虫 100 头，代入式(4-29)得

$$N = \frac{100 \times 10000}{0.5 \times 0.5 \times 50} = 80000(\text{头}/\text{hm}^2) \tag{4-30}$$

由此可知，该调查方法获得的每公顷有烟青虫数为 80000 头。

4.2.2 拍打法

拍打法是用一种接虫工具如白色盆或样布，用手拍打单株或行长植株，再用目测或吸虫管记录害虫种类及数量。常用于具有假死性的昆虫。例如，用拍打法调查烟青虫，用涂有虫胶的白色瓷盘(33cm×45cm)或白色脸盆，先将盘边紧贴烟株，另一手轻轻剥开烟株中心，再迅速拍打烟株。每次 1 株。国外在宽行条播大豆田查虫时用样布法，即用较厚的白色布质或塑料布，宽 0.5～1m，长度适当，两端各固定 1 根木棍。调查时，先将样布平铺在行间，两端木棍紧贴行根部，先将豆株轻轻弯向布面，迅速拍打、计数。

拍打法一般不适用于易飞行或跳动的昆虫，而适用于有假死性的昆虫。如烟青虫、棉铃虫等鳞翅目幼虫、半翅目盲蝽、鞘翅目金龟甲等。此法适用于植株苗期，在成长期调查时误差较大。增加一定拍打次数也可提高捕获率。綦立正等(1995 年)试验用盘拍打法调查褐飞虱的准确性时发现，查获率与水稻生育期及飞虱虫口密度有关。在各生育期，查获率均随虫口密度增加而降低。如虫口密度从 7.6 头/穴增至 115.6 头/穴，查获率从 66.52%降到 40.48%，并用人工接种各级飞虱密度，测得虫口密度与查获率间的直线回归式。在相同的虫口密度下，水稻生育后期查获率越低。如分蘖期、拔节期、始穗期和灌浆期的查获率分别为 60.52%、57.14%、50.00%和 35.29%。总之，实际拍打的查获率为 30%～70%，非黏胶盘又比黏胶盘少 10%。

4.2.3 诱捕法

诱捕法是利用昆虫对一些光波、气味等比较敏感，且会对这些刺激源产生定向运动的习性，而开发出的一类装置，进而诱集昆虫的一种方法。通常用来调查不同地点或时间的种群密度，直接调查寄主植物上的害虫数量。用单位时间如日或世代累计诱捕数来进行统计分析。但必要时也可通过标记回捕方法先测试出诱引的范围和效果(诱捕率)，再加以粗略推算绝对密度(详见 4.2.6 节标记回捕法)。

诱捕法应用最广泛的是灯诱、性诱、色板诱虫等，已在多种害虫的测报甚至防治中应用，其他如黑光灯诱虫、性诱剂诱集鳞翅目昆虫的雄成虫、杨树把诱棉铃虫，糖醋酒液诱小地老虎、烟夜蛾等，麻袋片引诱小地老虎产卵，黄色诱板诱蚜虫，黏胶板诱美洲斑潜蝇，草堆诱蝼蛄等。

4.2.3.1　光诱法

光诱法是利用昆虫对一定范围的光波长具有趋光性的原理来诱捕昆虫(图 4-9)。它所取的单位也是相对密度单位，即以日或高峰期虫量或世代累计虫量。

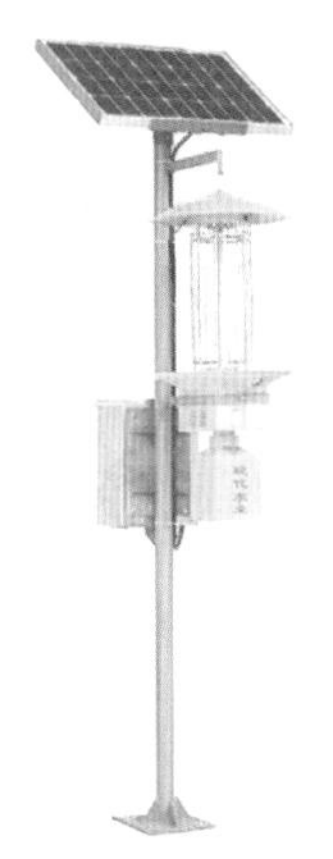

图 4-9　诱测灯装置示意图

光是太阳辐射能的一部分，但一般在感性上所谓的光，常指其中波长为 380～760nm 的人类可见光，而不是指昆虫可见光范围的光。实际上可以引起昆虫生物效应的光，远比人类肉眼能见的光要广得多。在短波方面还包括紫外线、X 射线和 γ 射线；在长波方面还包括红外线。无论是哪一种光，都是由光分子组成的光子流，只是它们的光子能量不同。其中射线 γ 能量最大。已知在紫外线部分中，波长小于 300nm 的射线主要引起化学反应，而红外线则是热射线，可以提高温度。人眼可见的光则对生物产生化学和热的综合影响。

与昆虫生活有关的条件主要有光的性质，即光的不同波长，也即光的颜色；光照强度，即光照度(illumination)。光照度的单位，国际上常用勒克斯(lx)来表示。昆虫的趋性与光谱波长的关系最密切。许多昆虫都有不同程度的趋光性。昆虫常对光波(或颜色)有选择性。例如大黑鳃金龟对 350～400nm 的光波长具有较强的趋性。有翅桃蚜对490～550nm 的单色光具有明显的趋性，其中对 538.9nm 和 549.9nm 的绿偏黄色光趋性最强(付国需等，2009)。测报上常用的黑光灯的光波为 365～400nm，对烟草上的棉铃虫、小地老虎等都有较好的引诱效果。棉铃虫和烟青虫(*Helicoverpa assulta*)以 330nm 的紫外光诱集最好。

测报上也用黄色板或者黄色皿诱蚜虫，但对其作用机制的看法尚不一致。一般认为这些种类的昆虫对黄色趋性明显所致。据观察，蚜虫飞越黄色皿上空时是垂直下落的，所以认为可能是黄色对蚜虫的飞行活动有突然抑制作用，正像某些物理刺激致使“假死性”昆虫的腿肌突然收缩而落地一样。

采用黄色板诱集方法调查的是有翅蚜虫，在烟田的放置高度一般是离垄面 55cm，每亩可放置 30cm×25cm 的黄色板约 40 块(图 4-10)。每天可以固定调查每板上新增的蚜虫量，一般一个月更换一次黄色板。

图 4-10　烟田黄色板诱集蚜虫

4.2.3.2 性诱法

性诱法是利用昆虫雌雄间的化学信息或称性激素，对成虫进行引诱的方法。经研究测定出多种昆虫的性激素的有效成分(组分)及其配比后，用人工合成标准化合物，制成一定的性诱剂和性诱芯作为诱源，再将之放在一定形式的诱捕器中，用以诱捕昆虫。目前在生产上应用的大都采用雌性激素的信息素，诱捕到的成虫基本上都是雄虫。性诱法调查种群密度的优点是专化性强、人工少、成本低、设备简单、易推广应用。在害虫低密度时，诱捕的效率高，但在害虫虫口密度高时，常表现诱捕效率低。在国外利用性诱剂诱捕害虫的应用已相当普遍，尤其在茶树、果树及蔬菜害虫的测报和防治中已广泛应用。我国烟草上已经可以采用烟青虫、斜纹夜蛾、棉铃虫、小地老虎性诱剂来诱捕成虫。可用于对烟草害虫的田间调查、测报和防治，具有重要的应用价值。

性诱法的工具可分为性诱剂、诱芯和诱捕器三个部分。

1. 性诱剂

我国自 1972 年起陆续研究出多种害虫的雌性信息素的有效组分及配比，并人工合成一定标准化性诱剂，并商品化生产。现举例列出最常用的几种常见的烟草害虫的性诱剂成分：棉铃虫(*Helicoverpa armigera*)Z-11-16：Ald、Z-9-16：Ald(97：3)；烟夜蛾(烟青虫成虫)(*H. assulta*)Z-9-16：Ald、Z-11-16：Ald(100：9.5)(司胜利等，1999)；小地老虎(*Agrotis ypsilon*)Z-7-12：AC、Z-9-14：AC(5：1)(向玉勇等，2009)。

每种昆虫的性诱剂都不是单纯的一种化合物，而是由几种化合物组成的复合体。其中又分为主要成分和次要成分，每种组分还有一定的含量(或称滴度)。各组分之间又有一定的比例关系，又称配比。不同的组分和滴度比又是昆虫种间生殖隔离的化学信号，甚至同一种昆虫不同地理种间也常有组分间配比的差异。例如，经测定，小地老虎性信息素成分有 5 种：Z7-12：AC、Z9-14：AC、Z11-16：AC、Z5-10：AC、Z8-12：AC，这 5 种物质的百分比分别为 40.451±13.66、13.176±5.279、14.943±5.142、14.392±6.10 和 17.225±9.792，前 3 种物质的百分比为 58.75±9.429、18.91±7.539 和 22.34±7.209(向玉勇等，2009)。而其近缘种烟夜蛾则有 5 个组分，分别为 Z9-16：Ald、Z11-16：Ald、Z9-16：Ald、Z9-16：OH 和 Z9-16：AC，并以第 1、2 种为主要组成，其配比为 100：9.5。性信息素的化学性能造就了性诱剂专化性的特点。在种群密度调查时有一定的优越性，尤其在低密度状况时诱捕率高，其效果常超过其他一些调查方法和工具，如在检疫性害虫新入侵一地时或在一年年初的越冬代种群调查时，尤其显现出优越性。

2. 诱芯

诱芯是性诱装置中的核心部分，它是将人工合成的性诱剂均匀混合在一定的化学材料中，如硅胶、聚乙烯等，可使化合物的挥发性缓慢而均匀。如果直接用天然的或人工合成的性诱剂来诱捕昆虫，常表现诱捕率不稳定，使用期短，且不标准等缺点。而事先用性诱剂统一制成的诱芯才能保证诱捕率的标准化和持久稳定。目前测报的剂型有硅胶橡皮塞、聚乙烯塑管、夹层塑片和空心纤维等。

硅胶皮塞诱芯具有制作方便、释放速率恒定等优点(图 4-11)。制作时将含有定量性信息素的二氯甲烷溶液滴加在预先制作好的硅胶橡皮塞的凹口中，待溶剂挥发后即可使用。

空心纤维是用聚缩醛树脂材料加工成长 1.5cm，内径为 200μm，外径为 0.5～1.0nm 的空心管，一端开口，另一端封闭，内灌满信息诱剂。又分带状组合型(图 4-12)和散装单根空心纤维。

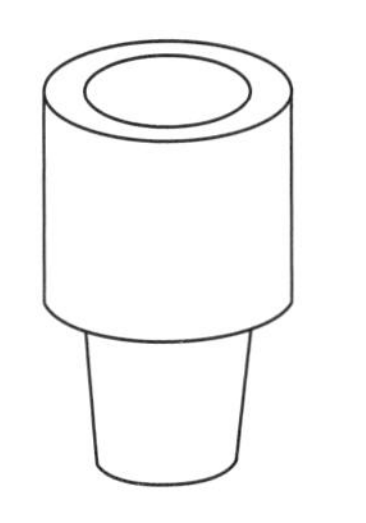

图 4-11　橡皮塞诱芯示意图(仿杜家伟，1988)

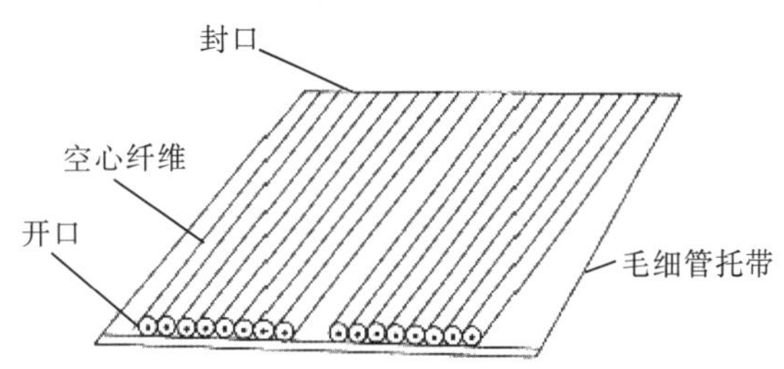

图 4-12　带状组合型空心纤维示意图(仿杜家伟，1988)

夹层塑片结构比较复杂，由三层塑料组成(图 4-13)。第一层和第三层为多孔性塑料释放和保护层，用以保护和控制性诱剂的释放速度；第二层是性诱剂贮存层，一般释放速率为 0.10～0.30μg/h，有效期可达 3 个月以上。夹层塑片有多种形状，用于测报的常为方形，边长 0.5～2.0cm。

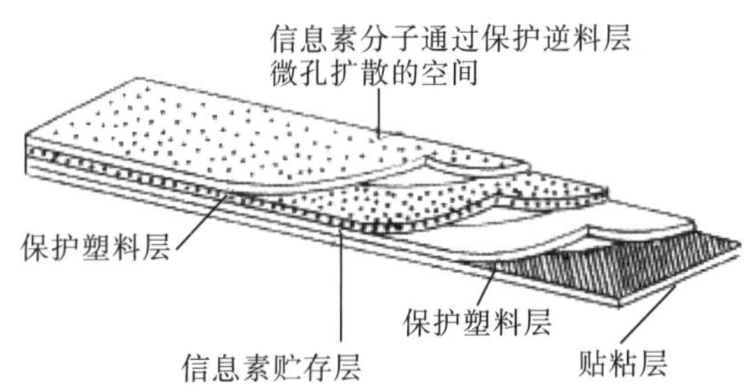

图 4-13　夹层塑片示意图(仿杜家伟，1988)

为了延缓性诱剂的分解和氧化速率，常在剂型中加入抗氧化剂，如 UOP-688，以延长有效使用期。

3. 诱捕器的类型及设置

据报道，诱捕器的式样较多，可达几十种。诱捕器的形状是根据目标昆虫接近诱芯时所表现的近距离飞行的行为而设计的。因此，不同种类的昆虫适用不同形状的诱捕器。

有的蛾类雄性当到达性信息源时会突然向上飞，则适用于锥形诱捕器(图 4-14)，如棉铃虫。向下飞的适用于漏斗形诱捕器[图 4-15(a)]；有的则舞蹈式地兜圈子，则适用于水盆式[图 4-15(b)]诱捕器，如水稻螟虫、棉红铃虫、玉米螟等。干式通用型诱捕器是目前生产上比较普遍采用的一种诱捕装置，可分为主体、蛾子进口板(板上有菱形孔)、上盖、诱芯柄、塑料漏斗、支架、集虫袋等组成，主要用来诱集斜纹夜蛾(图 4-16、图 4-17)。

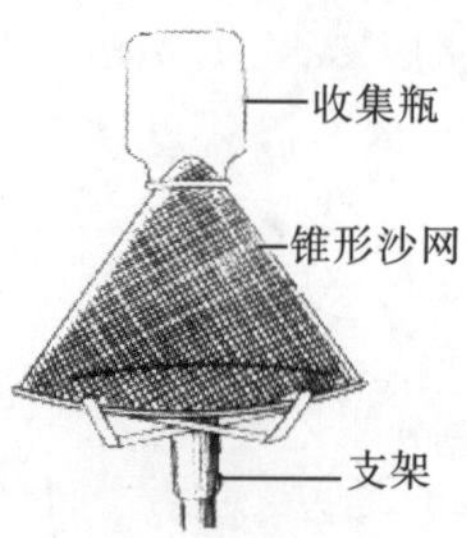

图 4-14 锥形诱捕器(仿杜家伟，1988)

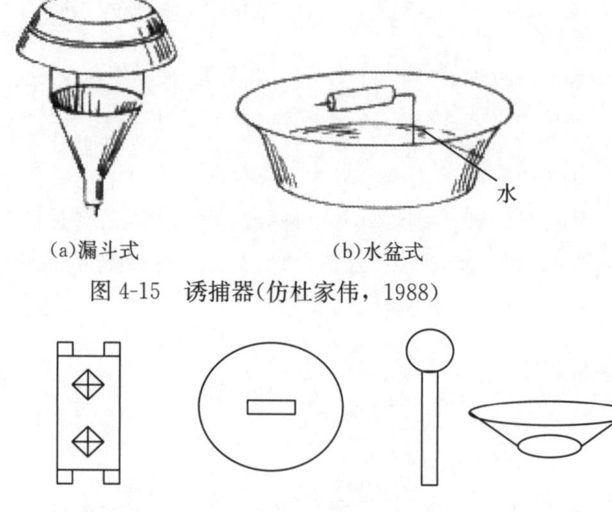

图 4-15 诱捕器(仿杜家伟，1988)

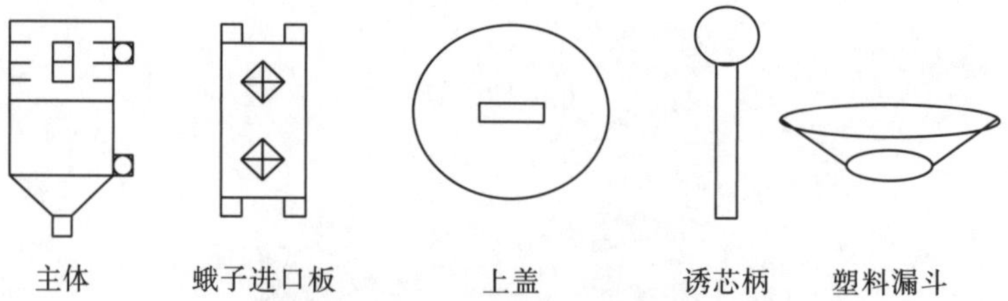

图 4-16 干式通用型诱捕器

图 4-17 干式通用型诱捕器的田间放置(诱芯位置离地面 1.3m)

据印度的资料显示，选用合适的诱捕器诱杀棉铃虫雄蛾可提高诱捕率10多倍，我国在这方面研究还很少，一般均用水盆式诱捕器，因其有取材容易、成本低、不用工厂化生产等优点，故一直广泛沿用至今。一般采用20～30cm直径的盛水容器，水中加少量洗涤剂，诱芯悬挂在水盆中心，距水面1～2cm。水盆用三脚架支撑。水盆的设置高度会影响诱捕率，一般要求盆略高出作物。故不同作物不同生育期的设置高度亦不同。

一般测报常设三个诱捕器。三个诱捕器在田间的排列在理论上应顶风呈一线排列最好。但因风向的变动十分频繁，须每晚根据风向调整，故常用固定位置，呈三角形排列，各相隔一定距离。诱捕器间的距离如何确定，这涉及有效诱捕半径或有效范围。一般诱捕器间的距离应大于有效诱捕半径或范围，如果距离太近则会相互干扰而降低诱捕效率或使效率不稳定。有效诱捕半径或范围可用标记回捕方法测定。事先用人工标记一定数量的成虫在一处释放，然后用多个诱捕器与释放点呈一直线，迎风每隔一定距离设置一个诱捕器，正好诱捕量为零的距离，即可视为诱捕有效半径，以此半径乘3.14即为有效诱捕范围。

性诱法在测报中也常用相对密度来做预测依据。如每日平均每诱捕器捕虫量，或每代累计捕虫量。必要时也可用标记回捕法换算为绝对密度，但误差较大。

性诱法除上述的用雌性信息素作诱源外，还有雄性信息素、追踪信息素、聚集信息素、警报信息素或种间的利他素(kairomone)，或益己素(allomone)，但大都还处于研究阶段，尚无广泛应用实例。

4.2.4 扫网法

扫网法捕捉和调查害虫密度的效率高、省工、省时，适用调查体型小、活动性大的昆虫，如潜蝇类、粉虱类、盲蝽类、叶蝉类，以及寄生蜂、蝇类等，对这类昆虫用其他调查方法的准确性差。扫网法在西方国家大面积生产情况下使用很普遍，而我国至今使用较少，在小型昆虫的调查方面，此种方法是一种值得推广的方法。

扫网的构造包括网袋、网圈及网杆三部分。其尺寸及材料在我国至今没有具体的标准和规定，如果要全国推行则必须有统一的规格和标准。美国的使用标准：网袋可用细网纱布，网直径38cm，网深75cm，网圈直径同网袋，有两种装法(图4-18，Ⅱ、Ⅲ)与杆相连。网杆一般长1m，杆粗2.2cm，末端有一塑料管以扣紧网圈(图4-18)。

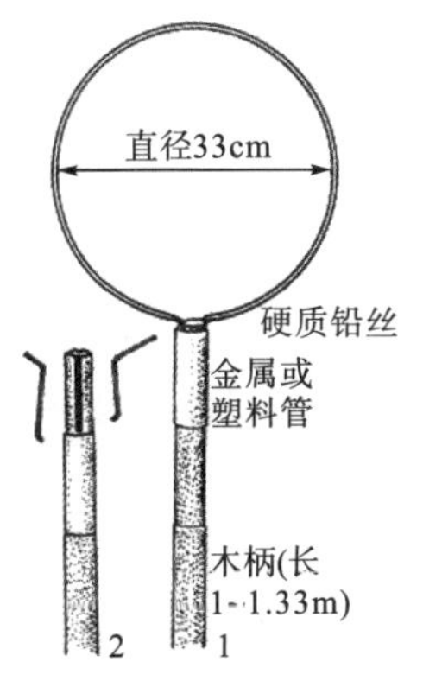

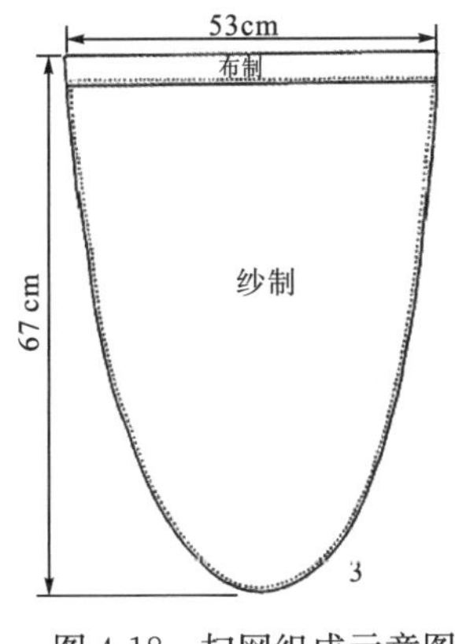

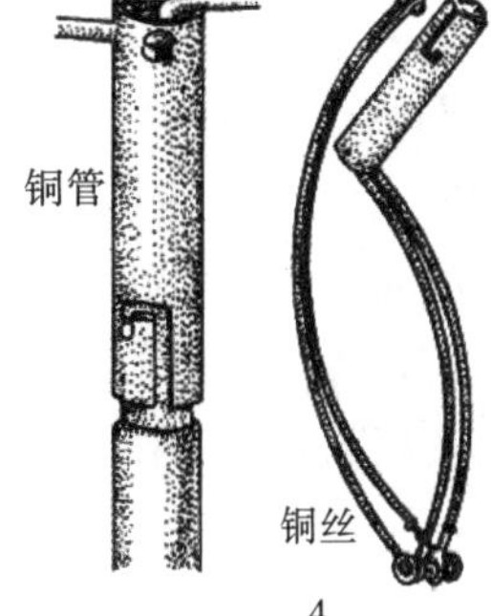

图4-18 扫网组成示意图

扫网方法有两种：一是按一定作物面积逐行调查，扫网时向前作S形前进式扫网，每一网到头时，网口作180°转向，这种扫网法有面积单位；另一种则可按顺序每隔一定距离扫网1次，常以百网虫数计算，只作相对密度比较，无面积单位。

扫网法所得数据常以百网虫数做相对密度比较，但对上述按行长扫网时，也可按前述(直接观察法)公式 $N=\frac{\sum n_i}{n\times D}$ 换算成绝对密度。

4.2.5 吸虫器法

吸虫器有两大类：第一类是固定式，用来吸捕空中飞行的昆虫，例如英国出品的泰勒吸虫器(Taylor suction trap)，在欧洲14国蚜虫测报网中统一使用这种吸虫器，该测报网的中心设在英国洛桑农业试验站，它可在24h内定时吸捕一定间隔时间的蚜虫样本，并统一发布多种蚜虫的发生预报。第二类是移动式，如手持式吸虫器。长沙九十八号工业设计有限公司设计的电动昆虫捕捉器具有轻巧、美观、方便的特点(图4-19)。

图4-19 吸虫器示意图

移动式吸虫器的操作方法有整株吸虫和移动吸虫两种。前者是将塑料锥形头从上向下套住整株植物，开动鼓风机，吸捕各种昆虫；后者则在田间顺序取样，步行隔一定距离吸虫一次，或按株顺序吸捕，顺行吸捕一定行长或株数的昆虫。吸虫口可不完全套没植株而像扫网一样，扫过叶丛。

空中吸虫的数据仅用相对密度表示。田间取样吸虫的也可以换算为绝对密度。

4.2.6 标记回捕法估计种群密度

用标记回捕法来估计种群密度在一些动物的研究中早已普遍。如在动物身体某一部位染上颜色，或标上记号、足环等，然后释放到野外，以追踪其行为或估计其数量及变动规律。最新的技术有用电子信号发生器与GPS(全球定位系统)相结合的电子信号追踪系统。早在1924年丹麦人Peterson就用标记回捕的方法来估测鱼群的数量。1950年美国人Liucoln用这种方法来估计水鸟的数量。这种方法的基本设想是，先捕捉一定数量的活体，人工标记后重新释放到自然中去，被标记的个体均匀地分布到自然种群中，和未标记的其他自然种群个体充分混合，然后再用各种高效率的诱捕方法进行再捕捉。当然，已标记的和未标记的个体间被捕捉到的机会相等，所以可以根据再捕捉到的标记个体数在总捕捉数中所占的比例来估计自然种群的全体，以及评估这种捕捉方法的捕捉效率。标记回捕方法特别适用于一些活动性的动物或昆虫，或调查环境特殊、用一般的方法难于查清的情况，如大草原、森林、水域或特定的越冬场所等。标记回捕法在昆虫迁飞规律研究中曾在我国 14 个省(直辖市)大范围内测定黏虫、小地老虎等的迁飞特性及路径，也可用来测小范围内的迁移、扩散和种群寿命等，还可以用于调查食物链中天敌与寄生植物和害虫之间的捕食关系。标记回捕法成功的关键是回捕效率。在动物中常因回捕效率低，而限制了其应用的普遍性。但在许多昆虫中，都有高效的回捕率，特别是鳞翅目昆虫或小型的鞘翅目昆虫，可用黑光灯、食饵诱捕，或性诱剂等高效率回捕方法。此外，这种方法调查种群密度时不需要预先研究或假定种群某种分布型，这些都是其优点，尤其在扩散范围较小或岛屿上调查时可以获得惊人的满意结果。

4.2.6.1　标记方法

标记大体可分为集体标记和个体标记。前者如黏虫、小地老虎等分别用糖醋酒液、黑光灯或卤素灯诱集到网纱或白色布幕上，随即用喷雾器将染色剂喷在昆虫体上，让其自由起飞迁走。在标记黏虫、小地老虎时，也有不用人工诱集而预先调查和选择密度很高田块，在傍晚直接像喷雾农药一样，将染色剂在田间喷雾到昆虫体上，让其自由起飞迁出。如要估计精确地释放数量，则也可预先采用人工饲养，待成虫羽化后再喷染料、记数。而个体标记则适用于体型较大或身体较硬的昆虫和中、大型蛾蝶类、蜂、蝇类，及许多椿象或甲虫等。可按个体将染料点在虫体某一部位。个体标记法除像集体标记那样用同一种颜色染料外，还可以在不同时间地点用不同颜色染料，以做分批的标记记号。还可做个体编号，即在翅面或前胸背板上预先划分出不同代表部位，分别点上染料记号，或用同一种染料在一定部位做条形编号。

无论是个体或集体标记，必须事先进行所用染色剂对生活力影响的试验，要求所用染色剂或配方对昆虫行为、死亡率、寿命等无显著的影响。

标记所用的染色剂有多种。个体标记身体较硬的昆虫，如蝇、蜂、甲虫等常用清漆，直接用毛笔或用注射器将清漆点在背上。

用喷雾器集体标记的，常用溶于酒精的碱性染料，如碱性品红、龙胆紫、孔雀绿、苦味酸等，配成 30％～70％的酒精水溶液喷雾使用。也有用各种生物荧光素溶液喷射后用紫外灯照射检测出来。生物荧光素一般对生物的生活影响力较小，而且检查时因为要凭紫外灯下反射出来的特定光波颜色来区分，不受其他物质的干扰，可信度较高。

另一类是通过食物标记。可将中性的红、蓝光碱性蕊香红、曙红、根皮红、酸性品红等染料或生物荧光素钠等，混合在昆虫的食料如成虫补充营养的糖液，或幼虫人工饲料中，可使下代成虫体内器官，或成虫吸食后产下的卵得到染色。这些染料中的蓝光碱性蕊香红和生物荧光素对昆虫的行为或生活力影响较小。

4.2.6.2　回捕

回捕方案的设计、回捕的范围和方法及其回捕效率是整个标记回捕成功的关键。标记释放后，可在距标记点的不同距离设回捕点。回捕要选对各种昆虫最有效的回捕方法，一般常用光诱、食饵诱捕(如糖酒醋液)、性诱等方法，在回捕迁移性不强的种类时也可用扫网捕捉。

4.2.6.3 回捕数量的统计估算方法

在获得各项释放回捕数据后，许多学者设计了不同的估算方法，下面介绍两种基本方法。

1. Pesterson 的基本方法

设一次捕捉并标记的个体数为 M_0，立即释放并让其自然混合，第二次回捕到 N_1头个体，其中有标记个体 M_1头。则总体的数量 N_0与其他数据有如下关系

$$N_1 = \frac{M_0 N_1}{M_1} \tag{4-31}$$

N_0代表一定空间单位内估计的种群密度，但空间单位应有多大，应视标记个体在一定时期内均匀扩散的范围而定，而且假设此时期内本地无显著的迁入、迁出或出生、死亡。因此，这种方法只能做相对的数量比较。

例 4-5：第一次采集并标记 2000 头(M_0)，释放后，第二次捕捉到总虫数 100 头(N_1)，其中有标记的虫 10 头(M_1)，试估计自然空间总虫数(N_0)

$$N_1 = \frac{M_0 N_1}{M_1} = \frac{100 \times 2000}{10} = 20000(\text{头}) \tag{4-32}$$

上述计算的方差值可用下式求得

$$S^2_{(N_0)} = \frac{M_0^2 N_1 (N_1 - M_1)}{M_1^3} = \frac{2000^2 \times 1000 \times (100 - 10)}{10^3} = 3.6 \times 10^6 \tag{4-33}$$

$$S_{(N_0)} = 1897(\text{头})$$

Bailey 氏认为，如果 M_1较大时，用式(4-31)可符合实际，如果 M_1很小时(小于 20)，建议对 N_0的估算采用下式

$$N_0 = \frac{N_1(M_0 + 1)}{M_1 + 1} \tag{4-34}$$

其方差值的估算式为

$$S^2_{(N_0)} = \frac{M_0^2 (N_1 + 1)(N_1 - M_1)}{(M_1 + 1)^2 (M_1 + 2)} \tag{4-35}$$

仍将上列数值代入，得

$$N_0 = \frac{100 \times (2000 + 1)}{10 + 1} = 18191(\text{头}) \tag{4-36}$$

$$S^2_{(N_0)} = \frac{M_0^2 (N_1 + 1)(N_1 - M_1)}{(M_1 + 1)^2 (M_1 + 2)} = \frac{2000^2 \times (1000 + 1) \times (100 - 10)}{(10 + 1)^2 \times (10 + 2)} = 2943829 \tag{4-37}$$

$$S_{(N_0)} = 1716(\text{头}) \tag{4-38}$$

Peterson 的模型十分简单，但没有考虑到种群内个体的扩散过程或死亡过程，应用此公式时只能在极短的时间内进行再捕捉，且扩散过程必须不明显，具有一定的局限性。

2. 多次标记，连续多次回捕的方法

首先假设昆虫群体的空间分布是随机的，被标记后释放到自然种群中去，且其再被捕捉到的机会与其他个体相等。释放标记昆虫最好在调查地区的中心进行，释放时可以将标记昆虫抛向空中，令其飞翔扩散，而对少数掉落到地面的昆虫则要仔细检查，如属损伤残废者，应剔除。标记和回捕的个体逐日登记在三角形交叉表格内(图 4-20)。图表的第一横行是调查操作的日期，表的左侧最外列的数字是该日总捕捉数(包括标记个体数)，其中包括新标记的个体和重复标记的个体，三角形表内的数字代表逐日回捕到的各日标记虫数。空格表明前期无标记虫放出，故后期也不能再捕到。

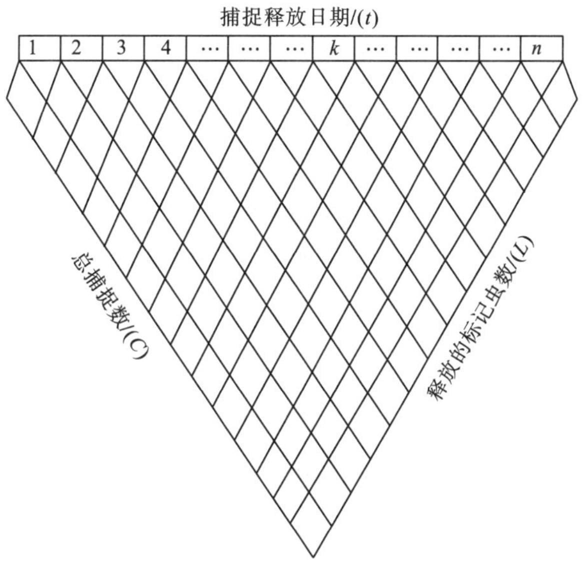

图 4-20　标记回捕三角形交叉登记表

4.3　烟草病害调查方法

在栽种烟草的过程中，是否发生病害，发生哪几种病，病害发生、发展的趋势如何，是否应该采取必要的防治措施来控制，这些都需要生产者在烟草生长过程中定期或不定期地进行调查与监测。这种监测的要求视目的和条件而定，可以是定期定点的系统调查，也可以是大田普查式的监测。系统调查是病害监测的重要方面，是监视一种病害数量或密度的动态变化，可以暂时忽略某一时刻调查数据对全田的代表性，只要选择一些固定的调查单位，如一定面积的作物、固定的植株、叶片甚至病斑，按照一定时间序列进行监测。在适宜的观测期内一般要进行 5 次调查，各次调查的方法和标准也应该一致。此种方法也广泛适用于对寄主、病原物以及各种环境因素的动态监测。大田普查是对在田间经常发生的病害，有时并不一定要作定时定点的系统调查，而是在发病始期和盛发期到易感品种和主栽品种上做 1～2 次普查，即可了解田间的病情。大田普查的面可以很广，可以通过随机取样的方法确定调查田块，也可以根据需要选定具有代表性的田块进行调查。大田调查的记载标准多以目测为准，也可以随机取一些样点进行病害发生率和严重度的调查。主要是了解病情发生发展趋势，凭此普查结果估计未来发展趋势和做出损失估计，以及是否需要采取防治措施来控制等。

4.3.1 病害取样调查方法

由于生物种群特性、种群栖息地内各生物种群空间的相互关系和环境因素的影响，某一种群在空间散布的状况会或多或少不同。病害格局是指某一时刻在不同的单位空间病害(或病原物)数量的差异及特殊性，它表明该种群选择栖境的特性和空间结构的异质性。反之，调查病害的空间格局也有助于了解该病害传播的规律。由于其单位空间内个体出现频率的变化总能找到类似的概率分布函数，分布格局也常被称作空间分布型。

病害调查的抽样方法必须适合具体病害的空间格局，否则就不可能得到准确的代表值。病虫害调查取样有顺序取样、典型取样、简单随机取样、分层取样、两级取样等方法，其抽样调查的方法与田间昆虫调查的抽样方法一致。在属性取样或成数取样调查中经常采用的单(双)对角线法、五点法、棋盘式法、Z字形法等都属于顺序抽样法，其取样方法简单。一般在实际操作中采用顺序抽样与整体抽样相结合或顺序取样与两级取样相结合的方法。前者是在第一组内随机抽取几个样本，然后分别以它们为初始样点按同样的规则在其他组内顺序取样，这样就获得几个随机的单位群。后者只是用随机方法确定初级单位分配，次级单位采用顺序取样方法。从实用的角度考虑，顺序抽样法适合符合泊松分布和二项式分布的病害调查，而不适合奈曼分布和负二项式分布的病害。针对奈曼分布和负二项分布的病害调查，应采用分层取样法，即将要调查的对象根据特征的差异，将基本相似的样本归为一个阶层进行分层取样，这样就能在获得代表样本的同时对取样误差做出分析。

4.3.2 菌量调查

在植物病原中，病原物包括真菌的菌核、菌丝体、孢子，菌源细胞，病毒粒子，线虫的卵、幼虫和成虫，寄生植物的种子等。对依靠初侵染源为主造成流行的病害类型，如种子带菌的烟草黑胫病、烟草根结线虫病等积年流行病，初侵染源的数量同样是重要的。但它们在适合发病的条件下菌量增长速度快，种群数量可以在较短时间内翻倍，即指数式增长，因此调查间隔期要短，定时、定点调查的次数要增加，且调查的精度要求也较高，否则由此得出的结论不可靠或误差较大。

调查菌量的方法较多，归纳起来常用的有以下几种。

4.3.2.1 土壤中菌量的调查方法

土壤是病原物越冬、越夏或休眠的主要场所，也是病害初次再次侵染的主要来源地。涉及病害的菌量都要从土壤调查开始，如烟草黑胫病病原真菌与烟草青枯病的病原细菌都是土壤习居菌，可在土壤中长期存活，同时也是病害的主要来源；大多数线虫也都存活于土壤中，如根结线虫、胞囊线虫、根腐线虫，各个虫态都可以在土壤中找到。调查土壤中菌量的方法主要有淘洗过筛法和诱集法两种。

淘洗过筛法对土壤中的真菌菌核、线虫胞囊或根结、线虫虫卵、寄生植物的种子都非常有效。

诱集法是利用线虫的趋化性，在土壤中或土表埋设有引诱剂的诱虫器，引诱病虫进入其中。如果在田间等距离埋置一定数量的诱虫器，就可以侦察出土壤中的虫口密度。对在土壤中存活的真菌，采用的诱集方法就是用选择性的培养基来诱集。例如，用黄瓜片或马铃薯片等距离法摆放在田间土壤中，引诱附近的菌丝在瓜片或马铃薯片上生长，从而监测在土壤中有何种真菌以及菌量大小。

土壤是多种生物并存的地方，特别是微生物种类丰富，一般情况下很难直接调查到目标对象的数量，这就要借助土壤微生物分析方法进行培养处理后，进行分类比较。

4.3.2.2　传病介体(昆虫)数量调查

有许多病害是依靠昆虫介体在田间的传播的，特别是病毒病，蚜虫、蓟马和粉虱是最重要的媒介昆虫，如 CMV、PVY 就是由蚜虫传播。传毒昆虫体形相对较小，大多有较强的飞行能力，而且自身也有危害烟草的特性。调查时可结合烟草昆虫的调查方法进行。

对在土壤中或者田间越冬的昆虫，包括传病媒介昆虫，主要是安装诱虫器来诱集。诱虫器常用的有黑光灯、黄色皿、蓝色板，以及装有性引诱剂的诱虫笼，盛放有食物的诱虫器等。在英国，还专门设计安装了可以从 0.2～2m 不同高度的空气中捕捉昆虫的吸虫器，用来调查春季和秋季在空中迁飞的蚜虫等，并将它们接种到指示植物上，以监测它们是否带菌或带有病毒，从而预测未来几个月内某种病害的发生量。

4.3.2.3　病斑产孢量测定

病斑产孢量测定主要应用于气流传播、再侵染频繁的一些重要真菌病害，因为这些病害孢子形成量的大小直接关系到传播再侵染的数量以及病害的流行速度。此外还需要测定病斑的产孢面积上产孢数量。产孢面积可用印有直角坐标网络的透明胶片来测量，也可以用直尺测量长、宽，再乘以一定的系数来计算较大病斑的面积。产孢量测定方法很多，通常采用套管法，即将产孢叶片插入开口朝上的大试管内。为防止试管内通风不良，凝结水汽，也可以改用两端开口的 J 型管。每次换管前要将叶片的孢子抖落在管中，也可以用少量 0.3%吐温液冲洗(包括管壁)。冲洗液离心后，用血球计数器镜检孢子数目。还可以用透明胶带黏在叶片上，使孢子堆附近形成一个小的气室，然后测定单个病斑上的产孢量。

1. 空中产孢量测定

气传病害的传播数量是病害预测预报的重要依据。空中孢子捕捉的方法很多，大体上可分为有动力和无动力两种。最简单的是玻片法，方法是：将凡士林涂在玻片上，平放在作物冠层内的不同高度，或者田间竖一木杆，在其不同高度和不同方向锯成一些缺口，再将两片涂了凡士林的玻片卡在缺口处。定时更换玻片，镜检每视野孢子数或整张玻片上的孢子数量。使用有动力的孢子捕捉器如旋转胶棒孢子捕捉器、车载孢子捕捉器，即使在无风的天气条件下，也能达到最好的捕捉效果。对叶部病害或穗部病害(如赤星病)和以大气环流传播的病害，孢子等传播体数量是病害预测的重要依据。最早的孢子捕捉器比较简单，就是在风向标的头部垂直放置一块载玻片，在载玻片上抹一层凡士林，风向标摆放在植物冠层上方5～10cm处，每24h取下在显微镜下逐行检查。例如，目前在烟叶生产中赤星病的检测一般采用孢子捕捉仪，孢子捕捉仪主要用于监测病害孢子存量及其扩散动态，为预测和预防病害流行、传染提供可靠数据，可固定在测报区域内，定点观察特定区域孢子的种类与数量。

2. 发病中心调查法

在大田普查的基础上，当看到田间出现发病中心时，就立即做出标记，以后定期调查田间的发病中心数，以及发病中心面积大小。根据发病中心扩散情况来预测病害流行趋势。目前这种方法在烟草各类病害的调查中都比较适用。

4.2.2.4 种子检验

对种传病害，检测种子的带菌量是十分重要的。由于烟草的种子相对较小，凭肉眼观察有较大的难度，近年来多采用分离法培养和血清检验的技术以及新兴的分子生物学检测技术，待检测的灵敏度提高到单个孢子、单条线虫，甚至单个细菌的水平。

检测方法的改进和检测精度的提高，无疑是要提高检测菌量的正确性和精度，这对要求测定初始菌量的预测方法来说是极为关键的一步。有了可靠的初始菌量(X_0)，在测定其生长速率(r)就更有把握，在此基础上来预测未来时间(t)内的病害数量(X)就变得更加精确。

4.3.2.5 病菌小种检测

病菌的小种是指种、变种或专化型内有致病力分化的群体。病菌小种之间在形态上无差别，主要根据它们对不同品种的毒力差异来划分。在病害流行预测中，重要的是了解病原物群体中不同的小种的比例和变化。为此，需要采集大量病原菌标样，经过单孢分离(或单病斑、单菌落分离)，然后在一套鉴别寄主上鉴定其小种，由此获得各小种出现频率(或比例)。我国已经对烟草上的黑胫病、青枯病、赤星病等病原菌的生理小种进行了鉴定分析，这些小种监测是烟草病害流行预测的重要依据。

4.3.2.6 烟苗带毒检测

目前烟苗带毒检测的手段较多，但应用于生产的只有烟草病毒快速试纸条检测，使用试纸条检测病毒病具有“反应灵敏、结果准确、操作简便、检测快速”的特点。应用试纸条对烟草病毒病进行检测已应用于各烟草种植区域育苗管理中，并且取得了显著成效。美国Agdia公司研制的烟草病毒病检测试纸条可以定性检测出13种烟草相关病毒。其基本原理是将TMV病毒注入兔子，使其产生抗体，标记为ab1，再将ab1注入羊体内，产生抗体ab2。ab1和ab2分别作为试纸条的检测线和质控线，试纸底部是ab1与胶体的复合物，当试纸条放入待测液中，试纸条顶部的吸附作用使液体向上移动，当液体含TMV病毒时，检测线和质控线都会出现红色；如无TMV病毒，则只有质控线变红(图4-21)。

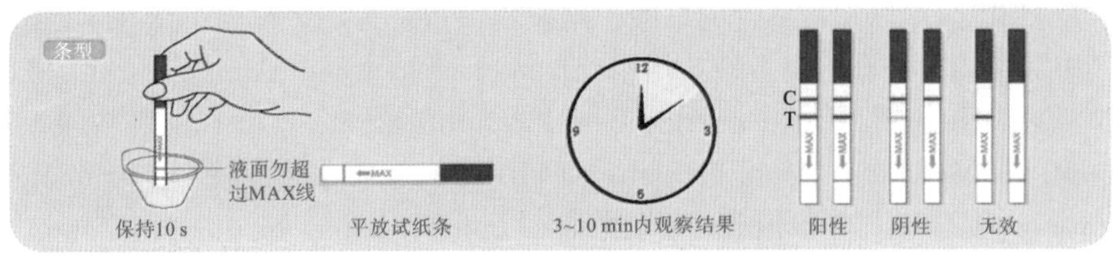

图 4-21　烟草病毒快速试纸条检测

4.3.2.7　烟草青枯菌的田间快速检测

烟草青枯病是危害烟草的毁灭性土传病害之一，为快速检测田间土壤中青枯菌的数量，进行有效的防治，针对青枯菌形成了一系列选择培养基。由于土壤中的真菌和腐生细菌较多，增加了土壤中青枯菌检测的难度，所以配制有效的选择培养基来检测土壤中的青枯菌尤为重要，如四唑培养基可在一定程度上检测青枯菌，加抗生素(氨苄西林胶囊、氧氟沙星片、罗红霉素片、阿奇霉素胶囊)的培养基检测土壤中的青枯菌取得了良好的效果。此外，美国 Agdia 公司研制出的青枯病菌检测试纸条可以定性检测出烟草植株体内的青枯病菌。

4.3.2.8　烟草病害的分子生物学手段检测

近年来随着分子生物学技术的迅速发展，从分子水平对微生物的群落结构进行研究已成为可能。PCR(Polymerase Chain Reaction，聚合酶链式反应)、RFLP(Restriction Fragment Length Polmorphism，限制性片段长度多态性)、T-RFLP(Terminal Restriction Fragment Length Polymorphism，末端记限制性片长度多态性)、SSCP(single-strand conformation polymorphisms，单链构想多态性法)、DGGE(denaturing gradient gel electophoresis，变性梯度凝胶电泳法)等检测手段不断涌现。

目前应用较广的是 PCR 快速检测技术，PCR 是 1985 年诞生的一项体外扩增 DNA 的方法，具有特异性强、灵敏度高、快速准确、自动化程度高等特点。自问世以来，已在医学、生命科学、农业科学、环境科学、考古学等许多领域得到了广泛的应用。利用 PCR 检测土壤或病残体中的致病菌，首先要富集细菌细胞，通常经离心沉淀、滤膜过滤等方法可从样品中获得细菌细胞，然后裂解细胞，使细胞中的 DNA 释放，纯化后经 PCR 扩增细胞靶 DNA 的特异性序列，最后用电泳法或特异性核酸探针检测扩增的 DNA 序列。田间经常是多种病害复合，因此多重 PCR 技术应运而生，多重 PCR 检测体系能够一次性实现多种病原菌的检测，工作量少，耗时短，为病害防治赢得时机，具有极大的应用价值。

4.3.2.9　连环恒温扩增技术(LAMP)

核酸扩增是生命科学中最重要的技术之一，近年来随着分子生物学技术的迅速发展，基于核酸(DNA 或 RNA)检测的诊断方法(如各种 PCR、Southern 杂交和 Northern 杂交)已大量建立并获得广泛应用，这给病原诊断提供了快速、灵敏和准确的方法。虽然这些方法在实践中也遇到一些问题，如假阳性与假阴性问题，但基因诊断具有一些特殊优点，如需样量少、快速灵敏和准确、应用范围广泛，且众多学者在不断改进现有技术并探索新方法。自PCR应用以来，其他的核酸扩增技术，特别是许多恒温扩增技术已经被陆续应用，其中影响较大的有：链置换扩增术(Strand Displacement Amplification，SDA)、核酸序列扩增术(Nucleic Acid Sequence Based Amplification，NASBA)、转录酶扩增术(Transcription Mediated Amplification，TMA)、滚环扩增技术(Rolling Circle Amplification，RCA)、连环恒温扩增技术(Loop-Mediated Isothermal Amplification，LAMP)、解链酶扩增技术(Helicase Dependent Amplification，HDA)。此外，一些非特异性的全基因组DNA扩增方法也进入商品化阶段，这些核酸扩增术的对象有的是DNA，有的是RNA。核酸恒温扩增技术的特点是扩增反应的全过程(除初始的杂交步骤外)均在单一温度，无需专门的扩增仪器，不像PCR反应那样，需要经历几十个温度变化的循环过程。恒温扩增技术的这一特点使得对所需仪器的要求大大简化，反应时间大大缩短，因而具有巨大的商业价值。恒温扩增核酸诊断试剂在国外也已发展多年并应用在传染病诊断中，运用上述技术研发的产品在美国和其他国家已进入不同的阶段。

1. LAMP的特点

LAMP法具有许多扩增方法所无法比拟的优点。

(1)只需一恒定温度就能扩增反应。不需要特殊试剂，不需要预先进行双链DNA的变性。

(2)高特异性：应用6个区段、4种引物，并且这6个区段的顺序也有规定。因此LAMP法扩增的特异性很高，可以根据是否扩增就能判断目标基因的存在与否，即能够进行细菌或病毒的定性检测。

(3)快速、高效扩增：整个扩增60min内即可完成，且产率可达到0.5mg/ml。若在引物上再进一步改进，可大大提高其扩增效率，扩增时间在原来的基础上减少1/3~1/2。

(4)灵敏度高：扩增模板可达1~10拷贝。

(5)步骤简单：扩增RNA只要在DNA基因扩增试剂的基础上加上逆转录酶，就能够完全像DNA基因扩增那样，一步实现RNA扩增。

(6)鉴定简便：在核酸大量合成时，从dNTP析出的焦磷酸根离子与反应溶液中的Mg离子结合，产生副产物——焦磷酸镁沉淀。它有极高的特异性，只要用肉眼观察或浊度仪检测沉淀浊度就能够判断扩增与否，也可利用现有的荧光定量PCR仪作荧光定量检测。

2. LAMP的应用

(1)病原的定性和定量检测。目前应用LAMP技术检测的病毒主要有：乙型肝炎病毒、流感病毒、单纯疱疹病毒、水痘—带状疱疹病毒、腮腺炎病毒、麻疹病毒、腺病毒、SARS冠状病毒、呼吸道合胞病毒、西尼罗河病毒等。应用于细菌性疾病的检测主要有结核分枝杆菌、痢疾志贺菌、大肠杆菌、螺旋体、肺炎链球菌和耶氏菌等。对DNA病毒的检测：Enomoto等及Kaneko等分别采用LAMP和聚合酶链反应(PCR)两种方法进行DNA扩增7型人类疱疹病毒的DNA，采用焦磷酸镁浊度检测法时，测得30min的LAMP反应的灵敏性为每管500拷贝，而60min的LAMP反应的灵敏性为每管250拷贝，其中仅底物为HHV-7DNA的反应中生成了LAMP产物，而在另外的底物为HHV 6A DNA、HHv. 6B DNA、巨细胞病毒(HCMV)DNA的LAMP反应中均不能发现LAMP产物。对RNA病毒的检测：RNA逆转录两步法检测：Poon等采用PCR和

LAMP 来扩增甲型流感病毒的 RNA。其中 LAMP 反应条件是在 60℃的恒温下反应 2h，而 PCR 实验中，反应需进行 35 次循环。每一次反应结束后，以琼脂电泳分析法来测定各反应灵敏度：LAMP 的灵敏度较 PCR 的要高，而且 LAMP 分析法的实验结果与病毒学诊断完全一致。

(2)RNA 逆转录一步法检测。Hong 等采用 RT-LAMP 和逆转录一聚合酶链反应(RT-PCR)分别来扩增 SARS 冠状病毒的 RNA，RT LAMP 反应在 63℃的恒温条件下进行 60min，而 RT-PCR 反应条件较前者烦琐得多，简单步骤如下：将 cDNA 在 42℃条件下进行 30min，94℃ 2min，然后再作以下循环 34 次：94℃ 30s，54℃ 30s，72℃ 30s；最后在 72℃ 30min；

RT-LAMP 和 RT-PCR 的检测范围分别为 0.01～10PFU 和 1～10PFU，即前者较后者灵敏性高 100 倍。若采用 RT-LAMP 分析法检验出 13 例阳性和 46 例阴性样本，而 RT-PCR 仅检测出 6 例阳性样本(其余为阴性)。Ushio 等采用 RT-LAMP 等多种方法来检验呼吸道合胞病毒(RSV)的 RNA，最终反应结果为：采用 RT-LAMP 分析法，在 50 例样品中检测出 47 例阳性样品；若采用 RT-PCR 分析法则测出 42 例阳性样品；采用 EIA 检测出 34 例阳性样品；若采用病毒分离法仅检测出 29 例阳性样品；另外，分别采用 RSVRT-LAMP A 法和 RSV RT-LAMP B 法可检测出 RSV A 型阳性 25 例，RSV B 型阳性 23 例，其中有 1 例表现为双阳性。

(3)利用 LAMP 技术对青枯病菌的检测。黄雯等(2016)通过比对分析青枯菌的 lpxC 基因序列，并利用在线引物设计软件 Primer Explorer Version 4.0 得到 4 条 LAMP 特异性引物：F3、B3、FIP、BIP。通过单因素变化试验对 LAMP 反应体系中的各参数进行优化，设置反应温度为 60℃、61℃、62℃、63℃、64℃、65℃，设置镁离子浓度为 2mmol/L、4mmol/L、6mmol/L、8mmol/L、10mmol/L、12mmol/L，设置内外引物浓度比为 2∶1、4∶1、6∶1、8∶1、10∶1、12∶1，确定最优反应体系。以分离自不同寄主的 24 个青枯菌株为参试对象，4 个非青枯菌株为对照，验证 LAMP 检测方法的特异性。将青枯菌 GMI1000 菌株的基因组 DNA 进行 10 倍梯度系列稀释，以原液和 10^1、10^2、10^3、10^4、10^5、10^6、10^7 倍的稀释液为模板同步进行 LAMP 和普通 PCR 检测，比较两者的检测灵敏度。将马铃薯青枯病菌株 Po41、姜瘟青枯病菌株 Z-Aq-1 分别与马铃薯块茎和生姜根茎组织悬浮液混合，以 LAMP 检测方法对混合物进行检测，并以同样方法对表现典型青枯症状的番茄植株和健康植株进行检测。反应结果可直接通过观察产生的白色焦磷酸镁沉淀情况进行判定，也可通过加入 2μL SYBR Green Ⅰ荧光染料进行观察，阳性样品为绿色，阴性样品为橙色。由此建立了特异性检测青枯菌的 LAMP 方法，优化后确立了检测体系中 FIP/BIP 与 F3/B3 的浓度比为8∶1(1.6mmol/L∶0.2mmol/L)，镁离子浓度为 6mmol/L，反应温度为 63℃。特异性检测结果显示，仅参试青枯菌反应管中的反应液呈现绿色，表明建立的检测体系具有良好的特异性。以青枯菌 GMI1000 菌株的 DNA 原液及不同梯度的稀释液为模板进行的 LAMP 和普通 PCR 检测结果显示，LAMP 的检测灵敏度为 1.42pg，比普通 PCR 高 10 倍，能够快速准确地从植物组织液及罹病番茄植物组织中检测到青枯菌。建立的这套青枯菌 LAMP 检测方法高效特异，操作简单，无需复杂仪器，肉眼可直接观察检测结果，适合基层和现场检测。

4.3.3 烟草病害标本的采集制作与保存

烟草病害种类繁多，其病原物种类也不尽相同。对其进行鉴定、分析以及新病害的研究都需要采集标本。恰当地选取采集对象和部位，正确地制作标本并进行保存和邮寄都是标本采集的重要内容。

4.3.3.1 病害采集常用的工具及材料

根据烟草上常见的烟草病害类型，采集时常用的工具有：标本夹、标本箱、自封袋、塑料袋、小玻管、标本袋、标签、记录本、铅笔、记号笔、小土铲、刀、剪、锄头等。

4.3.3.2 烟草病害标本的采集方法

1. 采集地的选择要充分考虑病害的发生条件、病原物的生物特性等因素

如采集鞭毛菌亚门真菌(如烟草黑胫病)，应在潮湿低洼的地方或易积水结露的部位寻找；寄生性种子植物，如列当应在高纬度地区的烟田里采集，菟丝子应该在潮湿光照充足温度较高的地方采集。表现蔫萎的植株要连根挖出，有时还要连同根际的土壤等一同采集。

2. 取样部位

标本上有子实体的应尽量在老叶上采集，因为它比较成熟，许多真菌有性阶段的子实体都在枯死的枝叶上出现，而无性阶段子实体大多在活体上可以找到。病毒病应尽量采集顶梢与新叶，线虫病害标本应采病变组织，危害根部的线虫病害标本除采集病根外还应采集根围土壤。

3. 做记录贴标签

采集的标本可置于自封袋内临时保存，与此同时，完整的记录与标签同等重要，其主要应包含寄主名称、采集日期与地点、采集者姓名、生态条件和土壤条件等内容(表 4-7)。

表 4-7 植物病害标本采集记录表

年　月　日

寄主名称：	
病害名称：	
采集地点：	
产地及环境：坡地□　平地□　砂土□　壤土□　黏土□	
受害部位：根□　茎□　叶□　花□　果实□　其他□	
病害发生情况：普遍□　不普遍□　轻□　中□　重□	
采集人：	定名人：
采集编号：	标本编号：

4. 注意事项

烟草病害种类较多，各种病害标本的采集方法各不相同。一个合格的标本必须具有植物受害部位及各时期比较明显的典型症状，尽可能有病征(病原物)存在，采集病害标本时应注意以下几点。

(1)病状要典型。病状是确定一种病害的重要依据。采集病害标本不仅要有某一受病部位的典型病状，而且还要具有不同时期、不同部位的病状标本。如对烟草病毒病样品进行采集时应取新鲜呈典型褪绿、花叶、矮化、皱缩、斑驳、缺刻、多枝、增生等症状的叶片或其他部位。

(2)病征应完整。采集时一定要注意，为了进一步鉴定病害，对有病征的标本要重点采集，如真菌性病害在感病部位往往有各种霉状物、小黑点等病征存在，细菌性病害往往有菌脓溢出。真菌病害的病原菌包括有性和无性两个阶段，应在不同时期分别采集。有的真菌在活寄主上常不产生子实体，在枯死株上才有病征，因此对地面上的枯枝落叶也应注意采集，注意在病原有性阶段产生子实体的时期采集，如白粉病叶片上的小颗粒(有性阶段的闭囊壳)。

(3)尽量避免病原物相互混杂。采集时将容易混杂污染的标本分别用纸或自封袋(临时保存)包好，以免污染其他枝叶类标本，影响鉴定。

(4)采集记载。没有记录的标本或记录不全的标本没有使用价值，记录寄主名称是鉴定病害的前提。记录内容包括寄主名称、采集日期、采集地点、采集人姓名、标本编号、分布情况、地理条件、损失率、防治办法及效果等。以上内容除记在记录本上外，还应在标本上挂标签，注明内容包括标本编号、采集时间、地点、采集人姓名等。不同的标本，不同产地的同一标本，应分别编号。记录要长期保存，以便进行查对，应注意每份标本的记录和标签上的编号必须相同。此外，标记信息的书写应规整、清晰。

(5)标签最好用牛皮纸制成。装置土样最好用质量较好的自封袋，并在袋外另套 1 个自封袋，将写好的标签放在两层袋的夹层，避免土壤中的水分浸润损坏标签纸。

4.3.3.3　烟草病害标本的邮寄

根据烟草病害标本的类型，对其进行邮寄主要可分为新鲜标本邮寄、干制标本邮寄和浸渍标本邮寄三大类。

1. 新鲜标本的邮寄

取新鲜典型的病害标本，用牛皮纸包好，标签最好用牛皮纸制成，标记信息的书写应规整、清晰。取回的样本应立即寄出，如果不能立即寄出，应在较低温度(5～15℃)下临时保存，以免根系腐败。在低于 25℃时，可以用塑料袋将材料装起邮寄，并注意将塑料袋封好，以免样本失水干燥。但高于 25℃时不要将植物材料装进塑料袋邮寄，因为这样会使植物材料腐烂。邮寄或托运时，应使用较硬的瓦楞纸箱，并牢固封箱，但要注意在箱子上挖一定的空洞，或者留有空隙，确保在邮寄途中标本袋完好无损。

2. 干制标本的邮寄

制作的病害标本需要邮寄或托运时，应使用较硬的瓦楞纸箱，并牢固封箱，确保在邮寄途中标本袋完好无损。

3. 浸渍标本的邮寄

浸渍标本一般不宜邮寄，若要邮寄，可在保存液中加少量甘油，软化标本，减缓液体流动。另外，为了防止浸渍标本在浸液中摇振，保存液应装满，瓶塞必须拧紧，必要情况下可用胶布将瓶口与塞子粘住，密封。

4.4 烟田草害调查方法

对杂草进行调查是明确烟田杂草发生种类和进行杂草发生程度预测预报的基础，农田杂草的调查分地上部杂草群落和地下部杂草种子库调查两方面。

4.4.1 杂草种子库的调查方法

杂草种子库是杂草以潜在杂草群落存在的一种方式。杂草种子库的数量特征决定着来年杂草发生量。对杂草种子库进行研究，可以预测来年田间草害发生情况。杂草种子库的调查研究主要步骤是从田间采集土壤，在室内对土壤中的杂草种子库进行检测。

4.4.1.1 土壤的采集

杂草种子在烟田土壤中的分布是不均匀、无规则的，通常是呈泊松分布或负二项分布。目前常用的取样方式是采用土样取样器，在田间按照对角线、“S”形等 5 点或倒置“W” 9 点取样法进行分层取样。土样取样器的选择、取样点的确定、每样点土壤的分层以及取样数量需根据杂草种子的空间分布、主要杂草种子的特征、烟田历史背景等结合环境田间、耕作制度、农事操作等因素，依照自己的研究目的，综合考虑各方面因素，确定最佳的取样方法。

4.4.1.2 杂草种子库检测方法

1. 诱萌法

该法使用最普遍，将采集来的土样按照土层和样点在室内自然风干，将风干的土样放入装有蛭石的盆钵中，浇水灌透土壤。在温室内培养，一般设定的温室田间为白天 25～35℃，晚上 5～25℃。当杂草开始萌发后，每 3d 对杂草进行 1 次观察，记录杂草种类及数量，然后拔除，一直观察到连续 15d 无杂草长出为止。然后将土样再次风干，同时借助低温、适宜高温或化学物质刺激等处理，以打破一些杂草种子的休眠。

诱萌法可以确切检测出具有活力的杂草种子，从而确知种子库的实际规模，劳动量相对较小。但该法耗时较长，且在研究人员设定的条件下，还存在许多有活力而未达到其萌发条件的种子，不宜用于种子库多样性的研究。

即使采用诱萌法，一些种子受自身生理条件、休眠等多种因素的影响，仍然可能不在培养时间内发芽，这就会给种子库的调查带来不利影响，因此一般需要在不同季节进行多次研究才能得到理想的结果。

2. 水洗法

将采集的土样放置在不同规格的筛子中，用水冲洗土壤，去除沙粒和泥浆，分离出杂草种子。将杂草种子进行分类和初步鉴定，并统计数目。采用挤压法检测种子饱满度，推测杂草种子的活力。该法耗时较短，但劳动量大，且对杂草种子活力的检测，准确性不高。

3. 水洗和诱萌结合法

在实际试验中，通常将上述两种方法结合起来，用水洗法分离出杂草种子，确定其数量，然后经诱导打破种子休眠后使其萌发，并通过幼苗鉴定杂草种类。

4. 漂浮法

将土样与不同浓度的盐溶液混合后，搅拌离心，杂草种子将浮于上层，经过滤洗涤后，即可初步分别出杂草的种类和数量。通常选用的盐溶液为 K_2CO_3，按 250g K_2CO_3 溶液+25g Napolymetaphosphate 多聚磷酸钠和 Na_2CO_3（2∶1）溶液加到 500ml 水中配成溶液，处理采集的土样，其程序如下：

收集土样→置 5℃下冷藏→风干，粉碎土块→按 75ml K_2CO_3 溶液于 100g 土样的比例混合，盛于离心瓶中→280r/min 振荡 3min→10000r/min 离心 10min→水淋洗 3 次→去除土粒→35℃下干燥种子和有机残渣→鉴定、计算杂草种子。

4.4.2 杂草群落的调查研究方法

杂草群落的调查研究主要是调查在一定区域内杂草不同种类的数量和个体生长状况，是农田草害发生预测预报的基础。进行大面积调查的时间适宜在烟草采收期间，多数杂草种类进入生殖生长阶段，但种子尚未成熟脱落时。但有时生产上为了配合田间除草也需要调查烟草不同生育期的杂草种类和数量。

4.4.2.1 田间调查的基本步骤

(1)确定调查范围、调查时期、调查对象、调查目标。

(2)根据调查范围内不同的区域地形、土壤类型、耕作栽培特点、田间杂草分布情况等确定调查点，筛选抽样方法。

(3)在调查点内选择具有代表性的烟田进行调查，可考虑种类、数量、重量、高度等相关指标。

(4)调查的同时，采集并制作杂草标本。

(5)对调查所得到结果的进行多元统计分析。

4.4.2.2 标本的采集与制作

1. 杂草采集所需工具

杂草采集所需工具包括标本夹、采集箱或塑料袋、枝剪、镐铲、野外记录本、标签、铅笔、绳子和塑料布等。

2. 杂草标木的采集

杂草的花、果实、种子是鉴定的主要依据，选择采集对象时，应选择未受病、虫害侵害，正常生长，且花与果实保存完整的植株。完整的标本应包括根、茎、叶、花和果等，对于较大的杂草，可采取部分带叶、花、果的枝条，同时详细记录高度。寄生性杂草需带寄主植物一同采集，特别是寄生关系处的部位。在采取实物标本的同时，还应进行图像标本的采集，以便识别鉴定。

3. 野外记录

野外采集时，需采用特定的记录本详细记录采集信息，严格按照采集表格式记载（表 4-8）。野外采集时填好采集号，并使用标记牌对标本进行标记。

表 4-8 杂草标本采集记录表

采集号________	采集日期____年____月____日____
采集人________	采集地点________
危害对象________	发生量________
生境________	
生活型：一年生、二年生、多年生、草本、灌木、木本	
生态型：寄生、旱生、水生、湿生、盐生、沙生	
生育阶段或物候期________	株高________
根________	茎________
叶________	花________
果________	种子________
幼苗________	
附（气味、乳汁、黏毛和味道）________	
别名________	科名________
学名________	
其他________	

4. 标本压制

采集的标本当天压制，用干吸水纸压制，大的标本可按“N”或“V”形压制，每天替换吸水纸时应注意保持标本的形态。该法耗时长，工作量较大，可采用瓦楞纸替换吸水纸后，置于烘干炉烘干。

5. 标本制作、鉴定

用0.1%升汞酒精溶液对压制干后的标本进行消毒处理，然后固定于台纸上，右上角注明地名，左上角贴上野外记录纸。通过查阅相关的鉴定工具书，鉴定杂草，并将鉴定标签贴于右下角。

6. 标本保存

将上好台纸的标本保存于放有樟脑丸的特制标本柜中，注意防虫、防潮、防阳光直射。

4.4.2.3 杂草群落调查方法

1. 样方法

采用倒置“W”九点取样法或五点法确定样方，用取样框确定样方大小，统计样方中杂草植株数量或鲜重。根据烟田杂草的特点，对种类组成和地上部分生物量等的数量指标，一块 0.33hm^{2}左右的田地，5 个 0.33m^{2}或 3 个 1m^{2}的样方均可达到满意的效果。

2. 目测法

目测法较之其他的取样方法，具有劳动强度小、工作效率高的优点。当杂草种类在植被群落中占有较大比例时，目测法所得数据较准确。当杂草分布稀疏，仅凭肉眼估测则不易取得可靠资料。此时，为提高调查资料的准确性，可由 3 个以上的调查者分别估测，取其平均值。估测结果均应以数字表示，利于资料的汇总统计。在杂草实际调查中，由于大多数杂草皆以较低目测级别出现，因此强胜(1996)提出的 7 级目测法进行调查，增设了低目测级别，更能有效反映杂草中间差异信息。7 级目测法主要步骤是根据不同的农田类型、土壤类型、地形地貌和作物种类等因素，选定调查样点。每样点选择生态条件基本一致的田块 10 块，依据目测标准(表 4-9)按杂草种类记载其目测级别。调查时期一般选择在烟草采收期。

表 4-9　杂草群落优势度 7 级目测法分级标准(强胜和李扬汉，1996)

优势度级别(危害度级别)	相对盖度/%	多度	相对高度
5	>25	多至很多	上层
	>50	很多	中层
	>95	很多	下层
4	10～25	较多	上层
	25～50	多	中层
	50～95	很多	下层
3	5～10	较少	上层
	10～25	较多	中层
	25～50	多	下层
2	2～5	很少	上层
	5～10	较少	中层
	10～25	较多	下层
1	1～2	很少	上层
	2～5	少	中层
	5～10	较少	下层
T	<1	偶见	上层
	1～2	很少	中层
	2～5	少	下层
0	<0.1	1～3 株	上层
	<1	偶见	中层
	<2	很少	下层

第 5 章　小地老虎的预测预报技术

小地老虎(*Agrotis ypsilon* Rottemberg)属于鳞翅目，夜蛾科，别名土蚕、地蚕、黑土蚕、黑地蚕、地剪、切根虫等，是地老虎中分布最广、危害最严重的种类。其食性杂，可取食棉花、瓜类、豆类、禾谷类、麻类、甜菜、烟草等多种作物。小地老虎是烟草移栽期的最主要的地下害虫，是烟草绿色生态防控中主要的害虫对象之一。小地老虎主要以一代幼虫危害烟草移栽期至伸根期的幼苗，以咬断幼茎，取食嫩叶、幼茎为主等。高龄幼虫剪苗率高，取食量更大。小地老虎常造成烟草移栽后缺苗、断垄，对其移栽成本和产质量造成严重影响，加重烟农的劳动负担，而且危害后再重新补苗，会造成病毒病的进一步传播流行。因此，为保证烟草全苗、齐苗、匀苗、壮苗，加强小地老虎的测报以确定恰当的防治和用药适期显得尤其重要，这也是精准减量用药的基本保障。

对小地老虎的调查和测报重点掌握在越冬代和第一代，特别要注意幼虫发生期和发生量与烟苗移栽期的关系。注意提前发布短期预报，指导移栽期和苗期对该虫的精准防控。

5.1　小地老虎的形态识别

卵：散产，半球形，顶部稍隆起，底部较平，底部直径约 0.5mm，表面有纵横交错的隆起线纹，似网状花纹。初产时乳白色，逐渐变为米黄色、粉红色、紫色，孵化前为灰褐色到黑色。

幼虫：共 6 龄，末龄幼虫体长 41～50mm，体稍扁，暗褐色。体表粗糙，布满龟裂状的皱纹和黑色小颗粒，背面中央有 2 条淡褐色纵带。头部唇基形状为等边三角形。腹部 1～8节背面有 4 个毛片，后方的 2 个较前方的 2 个要大 1 倍以上。腹部末节臀板有 2 条深褐色纵带(图 5-1)。

蛹：体长 18～24mm，暗褐色，有光泽。腹部第 4～7 节背面前缘中央褐色，且有粗大的刻点，两侧的细小刻点延伸至气门附近。腹端具臀棘 1 对。

成虫：体长 16～23mm，宽 3～5mm，翅展 42～54mm，深褐色，前翅暗褐色，内外横线均为双色黑线，呈波浪状，将翅分成三等份(图 5-2)。翅面上具有显著的肾状斑、环形纹、棒状纹和 2 个黑色剑状纹。在肾状纹外侧有一明显的尖端向外的楔形黑斑。在亚缘线上侧有 2 个尖端向内的楔形黑斑，3 斑尖端相对，易于识别。后翅灰色无斑纹。雌虫触角丝状，雄虫双栉状(端半部为丝状)。足为橘黄色。

图 5-1　小地老虎幼虫危害烟草

图 5-2　小地老虎雄蛾成虫

烟田中常见的小地老虎、黄地老虎、大地老虎 3 种食烟地老虎形态特征见表 5-1。

表 5-1　三种食烟地老虎的成虫形态特征

昆虫名称	体长/mm	前翅特征
小地老虎	17～23	肾形斑外侧有 1 尖端向外的楔形黑斑，亚缘线上有 2 个尖端向内的楔形黑斑，斑尖相对
黄地老虎	14～19	黄褐色，环纹、肾纹、梯纹明显，中央暗褐，边为黑褐色
大地老虎	20～23	环纹、肾纹明显，肾形斑外侧有 1 不规则黑斑，近达外横线

5.2　小地老虎的生物学特性

发生代数：小地老虎的生活史在各地区因地势、地貌与气候不同而不同，1 年发生的世代数随纬度的升高而减少，在广西、福建等南方省区 1 年发生 6～7 代，四川、重庆等地 1 年发生 5～6 代，河南、陕西、北京 1 年发生 4 代，黑龙江 1 年则发生 2 代。成虫昼伏夜出，白天潜伏于土缝中、杂草间或其他隐蔽处。夜晚活动，7～11 点为活动盛期。其活动与温度关系密切，4～5℃即可见到，温度越高，活动范围与数量就越大。成虫飞翔能力强，具有较强趋光性，对黑光灯和镓钴灯趋性强，对糖、醋、蜜、酒等甜香气味物质表现强烈正趋化性。雌虫羽化补充营养后 3～4d 交尾产卵，每头雌虫产卵600～1000 粒。幼虫共 6 龄，3 龄前幼虫在寄主心叶或附近土缝内，全天活动，但不易被发现，受害叶片呈小缺刻。3 龄后幼虫扩散危害，白天在土下，夜间及阴雨天外出，把幼苗近地面处切断拖入土中但往往只拖入半截，其余暴露在土表。根据观察，每个地区每年发生的第 1 代幼虫数量最多，与当年播种或者移栽的作物生育期紧密契合，危害最大，是生产上防治的关键时期。

发育历期：小地老虎各虫态发育历期随气温的变化而不同。各虫态在相同温度下，蛹的历期最长；在幼虫期，6 龄幼虫历期最长。除成虫外，在同一龄期幼虫的发育历期随温度的升高而缩短。在日均温 20℃时，卵、幼虫和蛹发育历期分别为 5～6d、30～34d 和 18～22d，完成 1 个世代需要 53～62d，雌蛾寿命 20～25d，雄蛾寿命 10～15d，产卵前期 4～6d。据报道(杨建全等，1998)，卵、幼虫、蛹的发育起点温度分别为 8.08℃、

10.67℃、11.78℃。这个温度正好和我们当年移栽烟苗时的土壤温度基本相同，这也是烟苗移栽时危害最重的原因之一。

迁飞和越冬：小地老虎成虫飞翔能力很强，具有远距离迁飞能力，累计飞行可达34～65h，飞行总距离达1500～2500km。全国小地老虎科研协作组研究发现小地老虎在我国北方不能越冬，1月份0℃等温线为其越冬界线，10℃等温线以南为北方非越冬区春季小地老虎的虫源基地。太平洋暖流和西伯利亚冷流的季节性活动形成我国境内的季风，小地老虎与黏虫等迁飞害虫一样，随季风南北往返迁移危害。春季越冬代蛾由越冬区逐步由南向北迁出，形成复瓦式交替北迁的现象，秋季再由北回迁到越冬区过冬，构成1年内小地老虎季节性迁飞模式内的大区环流。另外，它还有垂直迁飞的现象。我国重庆、四川、贵州等山地情况复杂，小地老虎存在当地越冬和外迁进入两种情况。一般是低海拔越冬，向高海拔迁移。多年虫情资料分析和标放回收的直接数据均表明，在我国境内主要往返迁飞的虫源来自国内，特别是危害较重的1代发生区的虫源均来自我国南方越冬区。在局部地区或某些年份，有部分虫源来自国外，也有部分虫源迁到国外。例如，在西藏局部发生区，据分析其积温不能满足1个完整世代的要求，故每年只是从国外迁入，而无迁出的可能；新疆部分地区偶有发生，但不构成灾害，也是国外虫源所致；在越冬区中亦有部分过境蛾(据解剖分析结果)可能来自更南的东南亚地区。而我国境内的越冬代蛾在个别年份也有部分随气流迁出境的可能。

趋性：成虫有趋光性、趋化性，对黑光灯趋性一般，对糖酒醋液趋性较强。对萎蔫杂草、麻袋片、棕榈叶等植物材料也有很强的趋性。雄成虫对雌性信息素十分敏感。对一些食物成分也有很好的趋性。利用成虫的趋性可以在测报上进行诱集调查，在防治上可以采用食诱加上性诱技术进行诱杀。

5.3 影响小地老虎发生的关键因子

虫源基数：上年发生严重，末代和越冬代发生量大，特别是当地越冬代有效蛾量和雌蛾比例较常年平均值显著增高，则可导致严重发生。

温湿度条件：小地老虎的发生受多种生态因素综合影响。小地老虎生长发育最适温度为8～32℃，成虫产卵和幼虫生活最适宜气温为14～26℃，相对湿度为80%～90%，当气温在27℃以上时发生量即开始下降，在30℃且湿度为100%时，1～3龄幼虫常大批死亡；冬季如温度低于5℃，幼虫经2h全部死亡。一般地势低、湿度大或雨量充沛，土壤含水量在15%～20%的地区，该虫发生较多，危害较严重。

气候条件：小地老虎喜欢温暖潮湿的环境条件。上年秋季雨水较多，春季越冬代盛蛾期无较强寒流侵袭，第一代卵盛孵期雨水调和或偏少，无大雨和低温出现，则有利于该虫大爆发。春季2～4月份气温高低影响小地老虎第一代发生期的早晚，气温高则发生早，卵和幼虫发育快，危害期提前；气温低则发生晚，卵和幼虫发育慢，危害期推迟。实际上，第一代的发生时间和各地烟苗移栽期基本吻合。

环境条件：凡是耕作粗放、杂草丛生的田块，以及沿河、沿湖、水库边、灌溉地、地势低洼地及地下水位高的地区虫口密度大。春季田间凡有蜜源植物的地区发生亦重。

间作套种地块发生重。凡是土质疏松、团粒结构好、保水性强的壤土、黏壤土、沙壤土更适宜发生，尤其是上年被水淹过的地方发生量大，危害更严重。

5.4　小地老虎虫量调查

5.4.1　成虫消长调查

1. 调查时间

自当地越冬代成虫常年始见期开始。一般为日平均温度稳定在 5℃时开始，可根据当地情况，掌握在始蛾前进行，至烟田小地老虎危害末期结束。

2. 性诱剂诱捕方法

调查地点与环境条件：在当地烟草主产区选择长势较好的种植主栽品种的烟田，区域生产面积不少于 $1hm^2$。

性诱剂诱捕器设置方法：田间诱集成虫采用笼罩式诱捕器，诱芯选用小地老虎专用性诱剂(在诱集前应进行预试，确保性诱剂质量)，每只诱捕器内放置一个 PVC 微毛细管型诱芯。诱捕器分为上、下两部分，上部为贮虫笼，下部为诱导罩。贮虫笼为圆筒形，高 40cm，上、下底面圆直径为 20cm。诱导罩为圆台形，高 80cm，上、下底面圆直径分别为 40cm、50cm，上、下底面全开口。用 10 号铁丝制作诱导罩、贮虫笼框架，外面包裹纱网。安装时将诱导罩上部插入贮虫笼内中心，贮虫笼顶部做成活动盖子以便取出诱集到的成虫。用细铁丝将 1 个诱芯悬挂于诱导罩底面圆心，诱芯距离地平面垂直距离 1m。共设两个诱捕器，两个诱捕器之间的距离为 50m。根据诱芯的有效期(一般每 30d)定期更换诱芯。

调查方法：每天上午定时统计诱捕器内小地老虎雌雄成虫数量，并取出成虫带出田外处理，虫口情况记载入表 5-2。

表 5-2　小地老虎成虫消长调查表

单位：__________　地点：__________　年度：__________　调查人：__________

日期		测报灯诱蛾量/头			诱捕器诱蛾量/头				天气	备注
月	日	雌	雄	合计	雌	雄	合计	平均		
…	…	…	…	…	…	…	…	…	…	…

3. 测报灯诱捕方法

调查地点与环境条件：在当地主产烟区选择长势较好的种植主栽品种的烟田，区域生产面积不少于 $1hm^2$。测报灯应安装在便于调查进出的田边，距离性诱剂诱捕器至少相距 200m。

测报灯设置方法：设置以 20W 黑光灯为光源的测报灯 1 台，灯管下端与地面垂直距离为 1.5m，每天 18：00 至第 2 天 5：00 开灯。根据灯管寿命定期更换灯管。

调查方法：每天上午定时统计小地老虎雌、雄成虫数量，并取出成虫带出田外处理，虫口情况记载入表5-2。

4. 糖酒醋液诱集方法

调查地点与环境条件：在当地主产烟区选择长势较好的种植主栽品种的烟田，区域生产面积不少于1hm^2。诱集装置应安装在远离村庄和山包的空旷地带。

诱集钵放置方法：用配方为：糖3份、醋4份、酒1份、水10份配制成的诱蛾糖醋液，装在一定体积的盆钵内，一个地区放置3盆，在距离上口20cm处加盖防雨罩，盆底离地面1m左右，各盆之间相隔400～500m，每周更换一次糖醋液。

调查方法：每天早上7~9点，调查隔日诱捕的成虫数，区分雌雄蛾，将结果填入表5-2。

在成虫的三种诱集方法中，性诱的效果最好，糖醋液效果次之，灯诱效果最差，各地可根据情况选择使用。

5.4.2 雌蛾发育进度调查

从早春诱到越冬代成虫开始到成虫末期，根据调查的目的，为配合卵量的调查，对雌成虫卵巢发育进行检查。每3d检查一次，每次抽查10头，不足10头时全部检查。按照卵巢发育分级指标记入表5-3。小地老虎雌成虫卵巢发育分级指标见表5-4。

表5-3 小地老虎雌蛾卵巢发育进度检查记载表

单位：________ 地点：________ 年度：________ 调查人：________

日期（月/日）	雌虫来源	检查头数	卵巢发育级别和数量										备注
			1级		2级		3级		4级		5级		
			头	%	头	%	头	%	头	%	头	%	
…	…	…	…	…	…	…	…	…	…	…	…	…	…

表5-4 小地老虎雌成虫卵巢发育分级指标

级别	发育期	卵巢管特征	脂肪体特征	备注
1级	乳白透明期	卵巢小管基部卵粒乳白色，先端卵粒透明难分辨	淡黄色，椭圆形，葡萄串状，充满腹腔	—
2级	卵黄沉淀期	卵巢小管基部1/4开始逐渐向先端变黄，卵粒易辨	淡黄色，变细长圆柱形	个别成虫交配
3级	卵粒成熟期	卵壳形成，卵粒黄色，卵巢小管及中输管内卵粒排列紧接	乳白色，变细长	交配盛期，产卵前期
4级	产卵盛期	卵巢小管及中输管内卵粒排列疏松，不相连接	乳白透明，细长管状	—
5级	产卵后期	卵巢小管收缩变形，中输管内卵粒排列疏松或相重叠	乳白透明，呈丝状	—

注：此表引自全国农业技术服务中心主编，农作物有害生物测报技术手册，中国农业出版社，2006。也可以把前面3级合并，简称为产卵前期，以方便调查。

5.4.3 卵量调查

当地常年越冬代成虫始见期开始，至烟田小地老虎危害末期结束。选择有代表性的烟田(应包括种植绿肥的烟田)3 块，每块田面积不少于 1 亩。

采用麻袋片诱集法。每块类型田内放置 50 片面积为 100cm^{2}的正方形麻袋片，固定于地表面，每两片之间至少相距 5m，每 3d 调查一次麻袋片上的卵量，记载入表格 5-5。

表 5-5　小地老虎诱卵量调查表(　　年)

单位：__________　地点：__________　年度：__________　调查人：__________

<table>
<tr><th colspan="2">日期</th><th colspan="3">类型田 1</th><th colspan="3">类型田 2</th><th colspan="3">类型田 3</th><th rowspan="2">平均单片卵粒数</th><th colspan="2">累计</th><th rowspan="2">备注</th></tr>
<tr><th>月</th><th>日</th><th>麻袋片数</th><th>有卵片数</th><th>卵粒数</th><th>麻袋片数</th><th>有卵片数</th><th>卵粒数</th><th>麻袋片数</th><th>有卵片数</th><th>卵粒数</th><th>总卵粒数</th><th>平均单片卵粒数</th></tr>
<tr><td></td><td></td><td></td><td></td><td></td><td></td><td></td><td></td><td></td><td></td><td></td><td></td><td></td><td></td><td></td></tr>
<tr><td></td><td></td><td></td><td></td><td></td><td></td><td></td><td></td><td></td><td></td><td></td><td></td><td></td><td></td><td></td></tr>
<tr><td>…</td><td>…</td><td>…</td><td>…</td><td>…</td><td>…</td><td>…</td><td>…</td><td>…</td><td>…</td><td>…</td><td>…</td><td>…</td><td>…</td><td>…</td></tr>
</table>

在麻袋片诱卵的类型田内，将麻袋片放在便于观察且与田间小气候相近的田边，但不可放在向阳面或阳光直射的地方。采集诱到的卵，标记好采集日期，每天早上观察卵粒的孵化进度，记载入表格 5-6。

表 5-6　小地老虎卵孵化进度调查表(　　年)

地点：____________________　调查人：____________________

<table>
<tr><th colspan="2" rowspan="2">调查日期</th><th rowspan="2">当天观察卵粒数</th><th rowspan="2">累计观察卵粒数</th><th rowspan="2">当天孵化卵粒数</th><th rowspan="2">累计孵化卵粒数</th><th rowspan="2">孵化率/%</th><th colspan="2">当天孵化的卵粒历期/d</th></tr>
<tr><th>产卵日期</th><th>卵历期</th></tr>
<tr><td>月</td><td>日</td><td></td><td></td><td></td><td></td><td></td><td></td><td></td></tr>
<tr><td></td><td></td><td></td><td></td><td></td><td></td><td></td><td></td><td></td></tr>
<tr><td>…</td><td>…</td><td>…</td><td>…</td><td>…</td><td>…</td><td>…</td><td>…</td><td>…</td></tr>
</table>

小地老虎的卵根据发育进度可以分为：乳白、米黄、浅红斑、红紫和灰黑 5 个级别。在 18℃条件下，对应孵化的天数分别为：7.8d、7d、5.5d、2.3d 和 0.5d。据此，可以大致根据卵的颜色推断幼虫出现的时间。

5.4.4 移栽前幼虫密度调查

烟田起垄后、移栽前 10d 进行一次调查。选择有代表性的烟田(应包括种植绿肥的烟田)3 块，每块田面积不少于 1 亩。每块类型田内采用平行线取样方法，共调查 10 垄，每垄调查 5m，记载每样点内杂草上及土壤中小地老虎幼虫数量及幼虫发育进度。记载入表 5-7。

表 5-7 移栽前小地老虎幼虫密度调查表（ 年）

地点：________________ 调查人：________________

日期		调查垄长/m	类型田	幼虫发育进度				幼虫总数	垄内平均每米幼虫数	备注
月	日			1龄	2龄	3龄	4龄后			
⋮	⋮	⋮	⋮	⋮	⋮	⋮	⋮	⋮	⋮	⋮

对幼虫进行分级调查，也可以根据卵的发育情况，根据温度条件，采用表 5-8，可以大致推断出幼虫发育的持续时间。

表 5-8 小地老虎不同温度下各龄幼虫历期统计表（南京，恒温）

温度/℃	各龄幼虫历期/d						幼虫全期/d
	一龄	二龄	三龄	四龄	五龄	六龄	
15	8.5	7.1	8.7	8.6	9.0	24.0	65.9
16	7.6	4.9	4.6	5.3	6.9	16.2	44.9
18	7.2	5.7	5.2	5.7	6.7	19.0	51.1
20	3.8	3.1	3.5	3.9	4.8	12.7	31.6

注：全国农业技术服务中心主编，农作物有害生物测报技术手册，中国农业出版社，2006

5.4.5 小地老虎幼虫系统调查

烟草移栽后开始，至小地老虎危害期基本结束。以当地主栽品种为主，选择有代表性的烟田 2～3 块作为观测圃，每块田面积不少于 2 亩，调查期间不施用杀虫剂，其他管理同常规大田。系统调查田块应相对固定。

采用平行线取样方法，定点定株，调查 10 行，每行连续调查 10 株。每隔 3d 调查一次，直至小地老虎危害期基本结束。记载烟株上、根际和地面松土内的幼虫数量，同时根据小地老虎的危害症状记载被害株数，并计算被害株率。

当发现初龄幼虫危害状（啃食背面叶肉留下上表皮）时，要在植株及其周围细查幼虫。将点内表土翻一指深，查找潜藏幼虫，记录幼虫数量及幼苗被害情况（表 5-9）。根据表 5-10的分级标准，评价小地老虎的发生级别。

表 5-9 小地老虎系统调查表（ 年）

地点：________________ 品种：________________ 调查人：________________

日期		生育期	调查株数	断苗率/%	被害株率/%	有虫株率/%	幼虫数量/头	百株虫量/头	备注
月	日								
⋮	⋮	⋮	⋮	⋮	⋮	⋮	⋮	⋮	⋮

表 5-10　小地老虎发生程度分级标准

发生级别	0 级	1 级	2 级	3 级	4 级	5 级
被害株率(I)	$I=0$	$0<I\leqslant 2\%$	$2\%<I\leqslant 5\%$	$5\%<I\leqslant 8\%$	$8\%<I\leqslant 11\%$	$I>11\%$
幼虫密度(头/m^2)	0	0.5～1.3	1.4～2.6	2.7～3.8	3.9～5	≥5

5.4.6　小地老虎幼虫危害情况普查

在小地老虎发生危害盛期进行大面积普查，同一地区每年调查时间应大致相同。以当地主栽品种为主，选择有代表性的田块(应包括种植绿肥的烟田)，调查田块数量应不少于 10 块，每块烟田面积不少于 1 亩。采用平行线取样方法，调查 10 行，每行连续调查 10 株。根据小地老虎的危害症状记载被害株数和幼虫数量，并计算被害株率及百株虫量记载入表格 5-11。根据表 5-10 的分级标准，评价小地老虎的发生级别。

表 5-11　小地老虎大田危害普查表(　　年)

调查地点：＿＿＿＿＿＿＿＿＿＿　　调查人：＿＿＿＿＿＿＿＿＿＿

日期		地点	地块	面积/亩	品种	生育期	调查株数	断苗率/%	被害株率/%	有虫株率/%	幼虫数量/头	百株虫量/头	备注
月	日												
⋮	⋮	⋮	⋮	⋮	⋮	⋮	⋮	⋮	⋮	⋮	⋮	⋮	⋮

表 5-10 中，0 级对应无发生，1 级对应轻发生，2 级对应轻度偏中发生，3 级对应中度发生，4 级对应中度偏重发生，5 级对应严重发生。在发病虫情况时，除了对虫口数量、危害程度发出信息外，也要对发生程度进行预测，以便指导防控。

5.5　小地老虎预测预报方法

5.5.1　小地老虎发生期预测

1. 期距预测法

根据调查和当地多年资料，得出越冬代第一次成虫峰期与防治适期(田间卵孵化 80%或者二龄幼虫盛期)间的平均期距。当年越冬代第一代蛾峰期出现后即可推算出防治适期。一般情况下，对于第一代蛾出现时，温度大概在 15～18℃，则卵期一般为 8d，发育到 3 龄幼虫一般为 14d。若 3 龄幼虫为防治关键时期的话，一般从见蛾开始，22～30d 就是防治的关键时期。

2. 积温预测法

当田间查到卵高峰日后，利用气象预报和长期的数据分析，判断下一旬的平均温度，根据有效积温公式计算卵期，预测卵孵化高峰，加上一龄、二龄幼虫的历期就是防治的最佳时期。小地老虎卵发育起点温度和有效积温可参照表 5-12，各地可根据情况进行推算。

表 5-12 小地老虎卵发育起点温度和有效积温表

材料来源	计算方法	发育起点温度/℃	有效积温/℃
南京(自然变温)	直线回归法	7.98	68.85
江苏东台	直线回归法	8.51±0.49	69.59±6.04
江苏东台	加权法	8.47	69.39
上海(地表温)	—	5.65±0.93	124.1
河北沧州	加权法	7.20	67.64

注：全国农业技术服务中心主编，农作物有害生物测报技术手册，中国农业出版社，2006.

根据有效积温公式 $K=N(T-C)$，K 是有效积温，N 为发育历期，T 为发育期间的平均温度，C 为发育起点温度。如重庆小地老虎的发育起点温度为 8℃，有效积温为 68℃，4 月下旬的旬平均气温为 14℃，则小地老虎从产卵高峰到孵化高峰的时间为 11.3d。如果 5 月上旬平均温度为 16℃，则一龄幼虫的发育历期为 7.6d，二龄幼虫的发育历期为 4.9d，在该情况下，以三龄幼虫为防治适期，其从产卵高峰开始，到三龄幼虫期的时间为 23.8d。

5.5.2 发生程度预测

1. 综合分析法

根据该地区常年发生情况，结合烟草种植习惯，在监测一代成虫出现时间的基础上，结合气候和环境条件进行综合分析。这里需要雌雄蛾的比例、雨水情况、是否冬翻、田间杂草清除情况等，可以做综合判断。

2. 指标分析法

根据发生量预测指标模式，结合调查基础，来预测可能的发生程度。江苏泗洪根据当地多年资料分析和经验，求得玉米地不同程度的预测指标(表 5-13)，可作为烟草地小地老虎发生情况预测的参考。

表 5-13 小地老虎发生量预测指标模式表

预报依据	轻发生	中发生	重发生
上年 9～12 月诱蛾量/(头/盆)	≤99	100～200	≥201
3 月底前蛾量/(头/盆)	≤199	200～650	≥651
幼虫密度/(头/m^2)	≤0.5	0.6～1.5	≥1.6
玉米断茎率/%	≤5	6～10	≥11

注：全国农业技术服务中心主编，农作物有害生物测报技术手册，中国农业出版社，2006。

5.6　防治适期与防治指标

5.6.1　防治适期

烟田对地老虎的控制重点是越冬代成虫和一代幼虫。越冬代成虫可采用诱杀的办法。对于卵的控制，田间卵孵化 80％时施药最好；一代幼虫控制的关键时期是移栽当天施药，不能过夜。对于龄期控制，在三龄以前用药最好，但为了有效精准控制，可以根据移栽时间进行恰当用药。

5.6.2　防治指标

由于各地耕作制度、作物布局、天气状况、生产水平不同，小地老虎的防治指标有一定的区别。对于烟草来说，原则上只要有小地老虎发生，都要施药，因为即使只有一头小地老虎，也可以造成缺苗断垄，补苗的损失要大于用药的投入。当然，从经济环保的角度建议百株有虫 1 头为防治指标比较合适。

5.7　测报资料收集、调查数据汇报和汇总

5.7.1　测报资料收集

需要收集的测报资料包括：①当地种植的主要烟草品种、播种期、移栽期、种植面积、种植制度等；②当地气象台(站)主要气象要素的实测值和预测值。

5.7.2　测报资料汇报

区域性测报站每 5d 将相关报表报上级测报部门，如小地老虎发生情况记载表、小地老虎发生情况汇总表和病虫情报等。

5.7.3　测报资料汇总

统计小地老虎发生期和发生量，结果记于相应表格。记载烟草种植和小地老虎发生、防治情况，总结发生特点，并分析原因(表 5-14)，将原始记录与汇总材料装订成册，并作为正式档案保存。

表 5-14　烟田小地老虎发生、防治基本情况记载表（　　年）

植烟面积/hm^2：	耕地面积/hm^2：	植烟面积占耕地面积比例/%：
主栽品种：	播种期：　月　日	移栽期：　月　日
发生面积/hm^2：	占植烟面积比例/%：	
防治面积/hm^2：	占植烟面积比例/%：	
发生程度：	实际损失/万元：	挽回损失/万元
小地老虎发生与防治概况及简要分析：		

第 6 章　烟青虫的预测预报技术

烟青虫，成虫的学名烟夜蛾(*Heliothis assulta* Guenee)，该虫与棉铃虫(*Helicoverpa armigera* Hübner)是近缘种，两者在形态和发生特点上相似，均是烟草上重要的食叶类害虫。烟青虫分布于全国各个烟区。该虫为寡食性害虫，已记录的寄主植物有 70 多种，其中主要是烟草、辣椒、向日葵、玉米、番茄等。棉铃虫在我国各省烟区也普遍发生，但棉铃虫的寄主植物的种类更多，可以取食禾本科、锦葵科、茄科和豆科等多种植物，其在烟草田的调查和测报技术和烟青虫一样(图 6-1～图 6-4)。

对于烟青虫的调查重点是越冬的虫口数量、田间成虫的消长动态、幼虫和卵的数量等，同时注意田间天敌和烟青虫的自然死亡情况，预测发生量和发生程度，准确地指导防治。

图 6-1　烟青虫成虫

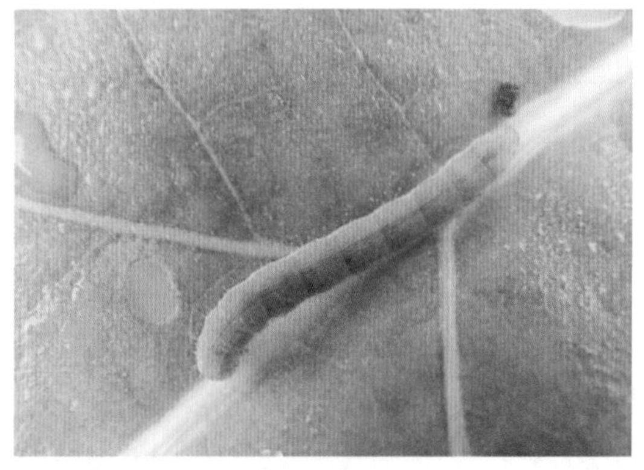

图 6-2　烟青虫幼虫

图 6-3　棉铃虫成虫

图 6-4　棉铃虫幼虫

6.1　烟青虫和棉铃虫的形态特征

烟青虫与棉铃虫的形态特征有相似之处，但也有明显差别，在测报上要将两个种类给予区别。烟青虫与棉铃虫各虫态形态特征的区别见于表 6-1。

表 6-1　烟青虫与棉铃虫成虫与幼虫形态特征比较

虫态及特征		烟青虫	棉铃虫
成虫	体色	黄褐色	灰褐色
	前翅	雌虫黄褐色，雄虫灰绿色，斑纹和横线显著	雄蛾多为灰绿色，雌蛾多为黄褐色，斑纹和横线模糊
	后翅	外缘有 1 灰色宽带，其内侧有 2 明显的细线	灰褐色宽带内侧无细线
卵		扁圆形，高度小于宽度，卵面纵脊不达底部，不分叉	长球形，高度大于宽度，卵面纵脊通底部，分叉的和不分叉的间隔排列
幼虫		体表有短而钝的圆锥形小刺，前胸气门前下方的 1 对刚毛基部的连线延长线远离气门	体表布满长而尖的褐色或灰色小刺，前胸气门前下方 1 对刚毛基部连线的延长线通过气门或与气门相切
蛹		腹部第五至第七节的点刻小而密，腹末 1 对细刺基部靠拢，末端略弯	腹部第五至第七节的点刻稀而粗大，腹末细刺直而长，基部分开

注：马继胜、李正跃：烟草昆虫学，中国农业出版社，2003.

烟青虫和棉铃虫是形态上很相似的近缘种，以往区分两种幼虫，是根据幼虫前胸气门前两根毛基部连线是否与气门相切来区分，烟青虫幼虫相切，棉铃虫不相切。此后，同工酶技术广泛应用于昆虫近缘种的分类和鉴定。烟青虫和棉铃虫幼虫的酯酶同工酶电泳发现，两种昆虫都具有较高的酯酶活性，其中，5 条酶带为烟青虫独有，5 条酶带为烟青虫与棉铃虫共有。利用色谱技术分析昆虫表皮碳氢化合物，是研究近缘种的一种新方法。

烟青虫幼虫体色变化复杂。不同龄期体色不同，同一龄期的幼虫体色也有变化。在云南红河烟区，幼虫体色有绿、浅黄绿、绿褐、红褐、灰黑、黑褐、黄褐、嫩黄色等。幼虫老熟后逐渐变为浅黄绿色、暗红绿色、灰黑色。每代 1 龄幼虫为红褐色，第 1 代 2～6 龄体色都较浅；第 2 代开始，2～6 龄的体色变化无规律。在河南烟区，黄绿色型与绿褐色型是田间的基本体色类型，分别占 57.6%和 30.1%，6 月下旬到 8 月上旬，烟田以这 2 种体色的幼虫为主，其他体色类型的幼虫很少。6 月下旬，黄绿色型幼虫较多，6 月底至 7 月初，绿褐色型幼虫数量上升，7 月中旬以后，黄绿色型幼虫又逐渐占据优势。无论是黄绿色型烟青虫之间还是不同体色的烟青虫之间相互交配，其后代均出现 2 种颜色类型的变化，以绿褐色居多，黄绿色型次之，这说明烟青虫幼虫体色可能是多基因控制的数量性状。

6.2　生物学特性

羽化与交配：成虫羽化多在 23 点～凌晨 2 点，羽化后一般要吸取露水、花蜜等来补充营养，2～3d 后开始求偶和交配。交尾时间一般在晚上 10 点～早上 6 点。雌蛾在羽化后 1d 就可以释放性外激素吸引雄虫，2d 龄雌蛾交配率最高。

产卵特性：雌成虫交配后就可以产卵，一天内均可产卵，但在夜间 22～24 时是产卵的高峰期。每一代在田间产卵量不一致，第二代雌蛾田间产卵量最大，一般为每雌产卵 700 粒左右，最高每雌产卵可达 1105 粒(何隆甲，1982)。雌虫的产卵历期为 5～10d。

卵多产在嫩烟叶正反面，烟草现蕾后则多产在花瓣、萼片和蒴果上。卵多散产，每处一粒，偶尔也有几粒卵聚产在一起。卵颜色初产时为乳白色，在 29℃条件下，12h 后变为米黄色，64h 卵壳顶端开始出现灰褐色点，约 74h，幼虫开始孵化。

龄期：刚刚孵化出的幼虫为 1 龄幼虫。烟青虫幼虫龄期，各地报道不一。在安徽烟区，绝大多数个体有 6 个龄期。室内以烟叶饲养幼虫，有 5 龄化蛹的，也有 6 龄化蛹的，极少数可到 7 龄化蛹，5 龄化蛹的幼虫历期均短于 6 龄化蛹的 2～3d。

烟青虫的初孵幼虫有取食卵壳的习性，高龄幼虫有转移危害和自相残杀的习性。

发生代数：烟青虫年发生代数各地显著不同，由北向南发生代数逐渐增加。据调查，东北地区 1 年发生 2 代，河北 2～3 代，山东沂水、皖北、豫北 3～4 代，四川成都、河南许昌与长葛、陕西宝鸡 4 代，安徽、江苏、上海、浙江、云南、贵州、重庆等地 4～5 代，湖北武汉、湖南北部、江西中北部 5 代。这主要是各烟区气候差异大、耕作栽培管理制度各异所致。

滞育：烟青虫和棉铃虫一样都为兼性滞育，滞育虫态都为蛹期。兼性滞育又称任意性滞育。这种滞育类型的昆虫为一年发生多代，滞育的虫态固定(如蛹期)，但具体哪一代蛹滞育不定。烟青虫种群的滞育形成过程中，光照是影响滞育的主要因素，温度起明显的调节作用，其中 22～24℃较为适宜，26℃则明显不利。

烟青虫幼虫 4 龄、5 龄的光周期和温度条件对滞育形成起决定作用，20℃下，幼虫每天光照短于 10h，则化蛹后所有个体均进入滞育，而成虫、卵和预蛹对滞育诱导因素没有反应。临界光周期，20～25℃为 12～12.5h，20℃下则延长到 14～14.5h。滞育可以在温度等环境调节下解除。滞育形成后，解除快慢主要与环境温度有关，低温对解除蛹的滞育不是必需的，但适当低温能加速滞育的解除。不同低温(0～16℃)下，烟青虫滞育的解除时间差异显著。

6.3　影响发生的主要因素

6.3.1　温度的影响

适宜烟青虫生长发育的温度为 18～35℃，最适温度环境为 25～28℃。温度影响各虫态的发育历期、存活率、发育速率、雌蛾寿命、产卵量等，且对滞育的形成起着明显的调节作用。在湘北，烟青虫世代的发育起点温度为(16.9±1.0)℃，有效积温为(250.9±37.0)日度，在四川成都，卵、幼虫、蛹的发育起点温度和有效积温分别是 13.7℃、13.9℃、11.2℃和 33.3 日度、178.3 日度、141.8 日度；在鄂北则分别为 13.8℃、16.8℃、16.2℃和 55.8 日度、135.1 日度、138.8 日度。这种差异是不同地区寄主的差异，还是地理种群的差异所致，尚不明确。温度对各历期的影响因虫态而异，总体看来，随温度的上升，历期缩短，发育速率加快，但变化的幅度随温度上升而变小。在20～36℃，各虫态的发育历期随温度升高而缩短。例如卵的发育历期20℃时为6d，36℃时仅为2d；6龄幼虫20℃时为6d，36℃时仅为3d。在适温条件下，产卵量最高。高温和低温对烟青虫产卵和种群数量的变化作用不同。从虫态来看，受温度影响较大的为卵期、初孵幼虫期、6龄至蛹期、蛹期，成长期幼虫较抗高温。

6.3.2 湿度的影响

湿度影响烟青虫的发生量，烟青虫最适湿度环境为相对湿度75%～90%。通常高温高湿(32℃、94%)条件下，卵和末龄幼虫的存活率较低。湿度也影响雌性成虫的产卵期和产卵量。保湿饲养的雌蛾产卵量明显多于对照，且产卵期也明显延长。在28～32℃下，湿度对烟青虫的历期影响不大，对生存率的影响主要表现在卵期，一、二龄幼虫，预蛹和蛹期，干燥对蛹期不利，中等以上湿度对烟青虫生长有利，温度较高时，湿度过高对低龄幼虫不利，三、四、五龄幼虫的存活率均不受湿度影响，湿度对六龄和预蛹期的存活率有一定的影响。温度较高时，中等以上湿度对蛹的发育和成虫的羽化是必需的。

6.3.3 栽培品种的影响

寄主植物的化学成分对幼虫的生长发育影响很大。在不同寄主植物上，烟青虫的发育情况有很大差别。比较而言，烟青虫更喜欢取食辣椒，几乎不取食番茄和茄子。一般烟草与辣椒、小麦、花生间作或套作时，发生程度都比单作田严重。

烟草的不同品种对烟青虫的抗性不同。这些品种可划分为高抗、中抗、不抗、感病、高感5类。如大黄金等是高抗，红花大金元等是中抗类型，雪茄烟等为感病类型，Coker347等为高感类型。当然，品种的抗性也会变化，同一个品种在不同年份抗虫性也不同。

6.3.4 天敌因子的影响

在自然条件下，天敌是制约烟青虫种群数量的重要生态因子。常见的寄生性天敌有棉铃虫齿唇姬蜂(*Campoletis chlorideae* Uchida)、六索线虫(*Hexamermis* sp.)、螟黄赤眼蜂、大草蛉、华姬蝽等，常见的捕食性天敌有瓢虫、草蛉、食虫蝽、隐翅虫和蜘蛛，但是发生数量低、数量高峰明显滞后于害虫数量高峰。此外，苏云金杆菌、棉铃虫核型多角体病毒等自然流行的微生物病原因子也可以大大降低烟青虫的虫口数量。

6.4 烟青虫的调查

6.4.1 烟青虫越冬虫源基数(蛹)调查

根据烟青虫越冬蛹常年羽化始期前20d调查。选取当地最末一代烟青虫主要寄主作物田(烟草、辣椒等)，每块地随机 5 点取样，兼顾地边及中间，每点调查 $1m^2$，调查深度 15cm 土壤中越冬蛹的数量。计算单位面积越冬蛹量，并统计各类作物种植面积。调查各类作物不少于 5 块田，记入表 6-2。

表 6-2　烟青虫越冬基数调查表(　　年)

调查地点：________________　调查人：________________

调查时间	地点	作物	调查面积/m^2	越冬蛹数量/头	平均蛹量/(头/m^2)	作物面积/hm^2	备注
⋮	⋮	⋮	⋮	⋮	⋮	⋮	⋮

6.4.2　烟青虫田间成虫消长调查

1. 调查时间

一般从常年平均发生期前 20d 至常年平均终见期 15d 止。为了系统评估烟田成虫情况，可在烟草移栽后设置测报灯及性诱剂诱捕器进行调查，直至烟叶采收结束时为止。

2. 性诱剂诱捕方法

(1)调查地点与环境条件。在当地主产烟区选择长势较好的种植主栽品种的烟田，区域生产面积不少于 $1hm^2$。

(2)性诱剂诱捕器设置方法。田间诱集成虫采用笼罩式诱捕器。诱捕器分为上、下两部分，上部为贮虫笼，下部为诱导罩。贮虫笼为圆筒形，高 40cm，上、下底面圆直径为 20cm。诱导罩为圆台形，高 80cm，上、下底面圆直径分别为 40cm、50cm，上、下底面全开口。用 10 号铁丝制作诱导罩、贮虫笼框架，外面包裹纱网。安装时将诱导罩上部插入贮虫笼内中心，贮虫笼顶部做成活动盖子以便取出诱集到的成虫。用细铁丝将 1 个诱芯悬挂于诱导罩底面圆心，诱捕器底面高出垄面 120cm 左右，设置于烟株行间。共设 2 个诱捕器，两个诱捕器之间的距离为 50m。根据诱芯有效期定期更换诱芯。性诱捕器距离系统调查田至少 100m。

(3)调查方法。每天上午定时统计诱捕器内烟青虫成虫数量，并取出成虫带出田外处理，记入表 6-3。

表 6-3　烟青虫田间成虫消长调查表(　　年)

地点：________________　调查人：________________

调查时间	测报灯诱蛾量/头			诱捕器诱蛾量/头				天气	备注
	雌虫	雄虫	合计	1号	2号	合计	平均		
⋮	⋮	⋮	⋮	⋮	⋮	⋮	⋮	⋮	⋮

3. 测报灯诱捕方法

(1)调查地点与环境条件。在当地主产烟区选择长势较好的种植主栽品种的烟田，区域生产面积不少于 $1hm^2$。要求远离路灯和其他光源，四周无高大建筑物和树木遮挡，测报灯应安装在便于调查进出的田边，且距离系统调查田块至少 200m，距离性诱剂诱捕器至少相距 200m。

(2)测报灯设置方法。设置以 20W 黑光灯(波长 333nm 最佳)为光源的测报灯 1 台，灯管下端与地面垂直距离为 1.5m，每天 18：00 至第 2 天 5：00 开灯。根据灯管寿命定期更换灯管。

(3)调查方法。每天上午定时统计烟青虫雌、雄成虫数量并取出诱到的成虫，记入表 6-3。

4. 杨树枝把诱蛾

一般以杨树枝稍，长 60～70cm，带叶片，每 10 枝 1 把，倒挂在田间竹竿上，其高度高出烟草植株 10～15cm。每亩插 10 把，5 月初开始，每天日出前用袋子套住收集烟青虫，并鉴别种类后记载烟青虫的数量。

6.4.3 幼虫及卵的系统调查

当性诱剂诱捕器或测报灯累计诱集 5～10 头成虫时开始调查，直至烟叶采收结束。以当地主栽品种为主，选择有代表性的烟田 2～3 块作为观测圃，每块田面积不少于 2 亩，调查期间不施用杀虫剂，其他管理同常规大田。系统调查田块应相对固定。采用平行线 10 点取样方法，定点定株，共调查 10 行，每行连续调查 10 株。每 5d 调查 1 次，记载每株烟上的幼虫、卵数量，并计算百株虫量、有虫株率。

另设 1 田块调查卵的发生情况(可种植易感烟青虫的黄花烟品种)，取样方法同上，每 3d 调查 1 次，记载每株烟上着卵量，调查后将卵抹去，计算并记录有卵株率及百株卵量(表 6-4)。

表 6-4　烟青虫及其天敌系统调查原始记载表(　　年)

地点：＿＿＿＿＿＿品种：＿＿＿＿＿＿日期：＿＿＿＿＿＿　调查人：＿＿＿＿＿＿

样点	株序	烟青虫卵及幼虫数量/头								天敌数量/头				备注
		卵	1龄	2龄	3龄	4龄	5龄	6龄	合计	瓢虫类	草蛉类	蜘蛛类	寄生蜂	
1	1													
	2													
	3													
	⋮	⋮	⋮	⋮	⋮	⋮	⋮		⋮	⋮	⋮	⋮	⋮	⋮
	10													

续表

样点	株序	烟青虫卵及幼虫数量/头								天敌数量/头				备注
		卵	1 龄	2 龄	3 龄	4 龄	5 龄	6 龄	合计	瓢虫类	草蛉类	蜘蛛类	寄生蜂	
	1													
	2													
2	3													
	⋮	⋮	⋮	⋮	⋮	⋮	⋮		⋮	⋮	⋮	⋮	⋮	⋮
	10													
⋮	⋮	⋮	⋮	⋮	⋮	⋮	⋮		⋮	⋮	⋮	⋮	⋮	⋮
合计														
平均														

6.4.4 幼虫及卵的普查

在每代烟青虫发生危害盛期进行大面积普查(均应在大面积防治前进行)，同一地区每年调查时间应大致相同。以当地主栽品种为主，选择有代表性的田块，调查田块数量应不少于 10 块，每块烟田面积不小于 1 亩。采用平行线 10 点取样方法，共调查 10 行，每行连续调查 10 株，调查每株烟上的幼虫数量，计算并记录有虫株率、被害株率、百株虫量(表 6-5)。

表 6-5　烟青虫大田普查表(　　年)

调查地点：＿＿＿＿＿＿＿＿＿＿＿＿　　调查人：＿＿＿＿＿＿＿＿＿＿＿＿

调查时间	地点	世代	面积/亩	品种	生育期	调查株数	被害株率/%	有虫株率/%	百株虫量/头	备注
⋮	⋮	⋮	⋮	⋮	⋮	⋮	⋮	⋮	⋮	⋮

6.4.5 天敌调查方法

在每次进行烟青虫系统调查的同时，调查烟青虫天敌的种类、虫态和数量(包括株间和地面)，调查方法同上。

在烟青虫卵高峰期和幼虫的盛发期，分别从田间采集 50～100 粒卵和 3～5 龄幼虫 50～100头，带回室内饲养，观察被寄生情况，鉴定寄生性天敌种类并计数。分别记入表 6-6和表 6-7。

表 6-6 烟青虫卵寄生调查表（ 年）

调查地点：________________ 调查人：________________

调查时间	地点	世代	观察卵量/个	寄生卵量/个	卵寄生率/%	天敌种类数量/头				备注
						赤眼蜂				
⋮	⋮	⋮	⋮	⋮	⋮	⋮	⋮	⋮	⋮	⋮

表 6-7 烟青虫幼虫寄生性天敌调查表（ 年）

调查地点：________________ 调查人：________________

调查时间	地点	世代	观察幼虫/个	寄生幼虫/个	寄生率/%	天敌种类数量/头				备注
						齿唇姬蜂	真菌类	细菌类	病毒类	
⋮	⋮	⋮	⋮	⋮	⋮	⋮	⋮	⋮	⋮	⋮

6.5 烟青虫预测预报

6.5.1 短期预报

主要是根据灯下诱蛾或性诱成虫的发蛾高峰、发生趋势，上代成虫与下代幼虫发生量的关系，结合幼虫在不同温度下的发育进度(表 6-8)推测防治适期。

表 6-8 烟青虫虫态历期参考表

温度/℃	卵历期/d	幼虫历期/d	蛹历期/d
18～21	5～7	21～28	15～21
22～25	3～4	17～20	12～15
26～28	2～3	14～16	10～12
29～31	2	11～14	8～10

注：全国农业技术服务中心主编，农作物有害生物测报技术手册，中国农业出版社，2006.

6.5.2 中长期预报

根据历年蛾量资料，利用常年的同期发生期距，当年温度变化及天气预报趋势进行 2～3 个世代的发生程度与发生期的预报。

6.5.3 发生程度预报

根据系统调查和普查资料，对 10 个点以上的资料进行系统分析后，结合烟青虫发生程度划分标准，预测发生程度。

烟青虫发生程度分为 5 级，主要以当地烟青虫幼虫发生盛期的百株虫量来确定，分级指标如下。

0 级(无发生)：0；

1 级(轻发生)：>0～≤10；

2 级(中等偏轻发生)：>10～≤35；

3 级(中等发生)：>35～≤60；

4 级(中等偏重发生)：>60～≤85；

5 级(大发生)：>85。

6.6 防治适期与防治指标

6.6.1 防治适期

卵孵化盛期到 3 龄幼虫以前。防治最佳时期为 1 龄幼虫高峰期。1 龄幼虫高峰期的判断是：蛾高峰期加产卵前期和卵历期。

6.6.2 防治指标

在团棵期防治指标为百株虫量 4～6 头；旺长到采收期防治指标为百株卵量 30 粒，百株虫量 12 头(综合考虑多种因素)。

6.7 测报资料收集、调查数据汇报和汇总

6.7.1 测报资料收集

需要收集的测报资料包括：①当地种植的主要烟草品种、播种期、移栽期、种植面积、种植制度等；②当地气象台(站)主要气象要素的实测值和预测值。

6.7.2 测报资料汇报

区域性测报站点每 5d 将相关报表报上级测报部门一次(表 6-9、表 6-10)。

表 6-9 烟青虫系统调查汇总表（ 年）

地点：________ 品种：________ 调查人：________

调查时间	生育期	调查株数	被害株率/%	有卵株率/%	百株卵量/个	有虫株率/%	百株虫量/头	各龄幼虫数量/头				
								1龄	2龄	3龄	4龄	5龄
⋮												

表 6-10 烟青虫天敌调查汇总表（ 年）

调查地点：________ 调查人：________

调查时间	地点	调查株数	天敌种类及数量/头								备注
			瓢虫类	草蛉类	蜘蛛类	寄生蜂	真菌类	细菌类	病毒类		
⋮	⋮	⋮	⋮	⋮	⋮	⋮	⋮	⋮	⋮	⋮	⋮

6.7.3 测报资料汇总

对烟青虫发生期和发生量进行统计，结果记于各对应的调查表中。记载烟草种植和烟青虫发生、防治情况，总结发生特点，并分析原因(表 6-11)，将原始记录与汇总材料装订成册，并作为正式档案保存。

表 6-11 烟青虫发生、防治基本情况记载表（ 年）

植烟面积/hm^2： 植烟面积占耕地面积比例/%：	耕地面积/hm^2：	
主栽品种：	播种期： 月 日	移栽期： 月 日
发生面积/hm^2：	占植烟面积比例/%：	
防治面积/hm^2：	占植烟面积比例/%：	
发生程度：	实际损失/万元：	挽回损失/万元：
烟青虫发生与防治概况及简要分析：		

第7章　斜纹夜蛾的预测预报技术

斜纹夜蛾[*Prodenia litura*(Fabricius)]属鳞翅目，夜蛾科。世界性害虫，全国各地都有发生，是一种间歇性发生的暴食性害虫，以华南、西南、河南、山东等地发生较重。该虫的主要寄主有甘蓝、花椰菜、白菜、萝卜等十字花科，茄科、葫芦科、豆科蔬菜、芋、葱、韭菜、菠菜以及其他农作物达99科290种以上。

近年来，斜纹夜蛾已经成为我国烟草上的重要食叶类害虫。危害期为烤烟团棵期至采收期，以幼虫取食烟叶，可危害全株烟叶，初孵幼虫群集烟叶背面，取食叶肉，导致叶片呈半透明的“窗斑”状，3龄后分散危害，取食烟叶，受害烟叶呈空洞或者缺刻，严重时仅留叶脉，造成烟叶产量和质量下降。

对于斜纹夜蛾的调查重点是越冬的虫口数量、田间成虫的消长动态、卵块数量、初孵幼虫出现的时间、幼虫分散危害的关键时期及调查的幼虫数量等，同时注意田间天敌和斜纹夜蛾的自然死亡情况，预测发生量和发生程度，准确地指导防治。

7.1　形态特征

成虫体长14～21mm，翅展35～42mm。雌蛾成虫前翅灰褐色，前翅具许多斑纹，中有一条灰白色宽阔的斜纹，其间有两条纵纹，故名斜纹夜蛾。后翅白色，外缘暗褐色。雄蛾的白色斜纹没有雌蛾明显(图7-1)。

卵：稍扁，半球形，直径约0.5mm；初产时黄白色，后转淡绿色，孵化前呈紫黑色。表面有纵横脊纹，数十至上百粒集成3～4层的卵块，外覆黄白色鳞毛。

幼虫：一共有6个龄期。老熟幼虫体长35～51mm，体色多变，夏秋虫口密度大时体瘦，黑褐或暗褐色；冬春数量少时体肥，淡黄绿或淡灰绿色。幼虫从中胸到第九腹节上有近似三角形的黑斑各1对，其中第一、第七、第八腹节上黑斑较大(图7-2)。

图7-1　斜纹夜蛾成虫

图7-2　斜纹夜蛾幼虫

蛹：长 15～20mm，长卵形，暗褐至黑褐色。腹部背面第四至第七节近前缘处有一小刻点，腹末具发达的臀棘一对。

7.2 生物学特性

7.2.1 成虫的生物学特性

成虫寿命 5～15d。昼伏夜出，白天隐藏在烟株或者其他植物茂密处、土缝、杂草中，夜间活动，在上半夜 8:00～10:00 活动较多。

成虫飞翔力强，属于长距离迁飞性害虫。

有趋光性，黑光灯可以很好诱导成虫；有趋化性，成虫对一些食物成分、糖酒醋液以及发酵的胡萝卜、麦芽、豆饼、牛粪等有较强的趋性。雌成虫性成熟后释放出一些称为性信息素的化合物，专一性地吸引雄虫与之交配，雄成虫对该信息素十分敏感。

成虫产卵为聚产，多产在植株中下部叶片的背面。平均每头雌蛾产卵 3～5 块，多数多层排列，有卵粒 400～700 头。

7.2.2 幼虫的生物学特性

幼虫共 6 龄，初孵幼虫先在卵块附近群集危害，3 龄后分散转移危害，4 龄后进入暴食期。

幼虫具有杂食性和暴食性的特性。可取食多种植物，4 龄后食量大，取食时间长。

幼虫怕见光，有假死性和自相残杀习性，傍晚是取食危害的高峰期。虫口密度大，食物缺少的条件下，有迁移危害习性。

老熟幼虫入土 3～5cm 处作土室化蛹。

7.3 影响斜纹夜蛾发生的主要因素

7.3.1 温、湿度对发生的影响

斜纹夜蛾喜高温、闷湿的环境，适宜的温度为 20～40℃，最适环境温度为 28～32℃，相对湿度 75%～95%，土壤含水量 20%～30%适合化蛹。冬季低温冰冻易引起死亡，在 0℃左右长时间低温条件下不能生存。

在 25℃左右的温度条件下，一般卵期 5～6d，幼虫期 14～20d，蛹期 11～18d。在气温 30℃、相对湿度 80%～90%条件下，完成 1 代一般需要 25～30d。

年发生从华北到华南 4～9 代不等，华南及台湾等地可终年危害，长江流域 5～6 代，世代重叠。在我国山东及贵州、四川、湖北等海拔较高的山地 1 年可以发生 4～5 代，其

中以第 2～3 代危害最为严重。

7.3.2　食物因素

斜纹夜蛾可取食多种植物，但受烟草种植区相对集中的影响，在烟田单一寄主情况下更容易爆发危害。不同的品种，甚至同一寄主不同发育阶段或器官，以及食料的丰缺，对其生育繁殖都有明显的影响。过度密植的田块有利其发生，长期不管理或者杂草较多的地块也有利于该虫的爆发。

7.3.3　天敌

已记录的斜纹夜蛾的天敌有 169 种，包括天敌昆虫、蜘蛛、线虫、微孢子虫、真菌、细菌、病毒等。其中，斜纹夜蛾侧沟茧蜂、中华刀螳、烟草盲蝽、灰等腿追寄蝇、斜纹夜蛾盾脸姬蜂等是主要天敌，对烟田斜纹夜蛾有一定的自然控制作用。多角体病毒、苏云金杆菌(Bt)等是重要的生物防治剂。

7.3.4　农药因素

斜纹夜蛾在低龄幼虫 1～3 龄时对农药相对敏感，但 4 龄之后对农药的敏感性差，特别是很容易对菊酯类农药产生抗药性。一旦田间出现 4 龄之后的幼虫，防治上是比较困难的。从生产实践中看，靠化学药剂控制该虫的发生危害还是比较困难的，因此要科学防控。一般可采用性诱加生物农药控制的办法，对成虫可采用性诱压低虫口数量，对于幼虫可采用微生物制剂。采用化学药剂的防治适期应掌握在卵孵高峰至 3 龄幼虫分散前，一般选择在傍晚太阳下山后施药，用足药液量，均匀喷雾叶面及叶背，使药剂能直接喷到虫体和食物上，触杀、胃毒并进，增强毒杀效果，是提高防治效果的关键技术措施。

7.4　斜纹夜蛾的调查

7.4.1　诱蛾量系统调查

1. 调查时间

从当地常年平均发生期前 20d 至常年平均终见期 15d 止。

2. 调查方法

1)灯诱成虫

每日晚上 6:00 至第二天早上 5:00(用有微电脑控制功能的灯具，也可使用佳多杀虫灯或佳多智能型测报灯，诱蛾量与峰型比普通测报灯效果明显)通宵点 20W 黑光灯 2 盏(诱蛾灯的灯管最长使用期限为 30d)，两灯至少相距 200m，逐日早上收集虫箱内诱捕的成虫数。诱虫灯集虫箱内使用广口瓶，内加敌敌畏200ml，用2层纱布封口，每10d添加20ml补液，每日早上收集隔夜诱捕的蛾量，区分雌、雄蛾后，将结果记入表7-1。

表7-1 斜纹夜蛾灯诱成虫消长调查记载表

单位__________ 地点__________ 年度__________ 调查人__________

调查日期（月/日）	黑光灯1			黑光灯2			单灯当日平均蛾量/头			单灯平均累计蛾量/头			天气情况或其他备注
	雌	雄	合计	雌	雄	合计	雌	雄	合计	雌	雄	合计	

2)性诱成虫

用斜纹夜蛾专用性诱剂，设干式诱蛾器2～4只，下部挂瓶或塑料袋，放1/3位置的清水，相邻两个诱蛾器至少间隔100m。每只诱捕器用诱芯1个，诱芯每个月换一次，以确保性诱效果。逐日早上调查诱捕成虫数，将调查结果填入表7-2。

表7-2 斜纹夜蛾性诱成虫消长调查表

单位__________ 地点__________ 年度__________ 调查人__________

调查日期（月/日）	类型田1		类型田2		性诱当日		性诱成虫累计		
	性诱1	性诱2	性诱3	性诱4	合计	平均	旬	月	年度

7.4.2 田间系统调查

1. 调查时间

从当地田间幼虫常年平均发生期间前10d至常年平均终见期止。

2. 调查方法

根据当地生产季节和种植的烟草品种，分别在有代表性的田块2块，采用棋盘式多点取样法，每5d一次，在傍晚或清晨，每田定点25个，每点定株2株，共取样50株。调查有虫株率、卵块数、幼虫数、虫态发育进度。将调查结果记入表7-3。

表 7-3　斜纹夜蛾田间虫口密度与发育进度调查

调查日期/(月/日)	类型田	生育期	调查株数	株寄生率/%	卵块数(块)	各龄幼虫数						单株平均	发育进度/%						
						一龄	二龄	三龄	四龄	五龄	六龄		卵	一龄	二龄	三龄	四龄	五龄	六龄

7.4.3　害虫天敌调查

1. 调查时间

每年在各代盛发高峰期后约 10d 调查。

2. 捕食性天敌调查方法

根据当地生产季节和种植的烟草品种，分别在有代表性的烟田选择 2 块地，采用对角线 5 点取样法，每点 1m^2，调查田间的捕食性天敌种类和数量。调查结果填入表 7-4。

表 7-4　斜纹夜蛾田间捕食性天敌调查

单位：________　地点：________　年度：________　调查人：________

调查日期/(月/日)	类型田	调查面积/m^2	生育期	捕食天敌总数/头	捕食天敌分类数量/头				
					蜘蛛类	步甲类	蛙类	…	…

3. 寄生性天敌调查方法

在田间采集中高龄幼虫样本，每次采集虫口不少于 200 头，带回室内分隔在试管内饲养到化蛹，观察寄生性天敌种类与对幼虫的寄生率。调查结果填入表 7-5。

表 7-5　斜纹夜蛾田间寄生性天敌调查表

单位：________　地点：________　年度：________　调查人：________

虫口单位：天

调查日期/(月/日)	类型田	调查面积/m^2	生育期	调查虫口数量/头	天敌寄生虫口数/头	天敌寄生率/%	寄生性天敌分类数量					
							真菌类	细菌类	病毒类	寄生蜂类(头)	…	…

7.4.4 大田虫情普查

1. 调查时间

各代斜纹夜蛾发生危害盛期。

2. 调查方法

根据当地生产季节和种植的烟草品种，分别在有代表性地块 3 块，采用对角线 5 点取样法，每 10d 一次，在清晨或傍晚，每田定点 10 个，每点定株 5 株，共取样 50 株，调查株寄生率，调查总田块数不少于 20 块。将普查结果填入表 7-6。

表 7-6 斜纹夜蛾田间寄生性天敌调查表

单位：________ 地点：________ 年度：________ 调查人：________

虫口单位：天

调查日期(月/日)	调查面积/m^2	品种	生育期	调查株数/株	有虫株数/株	虫株率/%	虫情普发面积分级/hm^2					虫情指数
							0 级	1 级	2 级	3 级	4 级	

7.5 预测预报方法

7.5.1 短期预报

主要根据灯下诱蛾、性诱成虫的蛾峰、发生量，上代成虫与下代幼虫发生量的关系，结合幼虫在不同温度下的发育进度推测防治适期。

7.5.2 中长期预报

根据历史蛾量资料，利用常年同期发生期距、当年温度变化(天气趋势预报)进行后 2~3 个世代的发生程度、发生期、防治适期(区间)的预报。特别是重发生年，通过正确预报制订防治策略，提前压低前期的虫口密度和准备好充足的防治物资极为重要。

7.6 测报参考材料

7.6.1 发生程度等级

斜纹夜蛾幼虫发生危害级别区间划分见表 7-7。

表 7-7 斜纹夜蛾幼虫发生、危害、级别区间划分

项目	一级(轻发生)	二级(中偏轻)	三级(中等)	四级(中偏重)	五级(大发生)
虫口密度/(头/百株)	<10	10～50	51～100	101～200	>200
被害株率/%	<2	2 月 10 日	10.1～25	25.1～50	>50
发生面积占总种植面积/%	>80	≥20	≥20	≥20	≥20

注：全国农业技术服务中心主编，农作物有害生物测报技术手册，中国农业出版社，2006.

7.6.2 大田普查发生程度等级

0 级：无危害；1 级：株有虫率 25%以下，目测植株枝叶的破叶率≤5%；2 级：株有虫率 25.1%～50%，目测植株枝叶的破叶率 5.1%～15%；3 级：株有虫率 50.1%～75%，目测植株枝叶的破叶率 15.1%～30%；4 级：株寄生率>75%，目测植株枝叶的破叶率>30%。

7.7 防治适期与防治指标

7.7.1 防治适期

防治适期从成虫产卵开始，防治的最佳时间为卵历期+1 龄幼虫历期+2 龄幼虫 1/2 历期。如果从幼虫孵化开始算起，防治适期应为 2 龄幼虫发育一半的时间。具体的发育时间见表 7-8。

表 7-8 斜纹夜蛾幼虫发育历期(d)

日均温度/℃	卵历期	幼虫历期						蛹历期	全代历期
		一龄	二龄	三龄	四龄	五龄	六龄		
18～20	6～7	5～6	5	4～5	3～4	5～6	7～8	16～22	54 以上
20～22	5～6	4—5	4～5	4	3	5	6～7	12～16	42～50
22～24	5	4	3～4	3～4	3	4	5	9～10	37～42
24～26	4	3～4	3	3	2～3	3～4	4～5	8～9	32～37
26～28	3～4	3	2～3	2～3	2	3	4	7～8	27～32
28～30	3	2～3	2	2	2	3	3—4	6～7	24～30

注：上海市蔬菜科学技术推广站，1994～1995。

7.7.2 防治指标

据武承旭等(2013)的研究结果，单株接虫量为1～7头所造成的烟叶产量损失率在(1.23±0.40)%～(12.32±0.56)%，经济产值损失率在(7.41±1.26)%～(29.71±1.31)%，经济阈值为0.17头/株。各地结合自身情况，防治指标可在0.2～0.3头/株。

7.8 测报资料汇总

对斜纹夜蛾发生期和发生量进行统计，结果记于各对应的调查表中(表7-9)。记载烟草种植和斜纹夜蛾发生、防治情况，总结发生特点，并分析原因，将原始记录与汇总材料装订成册，并作为正式档案保存。

表7-9 斜纹夜蛾发生、防治基本情况记载表(　　年)

植烟面积/hm^2： 植烟面积占耕地面积比例/%：	耕地面积/hm^2：	
主栽品种：	播种期：　月　　日	移栽期：　月　　日
发生面积/hm^2：		占植烟面积比例/%：
防治面积/hm^2：		占植烟面积比例/%：
发生程度：	实际损失/万元：	挽回损失/万元：
斜纹夜蛾发生与防治概况及简要分析： (注明采用性诱、灯诱和食诱的面积、比例及效果)		

第 8 章　烟蚜的预测预报技术

烟蚜[*Myzus persicae*(Sulzer)]，属半翅目，蚜科，又名桃蚜，桃赤蚜，是主要的刺吸式食烟昆虫。它是世界性害虫，我国各省(区)均有分布。烟蚜的寄主植物较多，世界记载的有 50 多个科的 400 多种，我国大陆记载的有 170 多种。寄主植物主要有十字花科、豆科、菊科、茄科、藜科、旋花科、锦葵科等植物，亦是果树和蔬菜的重要害虫。烟蚜在一定意义上是一类害虫，主要是桃蚜，但一些烟地也可以查到棉蚜[*Aphis gossypii* (Glover)]和萝卜蚜[*Lipaphis erysimi*(Kaltenbach)]等，但一般意义上我们把烟蚜即桃蚜作为烟草上发生的蚜虫的代表。烟蚜危害虫态主要包括无翅蚜和有翅蚜，无翅蚜包括成蚜和若蚜。烟蚜危害可分为三方面：一是成蚜和若蚜都可以刺吸烟草的汁液，导致烟叶卷缩、污染，品质下降；二是烟蚜危害和迁飞过程中还能够传播病毒，引发蚜传病毒病的发生和危害；三是烟蚜发生危害的过程中还常常伴有煤污病的发生。

烟蚜调查测报的重点：越冬蚜量、有翅蚜迁飞时间、田间虫口数量(包括有翅蚜和无翅蚜等)、田间僵蚜数量、田间天敌数量等调查；预测发生趋势和发生程度等。用于指导田间放置黄色板诱集控制有翅蚜，以及释放天敌和喷洒药剂对不同阶段无翅蚜的防控。

8.1　形 态 特 征

无翅孤雌蚜：这类烟蚜是烟田最常见的蚜虫，无翅，是由孤雌生殖胎生产生的一类蚜虫，根据发育程度，体型有大有小。根据生态条件的不同，具有褐色、绿色、黄绿色和红色等多种颜色。成蚜体长 2～2.6mm，宽 1.1mm。体淡色，头部深色，体表粗糙，第 7、8 腹节有网纹。额瘤显著，中额瘤微隆。触角长 2.1mm，第 3 节长 0.5mm，有毛 16～22 根。腹管长筒形，端部黑色，为尾片的 2.3 倍，尾片黑褐色，近端部 1/3 收缩，有曲毛 6～7 根(图 8-1)。

图 8-1　烟叶上的无翅蚜

有翅孤雌蚜：烟田烟蚜种群密度比较大时，会出现有翅蚜虫进行迁飞转移。在秋季气温偏低时，烟蚜将分化出这类蚜虫进行转移。头、胸黑色，体色一般为黑色，但腹部会有黄绿色和赤褐色等不同颜色。触角第三节有小圆形次生感觉圈 9～11 个。第一腹节有一横行小横斑，第二腹节背中部具窄横带，第四至第六腹节横带融合为一块大斑，第七、八节亦有背中横带，第二至第六节各有大型缘斑。腹管前斑小，后斑与背斑愈合。第八节背中部有 1 对小突起。

无翅有性雌蚜：体长 1.5～2.0mm，赤褐色、灰褐色、暗绿色或橘红色，头部额瘤向外倾斜。触角 6 节，较短，末端色暗，第五、六节各有一个感觉圈。后足胫节较宽大，散布有感觉圈，腹管圆筒形，稍弯曲。

有翅雄蚜：与有翅雌蚜相似，但体型较小，腹背黑斑较大。触角第三节至第五节均生有数量较多的感觉圈。

卵：长椭圆形，长径 0.66mm，短径 0.33mm。产出时淡黄色、淡红色或草绿色，后变为黑色，有光泽。

8.2　生物学特征

烟蚜的祖先是有翅两性卵生昆虫，在两亿年的进化过程中，其年生活史逐渐分化成全周期型、非全周期型和兼性周期型三类。

全周期型是原始的年生活史类型，一年中行多次孤雌生殖和一次有性生殖。秋末性雌蚜和雄蚜在原寄主(越冬寄主)上交配、产卵，以卵越冬。翌年卵孵化为干母，干母行孤雌生殖产生干雌，干雌进行孤雌生殖产生有翅蚜迁移到次生寄主(夏寄主)上，行孤雌生殖若干代，至秋末形成性母迁回原生寄主上。全周期型主要发生在温带和寒带地区。

非全周期型烟蚜全年没有有性世代，都进行孤雌生殖，冬季以孤雌生殖个体在寄主植物上越冬。非全周期型烟蚜在热带、亚热带和温带地区均有分布。

兼性周期型是全周期型向非全周期型过度的中间类型，产生孤雌生殖蚜和雄蚜，没有性雌蚜。兼性周期型仅见于热带和亚热带的某些地区。

在同一地区，全周期型和非全周期型常混合发生，以不同的虫态越冬。孤雌生殖蚜、卵生蚜均可以成为翌年的有效虫源。非全周期型的个体在一定条件下可以转化为全周期型，仍有进行有性生殖的潜能。

我国东北和西北地区烟蚜的年生活史均为全周期型，华北至南岭以北，全周期型和非全周期型混合发生，以卵在原生寄主(主要为桃树)和孤雌生殖蚜在十字花科蔬菜等寄主上越冬，西南和南方地区主要为非全周期型，终年孤雌生殖。

烟蚜的年发生世代。黄淮烟区年发生 24～30 代；西南、华南烟区年发生 30～40 代。黄淮烟区，多以卵在桃树上越冬，来年早春孵化为干母，4 月底 5 月初产生有翅迁移蚜，在桃树上繁殖 3 代，开始迁往烟田，在烟草上繁殖 15～17 代，8 月份又发生有翅迁移蚜，迁至蔬菜上繁殖，10 月中旬产生有翅性母迁飞到桃树上，产生雌性蚜。

烟蚜田间种群动态变化。烟蚜在烟田以个体群为单位的聚集分布，聚集强度随种群数量上升而增大。烟蚜在烟田中种群数量增长因各地的气候差异等呈现不同的曲线，如在贵州和重庆烟区，烟蚜种群数量消长呈“马鞍”型，即双峰型，在贵州第一个峰期一般约在 5 月中旬，主要以有翅蚜为主，约至 6 月中下旬达到第二次蚜量高峰(商胜华等，2010)。在云南地区烟蚜的发生呈单峰型曲线，发生高峰期在 7 月下旬到 8 月上旬(李月秋等，2003)。

有翅蚜一天内有两个飞行高峰，第一个高峰由夜间羽化的成虫在早晨光强达到一定程度时起飞形成，由于中午日光强，飞行受到抑制；第二次飞行高峰出现在下午光强减弱后。有翅蚜的起飞方向随阳光入射角的变化而发生变化。

烟蚜的无翅蚜扩散并非在营养恶化时进行，在种群数量很低时即已经开始，迁出的主要为四龄无翅若蚜和产卵前的无翅成虫。

趋性。有翅蚜对 530～560nm 的黄色光有正趋性，对白色及铝等金属光泽有负趋性，而对绿色等食物源有一定的选择性。在烟草上，烟蚜有趋嫩性，有翅或无翅个体大多在烟株上部嫩叶背面取食，烟株上部第一至六片叶上的蚜量占整株蚜量的 85%～96%。烟草现蕾、开花后，大多转移到花蕾上取食。

迁飞与越冬。迁飞和扩散是烟蚜的两种传播方式。迁飞是指远距离迁移，而扩散是近距离寄主内的移动。烟蚜在越冬后，就可以从越冬寄主上迁飞到新的寄主上。而在新的寄主上，受环境条件、营养状况、密度等影响进行迁移。秋季温度下降后，将产生有翅蚜进行新的迁飞。有翅蚜秋季迁回桃树后，多在叶尖正面栖息，发育成熟后，渐向叶基部移动，然后爬至芽缝或其附近，准备交配、产卵。交配多发生在无风晴天 10 时至 15 时，大多在芽缝或其附近。交配前，雄蚜在性雌蚜附近长达 0.5h 的往返爬动。一次交配历时 8～12min。性雌蚜一生可交配数次，每交配一次即产卵一次，每次产 2～4 粒。卵产于芽背面、芽缝间和树皮裂缝间。

8.3　影响发生的因素

8.3.1　温度与湿度

烟蚜在烟田一年中适宜的发生温度为 6.16～28.6℃，湿度为 40%～80%。温度制约各虫态发育历期，例如若虫 5℃时发育历期最长，为 57.3d，30℃时最短，无翅个体仅为 5.3d，有翅个体 6.4d。

在云南昆明自然条件下(16.3℃时)，一龄到雌蚜生殖开始历时 14.6d(14～16d)，25℃时平均 7.6d。生殖前期 1～2d，24.8℃时平均 1.5d。生殖期短的 9d，长的 23d，平均 15.2d。寿命短的 11d，长的 31d，平均 19.4d。

一般烟蚜适宜在高爽干燥的地方繁殖，时晴时雨的天气有利于烟蚜的繁殖。当春末夏初，久旱后初雨，烟蚜可大量繁殖。暴雨越大，叶片上的烟蚜易受雨水冲刷，引起大量死亡。分析贵州 6 年的种群数量、温湿度资料得知，当地的种群数量主要取决于 6 月中旬～7 月上旬的平均温度、平均湿度和 7 月上中旬的雨量(商胜华等，2010)。

8.3.2 天敌

烟蚜的天敌种类很多，对烟蚜种群数量有明显的抑制作用。据报道烟蚜天敌昆虫有176种，其中捕食性天敌130种，寄生性天敌46种，如菜蚜茧蜂[*Diaeretiella rapae*(Mintoch)]和烟蚜茧蜂[*Aphidius gifuensis*(Ashmesd)]等。烟蚜茧蜂对烟蚜的控制作用十分明显，已经通过人工繁殖大量增加种群数量在烟区进行产业化的推广应用；捕食性天敌有异色瓢虫、龟纹瓢虫、七星瓢虫、猎蝽、草蛉、食蚜蝇、蜘蛛等。5月仅烟蚜茧蜂的寄生率就高达20%～30%。山东和河南中部烟区，烟蚜茧蜂一般年份可控制前期蚜害，而瓢虫、草蛉等对中后期的烟蚜控制作用较强。

8.3.3 栽培与管理措施

在我国烟区，烟蚜的危害要关注迁飞烟蚜的传毒危害和成蚜与若蚜的刺吸危害。烟蚜一般会在迁移过程中完成传毒，因此移栽到团棵期是一个关键时期，这是烟蚜从越冬寄主迁移到烟草寄主上的关键环节。我国大部分烟区在移栽时采用地膜覆盖对烟蚜有明显的驱避作用。进入旺长期之后，烟蚜会聚集在幼嫩部位进行危害，这时的刺吸危害是主要的。烟叶进入采收期的时候，受打顶和高温的影响，烟蚜数量也受到明显抑制；打顶以后，随着侧芽的生长，烟蚜仍会繁殖产生危害，但到了采收后期，受气温和上部烟叶的成熟的影响，烟蚜的危害大大减弱。

烟蚜的繁殖和存活与栽培品种密切相关。不同品种或类型上的烟蚜种群数量与烟草叶片上的腺毛密度呈极显著负相关，因此叶片上的腺毛密度可以作为烟草品种抗蚜性鉴定的一个形态指标(杨效文，1996)。

烟草周围栽培的植物对烟蚜越冬和繁殖会产生重要影响。烟蚜的其他寄主包括蔷薇科的桃树等、锦葵科、旋花科、藜科、豆科、茄科、菊科、十字花科等，因此无论是栽培的果树、作物、田间杂草等都可能会影响到蚜虫的转主寄生以及虫口数量的增加。

8.4 蚜虫虫情调查

8.4.1 越冬虫源基数调查

1. 调查时间

在烟蚜越冬卵孵化前后有翅蚜向烟田迁飞以前调查。

2. 调查寄主

烟蚜以木本植物为主要越冬寄主的地区，选择桃树等主要寄主植物进行调查；以草本植物为主要越冬寄主的地区，选择油菜、菠菜以及主要杂草寄主等进行调查；两种方式兼有的地区，同时进行以上两种寄主类型的调查。

3. 调查取样方法

1)木本寄主植物

在烟蚜越冬卵孵化之前，5 点取样，每点 5 株，共选择桃树(或其他主要寄主植物) 25 株，在每株桃树的东、西、南、北、中 5 个方向各选择 15cm 长枝条 2 个，记载有卵枝数和每枝卵量(表 8-1)，并计算有卵枝率，共调查一次。

在越冬卵孵化后，烟蚜迁飞之前调查虫源基数，取样方法同上，记载有蚜枝数和有翅蚜、无翅蚜数量(表 8-1)，共调查 2 次，每次相隔 7d 左右。调查结束后，将所获得的数据进行汇总，填入表 8-2。

表 8-1　春季木本寄主虫源基数调查原始记载表(　　年)

地点：________ 寄主：________ 日期：________ 调查人：________

株序	枝数	东部枝			西部枝			南部枝			北部枝			中部枝			合计			备注
		有翅蚜/头	无翅蚜/头	卵/个	有翅蚜/头	无翅蚜/头	卵/个	有翅蚜/头	无翅蚜/头	卵/个	有翅蚜/头	无翅蚜/头	卵/个	有翅蚜/头	无翅蚜/头	卵/个	有翅蚜/头	无翅蚜/头	卵/个	
1	1																			
	2																			
2	1																			
	2																			
3	1																			
	2																			
合计																				
平均																				
有蚜枝数											有蚜枝率/%									
有卵枝数											有卵枝率/%									

表 8-2　木本寄主烟蚜越冬虫源基数调查汇总表(　　年)

调查人：________

日期		地点	寄主	枝条数量/个	卵/个	无翅蚜/头	有翅蚜/头	平均单枝蚜量/头	平均单枝卵量/个	有蚜枝率/%	有卵枝率/%	备注
月	日											
…	…	…	…	…	…	…	…	…	…	…	…	…

2)草本寄主植物

选择有可能存在越冬烟蚜的油菜和越冬杂草上进行调查。在有翅蚜迁飞前，采用 5 点取样，每点调查 10 株，调查有翅蚜、无翅蚜数量，计算有蚜株率，共调查 2 次，每次相隔约7d。原始数据记入表8-3。汇总数据记入表8-4。

表8-3 春季草本寄主虫源基数调查原始记载表（ 年）

地点：________寄主：________日期：________调查人：________

样点	株序	有翅蚜/头	无翅蚜/头	总蚜量/头	备注
1	1				
	2				
	⋮	⋮	⋮	⋮	⋮
	10				
2	1				
	2				
	⋮	⋮	⋮	⋮	⋮
	10				
…		…	…	…	…
合计					
平均					
有蚜株数		有蚜株率/%			

表8-4 草本寄主烟蚜越冬虫源基数调查汇总表（ 年）

调查人：________

日期		地点	寄主	调查株数/株	有翅蚜/头	无翅蚜/头	总蚜量/头	平均单株蚜量/头	有蚜株率/%	备注
月	日									
…	…	…	…	…	…	…	…	…	…	…

8.4.2 有翅蚜迁飞调查

1. 黄色皿制作与设置

黄色皿为圆盘形，用铁皮制作，直径35cm，高5cm。在黄色皿高2/3处打若干溢水孔，并用60目纱网封住，防止蚜虫随雨水流出。皿内底部及内壁涂黄色油漆（黄色光波538.9～549.9nm最佳），外壁涂黑色油漆。当皿黄颜色减弱时，重新涂漆或更换黄色皿。

黄色皿设在便于调查的田间，调查区大田面积不少于1hm^2，调查地点周边应避免有干扰蚜虫活动的色谱源。在育苗中期于苗床周围设置黄色皿诱蚜，移栽后将黄色皿移入大田系统调查观测圃中。每测报点设置2个黄色皿，两皿相距50m，皿距地面高度1m，当烟株生长至与黄色皿底部等高时，调整黄色皿高度使之高于烟株10～15cm。如果用黄色板代替黄色皿进行调查，黄色板的面积应与黄色皿的面积相当。

2. 调查时间

育苗中期开始调查，至烟株打顶后结束。也可根据情况确定调查时间。

3. 调查方法

每天上午 8:00～9:00 时收集皿内全部烟蚜，保存于盛有 75%酒精的小瓶内并带回观察室，对有翅蚜进行种类鉴定，计数并注明日期，同时记录(表 8-5)每天天气情况。每次调查时检查皿内水量，保持皿内水深进溢水孔。

表 8-5　黄色皿诱蚜记载表(　　年)

地点：______________　调查人：______________

日期		1 号黄色皿		2 号黄色皿		平均		天气	备注
月	日	烟蚜/头	其他蚜虫/头	烟蚜/头	其他蚜虫/头	烟蚜/头	其他蚜虫/头		
⋮	⋮	⋮	⋮	⋮	⋮	⋮	⋮	⋮	⋮

8.4.3　田间系统调查

调查时间为烟草移栽后开始调查，烟株上部烟采收后结束。选择具有代表性的烟田 2～3 块作为观测圃，每块田面积不少于 1 亩，调查期间不施用杀虫剂，其他管理同常规大田。观测圃内种植感虫品种，且品种和系统调查田块均应相对固定。

调查采用对角线 5 点取样方法，定点定株，每点顺行连续调查 10 株。每 5d 调查一次，当烟蚜发生高峰期时改为每 3d 调查一次，记载有蚜株数及每株烟草上的有翅蚜、无翅蚜数量，并系统调查天敌的种类和数量(填入表 8-6)，计算有蚜株率及平均单株蚜量。有蚜株率及平均单株蚜量计算方法参见 GB/T 23222。烟蚜系统调查结果汇总记入表 8-7。天敌调查汇总结果记入表 8-8。

表 8-6　烟蚜及其天敌系统调查原始记载表(　　年)

地点：__________品种：__________日期：__________调查人：__________

样点	株序	烟蚜/头			天敌/头						备注
		有翅蚜	无翅蚜	总蚜量	七星瓢虫	异色瓢虫	食蚜蝇幼虫	草蛉幼虫	僵蚜		
1	1										
	2										
	⋮	⋮	⋮	⋮	⋮	⋮	⋮	⋮	⋮	⋮	⋮
	10										

续表

样点	株序	烟蚜/头			天敌/头						备注
		有翅蚜	无翅蚜	总蚜量	七星瓢虫	异色瓢虫	食蚜蝇幼虫	草蛉幼虫	僵蚜		
2	1										
	2										
	⋮	⋮	⋮	⋮	⋮	⋮	⋮	⋮	⋮	⋮	⋮
	10										
…	…	…	…	…	…	…	…	…	…	…	…
合计											
平均											

表 8-7 烟蚜系统调查汇总表（ 年）

调查人：__________

日期		地点	品种	生育期	调查株数/株	有翅蚜/头	无翅蚜/头	总蚜量/头	平均单株蚜量/头	有蚜株率/%	备注
月	日										
⋮	⋮	⋮	⋮	⋮	⋮	⋮	⋮	⋮	⋮	⋮	⋮

表 8-8 烟蚜天敌调查汇总表（ 年）

调查人：__________

日期		地点	调查株数/株	天敌种类及数量/头						折算百株天敌单位/个	备注
月	日			瓢虫	食蚜蝇	草蛉	僵蚜	蚜茧蜂	…		
⋮	⋮	⋮	⋮	⋮	⋮	⋮	⋮	⋮	⋮	⋮	⋮

8.4.4 大田普查

1. 普查时间

在烟草移栽后10d、团棵期、旺长期分别进行三次普查，均在防治前进行，同一地区每年调查时间应大致相同。

2. 普查田块

调查地块应综合考虑当地品种、种植区域、生态条件等因素，选择有代表性的田块，调查田块数量应不少于 10 块，每块烟田面积不少于 1 亩，普查面积占当地植烟面积比例应不小于 1%。

3. 普查方法

调查方法采用对角线 5 点取样方法，每点不少于 10 株，调查整株烟蚜数量，记载有蚜株数、有翅蚜和无翅蚜数量。若在烟草团棵期或旺长期进行普查，亦可采用蚜量指数来表示烟蚜的危害程度，选取 10 块以上有代表性的烟田，采用 5 点取样方法，每点不少于 20 株，参照 GB/T 23222 的蚜量分级标准，调查烟株顶部已展开的 5 片叶，记载每片叶的蚜量级别，计算蚜量指数。

4. 天敌调查方法

在每次进行烟蚜系统调查的同时，调查烟株和地面上的烟蚜天敌种类、虫类及数量，将天敌的数量按 GB/T 15799 分别折算成百株天敌单位，记入表 8-9。

表 8-9　烟蚜大田普查表（　　年）

调查地点：__________　　调查人：__________

日期		地点	地块	面积/亩	品种	生育期	调查株数/株	有蚜株数/株	有蚜株率/%	蚜量指数	备注
月	日										
⋮	⋮	⋮	⋮	⋮	⋮	⋮	⋮	⋮	⋮	⋮	⋮

8.5　烟蚜发生与危害的分级指标

8.5.1　烟蚜的发生危害期

烟田蚜虫的发生危害应统一划分为四个时期：一是苗床期，这个时期要关注有翅蚜的迁入和一些无翅蚜的发生情况；二是移栽到团棵期，这个时期重点关注迁入有翅蚜，并调查田间无翅蚜的发生情况；三是旺长期到打顶期，重点关注无翅蚜的发生，并注意天敌的数量及动态；四是打顶以后，注意无翅蚜及有翅迁出蚜的情况，并关注天敌数量及动态。

8.5.2　发生量与发生程度

烟蚜的发生量以平均单株蚜量来表示。烟蚜发生程度分为 6 级，主要以当地烟蚜发生盛期的平均单株蚜量来确定，分级指标见表 8-10。

表 8-10 烟蚜发生程度分级指标

发生级别	0级	1级	2级	3级	4级	5级
发生程度	无发生	轻发生	中等偏轻发生	中等发生	中等偏重发生	大发生
单株蚜量 I	$I=0$	$0<I\leqslant10$	$10<I\leqslant50$	$50<I\leqslant100$	$100<I\leqslant200$	$I>200$

8.5.3 危害损失

烟蚜对烟草的危害分直接危害和间接危害两种。直接危害是烟蚜的成蚜和幼蚜直接刺吸寄主进行危害。烟草严重受害后株高降低，腰叶变小，单叶面积减小，干重下降，香气吃味改变。随着蚜量增加，中上等烟比例下降，损失率提高。间接危害包括烟蚜取食危害时分泌的蜜露导致的煤污病，以及烟蚜传毒造成的病毒病。对于烟蚜造成的损失估计应包括多方面。如袁锋等(1994)系统研究了烟蚜不同等级蚜虫取食及蜜露污染等造成的危害(表 8-11)，可以作为研究蚜虫危害造成损失的参考。

表 8-11 不同蚜害级别所造成的烟叶损失情况 (单位：头)

蚜害级别	中上等烟叶比例/%	中上等烟叶下降率/%	损失率/%
0	86.26	—	—
1	80.28	6.93	9.86
2	75.00	13.05	23.81
3	61.67	28.51	36.12
4	59.57	30.94	39.59

8.5.4 防治指标

根据袁锋(1994)的研究结果，对于旺长期蚜虫的防治指标为 10.6 头/株。李厥鲁(1992)研究认为，在大田期平均单株蚜量为 100 头可作为防治指标；陈永年(1994)的研究也表明，单株平均蚜量为 100.69 头是大田烟蚜的防治指标，这可能与没有考虑蜜露等造成的危害有关。各地可根据防治的目标要求进行防治指标的确定。

对于烟田释放蚜茧蜂来进行控制，防治指标应与放蜂量进行结合；放蜂数量根据监测的烟蚜种群数量，单株蚜量小于 5 头时，按蜂蚜比 1∶50，即每亩 200 头进行投放；单株蚜量小于 30 头时，按蜂蚜比 1∶100，即每亩 1000 头进行顺风投放(李兰芬，2016)。

8.6 测报资料收集、调查数据汇报与汇总

需要收集的测定资料包括：当地种植的主要烟草品种、播种期、移栽期、种植面积、种植制度、施肥情况等，当地气象台(站)主要气象要素实测值和预测值(表 8-12)。

表 8-12　烟蚜发生、防治基本情况记载表（　　年）

填报站点：　　　　　　　　　　　　填报人：

植烟面积/hm^2： 植烟面积占耕地面积比例/%：		耕地面积/hm^2：
主栽品种： 移栽期：　　月　　日		播种期：　　月　　日
发生面积/hm^2：		占植烟面积比例/%：
防治面积/hm^2：		占植烟面积比例/%：
发生程度：	实际损失/万元：	挽回损失/万元：
烟蚜发生与防治概况及简要分析。 （注意分析烟蚜茧蜂释放面积、应用效果；同时分析蚜虫控制和蚜传病毒病的关系） 年　　月　　日		

第 9 章　烟粉虱的预测预报技术

烟粉虱[*Bemisia tabaci*(Gennadius)]是一种世界性的害虫，也是世界上危害最大的入侵物种之一，在入侵过程中对中国以及其他多个国家和地区的许多农作物造成毁灭性危害。1889 年首先在希腊的烟草上发现，20 世纪 80 年代以来，随着世界范围内的贸易往来，烟粉虱借助花卉及其他经济作物的苗木迅速扩散，在世界各地广泛传播并暴发成灾，20 世纪 90 年代中期侵入中国。该虫现分布于世界各大洲，在我国大部分省份已经有报道。

该害虫的寄主植物约 74 科 500 多种，主要集中在茄科、葫芦科、豆科、十字花科等阔叶作物及果树、花卉、园林植物上，保护地栽培植物受害更重。烟草是其主要寄主植物。烟粉虱在河南、山东等省部分烟区(尤其是靠近保护地的烟田)发生较普遍，近年来在重庆烟区也有报道。它通过取食植物汁液，致使叶片营养缺乏，同时该虫成虫和若虫排出大量的蜜露招致灰尘污染叶面和霉菌寄生，导致烟片的煤污病。该虫的危害还在于可传播病毒危害多种农作物，主要包括烟草曲叶病毒(TLCV)、番茄曲叶病毒(TomLCV)、番茄黄曲叶病毒(TYLCV)等。

对烟粉虱的调查和测报的重点是明确该虫成虫迁入烟田的时期，调查田间落卵量、成虫和若虫数量，注意发生区天敌数量、预报发生期和发生量。

9.1　形 态 特 征

烟粉虱的一个世代需要经过卵、若虫、伪蛹和成虫四个时期。伪蛹是指 4 龄幼虫的后期。烟粉虱根据其寄主、取食范围、产卵习性等可分为 24 个生物型，各生物型的形态特征差异不大。我国目前已经发现 A、B、Q 等 3 个生物型。其中 B 型烟粉虱寄主范围广、产卵量大、繁殖周期短，已经逐渐成为主要类群。

成虫：雌虫体长 0.91mm，翅展 2.13mm；雄虫体长 0.85mm，翅展 1.81mm。虫体淡黄白色到白色，复眼红色，肾形，单眼两个，触角发达 7 节。翅白色无斑点，被有蜡粉。前翅有两条翅脉，第一条脉不分叉，停息时左右翅合拢呈屋脊状(图 9-1)。

卵：散产于叶片背面，分布不规则。有光泽和小柄，椭圆形，与叶面垂直。卵初产时淡黄绿色，孵化前颜色加深，呈琥珀色至深褐色，但不变黑。卵柄通过产卵器插入叶片表皮中，除固定卵外，还有吸收水分的功能。

若虫(1～3 龄)：椭圆形，体淡绿至黄色，可透见 2 个黄色点。1 龄体长约 0.27mm，宽 0.14mm，有触角和足，能爬行，有体毛 16 对，腹末端有 1 对明显的刚毛，腹部平、背部微隆起。2、3 龄体长分别为 0.35mm 和 0.50mm，足和触角退化至仅 1 节，体缘分泌蜡质，固着危害。烟粉虱成虫、若虫危害烟叶的状况如图 9-2 所示。

蛹(4 龄若虫)：实际上为伪蛹。淡绿色或黄色，眼红色，体节黄色明显，体长 0.6～0.9mm；蛹壳边缘扁薄或自然下陷无周缘蜡丝；背面有 1～7 对粗壮的刚毛，尾刚毛 2 根。在不同寄主上形态差异明显。

图 9-1　烟粉虱成虫

图 9-2　烟粉虱成虫、若虫危害烟叶状况

9.2　生物学特性

成虫有明显的喜光性，一天的活动高峰在上午的 11:00 时到下午的 15:00 时，晴天的飞行活动明显强于阴天。其飞行能力弱，大部分成虫一般只能飞行约 20m，因此迁移危害的是逐步扩散的。

成虫羽化一般发生在上午 8:00～12:00。成虫比较活跃，有喜欢黄绿和黄色的习性，喜在植株顶端幼嫩部取食，但又比较怕光，一般静伏在叶的背面，惊吓后可短距离飞行、扩散。

烟粉虱成虫羽化后夏天在 1～8h 内交配，春秋季在 3 天内交配。嗜好在中上部成熟叶片上产卵，而在原危害叶上产卵很少。卵不规则散产，多产在叶部背面。每头雌虫可产卵 100～500 粒，在适合的植物上平均产卵 200 粒以上。产卵能力与温度、寄主植物、地理种群密切相关。

初孵若虫在 1d 内可以移动，但一旦成功取食到寄主的汁液，就固定下来取食直到成虫羽化。这种固定危害的习性，有利于防治，但若虫体壁有蜡质外壳，可以抵御杀虫剂的侵入。

烟粉虱的生活周期有卵、若虫和成虫 3 个虫态，一年发生的世代数因地而异，在热带和亚热带地区每年发生 11～15 代，在温带地区露地每年可发生 4～6 代。田间发生世代重叠极为严重。

9.3 影响发生的因素

温湿度：烟粉虱的发育起点在不同寄主上略有不同，发育起点温度 12.36℃，烟粉虱的最佳发育温度为 26～28℃，最适相对湿度 35%～55%。高温干旱是猖獗危害的极有利条件。在 25℃下，从卵发育到成虫需要 18～30d，其历期取决于取食的植物种类和环境温湿度条件。棉花上饲养，在平均温度为 21℃时，卵期 6～7d；1 龄若虫 3～4d；2 龄若虫 2～3d；3 龄若虫 2～5d，平均 3.3d；4 龄若虫 7～8d，平均 8.5d。这一阶段有效积温为 300 日度，成虫寿命 2～5d。

栽培作物：周围栽培作物和杂草对烟粉虱的发生危害影响很大。烟田内烟粉虱基本来自周围越冬植物上。温室栽培的黄瓜、番茄、茄子、辣椒、菜豆、一些常绿植物等都可以提供虫源。前茬栽种或者间作套种芹菜、韭菜、蒜、蒜黄可防烟粉虱传播蔓延。

气候条件：干旱有利于烟粉虱的增殖，连续降雨可显著抑制该虫成虫的发生和迁移。大雨对烟粉虱有机械冲刷作用。在发生危害的主要时期，降水强度大，日降雨量达 40mm 以上，对其发生明显地起抑制作用。反之，危害就重。

天敌因素：烟粉虱的天敌资源十分丰富。据统计，在世界范围内，寄生性天敌有 45 种，捕食性天敌 62 种，病原真菌 7 种。在我国寄生性天敌有 19 种，捕食性天敌 18 种，虫生真菌 4 种。它们对烟粉虱种群的增长起着明显的控制作用。如用丽蚜小蜂防治烟粉虱，当每株有烟粉虱成虫 0.5～1 头时，每株放蜂 3～5 头，10d 放 1 次，连续放蜂 3～4 次，可基本控制其危害。

9.4 调查内容与方法

9.4.1 虫口基数调查

1. 调查对象田

在有代表性的烟田，根据栽培品种的差异，选择 2 个代表性，每个品种选 3 块烟地进行调查。

2. 调查时间

烟草进入旺长期时，根据田间有无成虫迁入进行调查。如有成虫迁入即可进行调查，如无成虫出现，可推迟调查时间。

3. 调查方法

每个调查地块采用 5 点取样法，每点选取 3 株，每株调查上、中、下部各 1 片叶烟粉虱成虫、若虫、卵的数量，计算虫株率、平均百株 3 叶虫量、平均百株 3 叶若虫量，最高百株 3 叶虫量、最高百株 3 叶若虫量，将调查结果记入烟粉虱虫口基数调查记载表(表 9-1)。调查时，先轻轻转动叶片数成虫数量，然后用手持扩大镜数取若虫、卵的数量

(下同)。注意调查时轻轻触动叶片，一般不能惊动成虫的起飞，如惊动成虫起飞，则这些成虫的数量也要数清楚并记录在表。

表 9-1　烟粉虱虫口基数调查记载表

调查地点：　　　　　　　　　　　　　　　　年度：

调查日期	作物种类	作物生育期	虫体数/株	虫株率/%	数量(头，粒)			百株三叶虫量/头	百株三叶若虫量/头	最高百株三叶虫量/头	最高百株三叶若虫量/头	最高百株三叶虫量/头
					成虫	若虫	卵					
⋮	⋮	⋮	⋮	⋮	⋮	⋮	⋮	⋮	⋮	⋮	⋮	⋮

9.4.2　大田系统调查

1. 系统调查田

在烟苗定植 15d 开始进行普查，发现烟粉虱后，选择有代表性的 2 块烟田为系统监测田。

2. 调查时间

从烟田发现烟粉虱开始，至烟草采收结束时止，每 5d 调查 1 次。

3. 系统调查方法

每块田采用随机 5 点取样，每点调查 3 株，每株调查上部 1 片叶、中部 2 片叶上的烟粉虱成虫、若虫、卵的数量，计算虫株率、平均百株 3 叶虫量、平均百株 3 叶若虫量，最高百株 3 叶虫量，最高百株 3 叶若虫量；同时随机 5 点取样，每点取 10 株，调查煤污株数，计算煤污株率，将结果记入烟粉虱系统调查记载表(表 9-2)。

表 9-2　烟田烟粉虱系统调查记载表

调查单位：　　　　　　　　　　　　调查点：　　　　　　　　　　　　年份：

调查日期	生育期	调查株数/株	有虫株/株	煤污株数/株	百株三叶虫量/头	百株三叶虫若虫量/头	最高百株三叶虫量/头	最高百株三叶若虫量/头	虫株率/%	煤污株率/株	备注
⋮	⋮	⋮	⋮	⋮	⋮	⋮	⋮	⋮	⋮	⋮	⋮

9.4.3　大田普查

1. 普查时间

普查在烟草团棵期、旺长期、采收初期、采收中期等生育期内烟粉虱发生高峰期各普查 1 次。

2. 普查方法

调查当地烟草主栽品种烟粉虱发生危害情况，按烟草长势分一、二、三类田，每种类型田不少于3块，每块随机取样5点，每点2株，每株调查上部1片叶、中部2片叶上的烟粉虱成虫、若虫、卵的数量，计算虫害株率、平均百株3叶虫量、平均百株3叶若虫量、最高百株3叶虫量、最高百株3叶若虫量；同时，随机5点取样，每点取10株，调查煤污株数，计算煤污株率，将普查结果记入烟粉虱大田普查记载表(表9-3)。

表9-3 烟田烟粉虱大田普查记载表

调查单位： 年份：

调查日期	调查地点	生育期	调查株数/株	有虫株数/株	煤污株数/株	虫株率/株	煤污株率/株	百株三叶虫量/头	百株三叶虫若虫量/头	最高百株三叶虫量/头	最高百株三叶若虫量/头	防治情况	危害损失率/%
⋮	⋮	⋮	⋮	⋮	⋮	⋮	⋮	⋮	⋮	⋮	⋮	⋮	⋮

9.5 预测预报方法

根据烟田烟粉虱始见期、系统调查和大田普查结果，结合6～7月天气预报(特别是雨量分布)，对比历年烟田烟粉虱发生资料进行综合分析，应用多种预报方法做出预报。

9.6 烟田烟粉虱发生程度分级标准

发生程度分为5级，1级为轻发生，2级为中等偏轻发生，3级为中等发生，4级为中等偏重发生，5级为大发生；以平均百株3叶虫量，或平均百株3叶若虫量作为划分指标。分级标准如下。

1级：平均百株3叶虫量50头以下，或平均百株3叶若虫量30头以下；

2级：平均百株3叶虫量50.1～400头；或平均百株3叶若虫量30.1～500头；

3级：平均单株3叶虫量400.1～1000头；或平均百株3叶若虫量500.1～1500头；

4级：平均单株3叶虫量1000.1～4000头；或平均百株3叶若虫量1500.1～5000头；

5级：平均单株3叶虫量4000头以上；或平均百株3叶若虫量5000头以上。

9.7　测报资料的汇报

为了规范监测点向全国烟草病虫害测报网及时准确地传递烟粉虱发生信息，需及时将调查信息传送。基本报表中发生程度按轻发生、中等偏轻、中发生、中等偏重、大发生划分为 5 级，分别用 1、2、3、4、5 表示；同历年比较的早、增、多、高用“+”表示，晚(或迟)、减、少、低用“－”表示；与历年相同和相近，用“0”表示；缺测项目用“××”表示。

需要收集的测定资料包括：当地种植的主要烟草品种、播种期、移栽期、种植面积、种植制度、施肥情况等；当地气象台(站)主要气象要素实测值和预测值。同时报送发生与防治的基本情况记载表(表 9-4)。

表 9-4　烟粉虱发生、防治基本情况记载表(　　年)

填报站点：　　　　　　　　　　填报人：

植烟面积/hm^2： 植烟面积占耕地面积比例/%：	耕地面积/hm^2：	
主栽品种： 移栽期：　月　日	播种期：　月　日	
发生面积/hm^2：	占植烟面积比例/%：	
防治面积/hm^2：	占植烟面积比例/%：	
发生程度：	实际损失/万元：	挽回损失/万元：
烟粉虱发生与防治概况及简要分析。 (注意分析天气情况，生物防治情况，同时分析烟粉虱控制对病毒病发生情况的影响等) 年　月　日		

第 10 章　烟蛀茎蛾的预测预报技术

烟蛀茎蛾(*Phthorimaea heliopa* L.)又称烟草麦蛾，属鳞翅目，麦蛾科，俗名叫烟茎食心虫、大脖子虫、钻心虫、包包虫等。属于偶发性害虫、单食性昆虫，寄主植物只有烟草。2006～2007 年在贵州、重庆等地发生严重，造成了一定的经济损失。近年来，随着耕作制度的变革，该虫在贵州、湖南、四川、重庆有严重发生的趋势。

烟蛀茎蛾是世界性分布的害虫，多数产烟国家都有发生。国内主要分布于贵州、云南、四川、重庆、湖南、广西、江西、湖北、福建、广东、等省(区、市)。烟蛀茎蛾以幼虫蛀食危害烟草苗期和大田期，以大田旺长期烟株受害最为严重。旺长期后，烟株组织木质化程度提高，可危害叶柄，造成严重损失。

对烟蛀茎蛾的预测预报重点是调查越冬幼虫量、田间成虫出现的时期、幼虫危害株数等。

10.1　形态学特性

成虫：形似麦蛾，体长 7～8mm，翅展 13～15mm；体灰褐色或黄褐色；复眼黑褐色，圆形；前翅披针形，铜红色、棕褐色或灰棕色，无斑；后翅刀状，灰褐色，较前翅宽大；足的胫节以下黑白相间，较明显，跗节 5 节，具 2 爪(图 10-1)。

图 10-1　烟蛀茎蛾成虫

卵：长椭圆形，长 0.5mm，宽 0.3mm，表面有粗糙的皱纹。初产时乳白色微带青色，后变为黄色，孵化前可见一黑点。

幼虫：末龄幼虫体长 10～13mm，体色依虫龄不同而异。初龄幼虫多为灰绿色，后变为白色或黄白色。成长幼虫多为乳白色，头部棕褐色(图 10-2)。

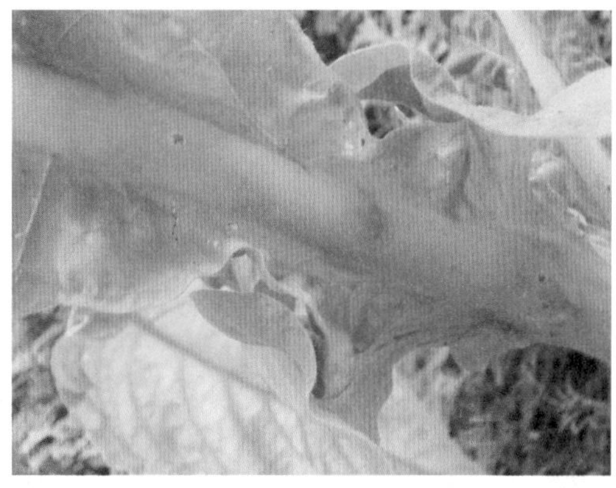

图 10-2　烟蛀茎蛾幼虫危害烟草的幼茎

蛹：纺锤形，棕色，长 5～8mm，宽约 2mm。额唇基线明显，中央向前突出成圆形。雄蛹尾端尖锐(图 10-3)。

图 10-3　烟蛀茎蛾蛹

10.2　生物学特性

1. 发生代数

贵州(遵义、贵定、金沙、息烽、织金)年发生 3～4 代；云南建水 4～5 代；重庆、湖南发生 4～5 代；江西 5 代；广东、广西柳州 6～7 代。

在各地烟草移栽后，受到的都是第一代幼虫的危害。第一代大发生时，大田烟草多数处于伸根期，被害后损失较大。二代主要取食处于生长发育前期的烟株，幼虫钻蛀到嫩茎中引起组织增生，导致大脖子病。三代、四代发生时，烟草正在采收，幼虫很难钻蛀到茎内，因此主要在烟茎髓部和侧芽蛀食，严重发生时，可以蛀食叶片的叶柄，直接对烟叶的产量和质量产生影响。越冬代发生于 9 月中旬，10 月中下旬幼虫和蛹开始越冬。大田中三、四代世代重叠，不易区分。

2. 越冬

多以幼虫或蛹在烟茬、烟秆和烟草残株内越冬，这是调查烟蛀茎蛾越冬情况的基础，也是进行防治的一个关键环节。成虫和卵也可越冬。无滞育现象，冬季天气温暖时，幼虫仍在腐烂的烟杆髓部及皮层处活动、取食。冬季也有一些老熟幼虫化蛹并羽化。

3. 羽化

成虫羽化多发生于上午 8：00～12：00 时。初羽化的成虫多栖息于烟株下部的叶片背面、烟茎上或地边等隐蔽处，夜晚活动。有弱趋光性，而且飞翔能力弱，一般在羽化附近的烟草上产卵。多数在羽化次日清晨交尾。成虫寿命 4～16d。产卵前期 2～3d。

4. 产卵

多产于低矮烟株及烟株下部叶片或侧芽上，散产，叶片正面主脉处较多。羽化后 1～2d 产出的卵占总产卵量的 33.12%～53.41%，以后逐日减少。1d 中产卵主要发生在 18：00～22：00 时。产卵历期夏日短，秋季长，一般 3～5d。1 头雌虫一生可产卵 28～220 粒。卵的孵化率较高，日均温 12.5℃～25.1℃、相对湿度 77%～84%时，孵化率高达 89.7%～93.5%，孵化前卵粒拉长，表面出现黑点后 1～3d 孵化。

5. 危害特点

初孵幼虫爬行 15～30min 后，在孵化点附近从烟叶的表皮侵入蛀食叶肉，受害叶片上、下表皮间形成潜痕，此后沿支脉蛀入主脉，又沿主脉蛀入叶基部，后蛀入烟茎。侵害叶脉，使叶片皱缩、扭曲。蛀茎是其危害的最大特点，幼虫钻蛀烟茎时能达髓部，幼嫩茎被害处肿大成虫瘿，即俗称的“大脖子”，而木质化严重的茎，烟蛀茎蛾无法蛀入，则主要蛀食烟叶的叶柄和靠近烟杆的叶柄基部。少数幼虫亦能蛀食韧皮部，在茎表皮形成条状突起。该虫以蛀入烟茎取食来完成其一生，因此活动力弱，不会转移到其他烟株危害。为了方便羽化，老熟幼虫一般在烟杆上咬出一个羽化孔，外留薄膜，然后在虫瘿中结茧化蛹，条件合适时羽化出成虫。

10.3 影响发生的因素

1. 温度

总体上该虫喜温怕寒。卵、幼虫、蛹发育历期的长短与温度的关系密切。1 月份均温低于零下 4℃时越冬虫态一般全部死亡，而一月平均气温高于 5℃以上烟区危害就较重。

卵的发育起点温度为 14.17±0.66℃，有效积温为 65.12℃，幼虫分别为 16.26±1.67℃和 172.24℃，预蛹分别为 12.54±2.30℃和 23.89℃，蛹分别为 11.75±1.22℃和 142.69℃。

2. 栽培管理因素

土壤干燥的半山坡烟田或水分缺乏的苗床发生较重，水分充足的苗床或地势低洼、土壤湿润的烟田虫量少。

该虫的寄主只有烟草，且只在烟草残株、烟茎内越冬，越冬量的大小可决定下年的发生程度，因此烟草种植状况会影响到该虫的发生，上年发生情况以及烟杆处理情况会影响到下一年的发生状况。所以，收获后及时拔出烟杆销毁，冬天彻底处理烟茎、残株是根本性、关键的防控措施。

3. 海拔

在海拔 800～1400m 发生程度较重，高海拔地区的越冬死亡率高，因而发生程度相对较轻。海拔低于 800m 的则由于天敌和作物多样性影响，发生也比较轻。

4. 天敌

烟蛀茎蛾的常见的天敌有弯尾姬蜂、马铃薯块茎蛾、赤腹姬蜂等。

10.4　危害情况分级

10.4.1　严重度分级

根据烟蛀茎蛾在烟草上的发生情况，可以将危害的严重度进行分级，一般分成如下四级。

0 级：全株无虫、无被害状。

1 级：幼虫蛀食叶肉，受害叶片上、下表皮间形成潜痕。

2 级：幼虫侵害叶脉，使叶片皱缩、扭曲；如蛀食叶柄，危害叶片数占总叶片数的 1/5 以下。

3 级：幼虫钻蛀烟茎时能达髓部，被害处肿大成虫瘿或者出现明显虫孔。若只蛀食叶柄，则需被蛀食叶柄数占到总叶数 1/5 以上。

10.4.2　危害指数(或虫情指数)

根据以上分级情况，按照病情指数的计算公式可以计算出虫情指数。病级值参照 10.4.1 节的分级标准。

$$\text{虫情指数} = \frac{\sum(\text{各病级株数} \times \text{该病级值})}{\text{调查总株数} \times \text{最高级值}} \times 100$$

10.4.3　发生程度分级指标

发生程度分为 5 级，以虫害发生高峰期的有卵株率和被害指数表示，各级划分指标见表 10-1。

表 10-1　烟蛀茎蛾发生程度分级指标

指标	发生程度				
	1	2	3	4	5
有卵株率 R/%	$R \leqslant 1$	$1 < R \leqslant 5$	$5 < R \leqslant 15$	$15 < R \leqslant 30$	$R > 30$
被害指数 I	$I \leqslant 10$	$10 < I \leqslant 25$	$25 < I \leqslant 35$	$35 < I \leqslant 50$	$I > 50$

10.5 调查技术

10.5.1 越冬虫量调查

1. 调查时间

在烟秆收获后，一直到越冬后育苗前都可以调查。

2. 调查寄主

烟蛀茎蛾只以烟秆作为越冬寄主，在烟秆堆积区，随机选择根、茎部完好的烟秆，特别注意选择带有侧枝的烟秆进行调查。

3. 调查取样方法

在烟秆堆积区，随机 5 点取样，每点 5 株，剥查烟秆内残存的幼虫数和蛹数，记载有虫株数和每株虫量(表 10-2)，并计算有虫株率，每个点只调查一次。

表 10-2 烟蛀茎蛾越冬虫量记载表(　　年)

调查地点：________________　　调查人：________________

调查日期	调查地点	寄主植物	蛹/只	幼虫/只	备注
⋮	⋮	⋮	⋮	⋮	⋮

10.5.2 系统调查

1. 田间卵和幼虫数量消长调查

见成虫后，选择连片种植、当地有代表性的烟田两块作为定点调查田，并定时进行调查。每块田采用“Z”字形五点取样。苗期每点 10 株，全株调查；成株期每点 5 株，调查外部 2～4 层叶片 5 片，将查到的卵粒用记号笔标记，供下次查卵时区别新卵粒，同时调查幼虫数量和有卵株数，结果记入表 10-3。每 5d 调查一次。

表 10-3 烟草蛀茎蛾系统调查记载表(　　年)

调查地点：________________　　调查人：________________

调查日期	品种	生育期	调查株数/株	各龄幼虫数/头	各级情况				虫情指数	有卵株数/株	有卵株率/%	百株卵粒数/头	孵化卵粒数/头	孵化率/%	百株虫量/头
⋮	⋮	⋮	⋮	⋮	⋮	⋮	⋮	⋮	⋮	⋮	⋮	⋮	⋮	⋮	⋮

2. 烟蛀茎蛾危害情况调查

根据烟草生育期的不同，调查不同代数烟蛀茎蛾的危害情况。在团棵期注意调查受害株数，特别关注出现茎秆增生(大脖子)的烟株；在打顶后，要注意调查受害叶柄和主脉数。调查结果填入表 10-4。

表 10-4　烟蛀茎蛾大田危害情况记载表(　　年)

调查日期：________________　　调查人：________________

调查日期	品种	生育期	叶片数	调查株数/株	受害株数/株	蛀茎数(大脖子数)	主脉或者叶柄受害数/片	各级虫株数/株				虫情指数
								0	1	2	3	
⋮	⋮	⋮	⋮	⋮	⋮	⋮	⋮	⋮	⋮	⋮	⋮	⋮

10.5.3　大田普查

选择 5 个以上有代表性种植区域，每区调查两块田，在卵高峰期进行。每块田采用“Z”字形五点式取样。苗期调查 20 株，成株期调查 10 株。上午 10:00 时以前或下午 4:00时以后，调查植株叶片上的卵量、各龄幼虫总数量，计算出虫害严重度和虫情指数，结果记入表 10-5。每 10d 普查一次。

表 10-5　烟蛀茎蛾大田普查记载表(　　年)

调查日期：________________　　调查人：________________

调查地点	品种	生育期	叶片数	调查株数/株	有卵株数/株	百株卵粒数	各龄幼虫数/头	受害株数	各级虫株数/株				虫情指数
									0	1	2	3	
⋮	⋮	⋮	⋮	⋮	⋮	⋮	⋮	⋮	⋮	⋮	⋮	⋮	⋮

10.6 预测预报

10.6.1 预报内容

根据越冬虫量和越冬温度，预测第一代的发蛾量。根据地区气象条件和第一代成虫出现的高峰期，预测第二、第三代以及第四代成虫出现的时期以及虫情的发生程度等。各代发生时间可参考表10-6。各虫态发育起点温度及有效积温情况，见表10-7。

表10-6 不同世代不同温度条件下烟蛀茎蛾各虫态发育历期

世代	不同温度下各虫态平均发育历期/d			
	卵	幼虫	蛹	成虫
1	12.0(17.9℃)	48.8(20.2℃)	10.1(24.8℃)	5.2(24.3℃)
2	5.8(24.7℃)	27.3(25.3℃)	9.1(25.6℃)	5.9(25.8℃)
3	5.5(25.1℃)	36.1(20.7℃)	24.5(14.0℃)	26.1(11.1℃)
4	12.5(34.1℃)	——	——	——

注：黎玉兰，1981；贵州，室内饲养。

表10-7 烟蛀茎蛾不同虫态发育起点温度及有效积温

虫态	卵	幼虫	预蛹	蛹
发育起点温度/℃	12.20±0.53	9.70±1.30	15.60±0.67	13.9±0.86
有效积温(日度)	61.1	308.0	22.0	108.1

注：沈志浩等，1991；贵州金沙，自然变温。

10.6.2 测报资料

当地烟草栽培面积，播种期和各期播种的面积；当地气象台(站)主要气象要素的预测值和实测值。汇总烟蛀茎蛾的发生与防治情况，填入表10-8。

表10-8 烟蛀茎蛾的发生、防治基本情况记载表（ 年）

测报站点： 填报人：

植烟面积/hm^2： 植烟面积占耕地面积比例/%：	耕地面积/hm^2：
主栽品种： 移栽期 月 日	播种期 月 日
发生面积/hm^2：	占植烟面积比例/%：
防治面积/hm^2：	占植烟面积比例/%：

续表

发生程度：	实际损失/万元：	挽回损失/万元：
烟蛀茎蛾发生与防治概况及简要分析：		

第 11 章　烟草青枯病的预测预报技术

烟草青枯病(Tobacco bacterial wilt)又称烟瘟、半边疯、格兰维尔萎蔫病(Granville wilt)，是由 *Ralstonia solannacearum* 引起的细菌性土传病害，1880 年首次出现于美国北卡罗来纳州(North Carolina)，现在该病广泛分布于热带、亚热带和温带地区。烟草青枯病是典型的维管束细菌病害，植株感病属系统性侵染，防治十分困难。

在中国，烟草青枯病主要发生在长江流域及其以南烟区，其中广东、福建、四川、重庆及贵州烟区危害严重，该病目前已经扩散至河南、山东、陕西及东北的辽宁等地。丁伟等(2014)对中国 17 个烟草种植省(市、自治区)的调查显示，仅吉林省、黑龙江省、甘肃省暂无烟草青枯病的分布。

对于青枯病的测报关键是：越冬土壤带菌量，苗期带菌情况，抗病品种，连作年限以及土壤酸化状况等。田间应重点调查发病株率和病株出现的时间，要结合品种特性和温湿度情况等发出相应的预测情报。

11.1　病　　原

烟草青枯病病原曾用名 *Pseudomonas solanacearum* Smith，或 *Burkholderia solanacearum*。1996 年由 International Journal of Systematic Bacteriology 正式更名为青枯雷尔氏菌(*Ralstonia solanacearum* E F Smith)。菌体杆状，两端钝圆，大小为(0.9～2) μm×(0.5～0.8) μm，具一至多根单极生鞭毛，能在水中游动，无芽孢，无荚膜(图 11-1)。

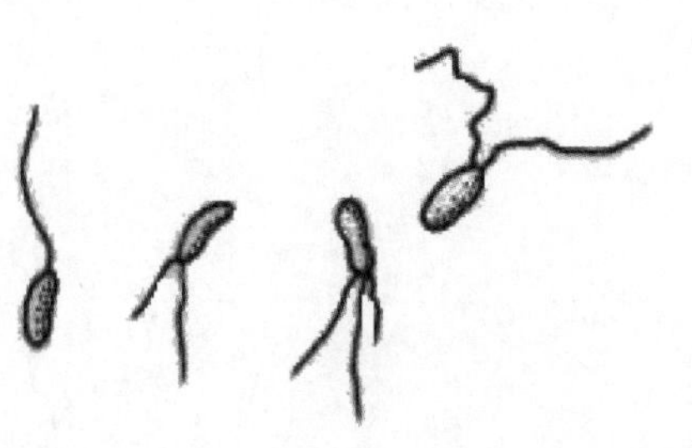
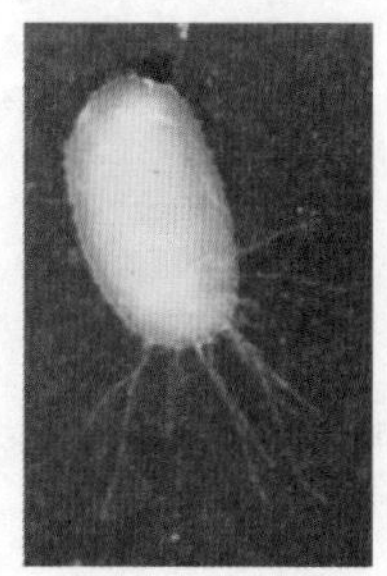

图 11-1　烟草青枯病病原

11.2　病原生物学

青枯病菌属好气性细菌，革兰氏染色反应阴性。病菌生长温度 15～37℃，最适温度 22～32℃。pH 4～8，最适 pH 6.6。据报道，通常连续移植 5 次达 20d 后病菌的致病力就完全丧失，但西南大学丁伟研究团队的研究证明，即使连续移植培养 20 代以上，病原菌仍然具有很强的致病力。菌种以冻干保存最为理想。

青枯菌在琼脂培养基上菌落圆形，表面平滑有光泽，初为乳白色，后变褐色。在 TTC 培养基(在 CCP 培养基中加入 0.05%氯化三苯基四氮唑)可分化出白色和粉红色菌落。强致病力菌株为可流动的、有粉红色中心的白色菌落(图 11-2)。

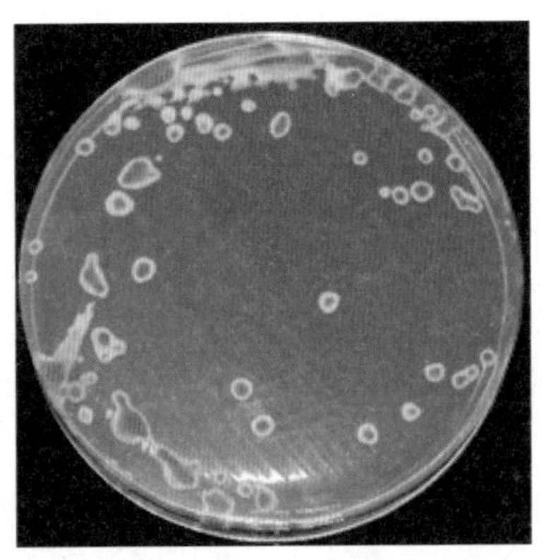

图 11-2　青枯菌强致病力菌株形态图

青枯菌在不同的环境或土壤中的存活期差异很大。在寄主病残体上可存活 7 个月，在土壤或者堆肥中可存活 2～3 年，在土壤中有的可达 8～25 年之久，但在干燥条件下很快死亡。附着在种子表面的病菌 2d 后即可全部死亡。水旱轮作即种植半年以上的水稻或其他水生作物后，病菌基本死亡。

青枯病菌有明显的生理分化现象。根据病菌对不同种类植物的致病性差异可将其分为 5 个生理小种，其中 1 号小种可侵染烟草和其他茄科植物且寄主范围较广；2 号小种能侵染香蕉、大蕉和海里康等；3 号小种能侵染马铃薯，偶尔侵染番茄、茄子，但对烟草致病力很弱；4 号小种能侵染姜，但对番茄、马铃薯等其他植物致病力很弱；5 号小种能侵染桑且致病力很强，但对其他寄主植物的致病力较弱或不致病。根据青枯病菌利用 3 种双糖(麦芽糖、乳糖、纤维二糖)和 3 种已醇(甘露醇、山梨醇、甜醇)的氧化产酸能力差异将其分为 5 个生化变种；6 种糖醇均不能利用的为生化变种Ⅰ，利用 3 种糖而不能利用 3 种醇的为生化变种Ⅱ，相反为生化变种Ⅳ，6 种糖醇均可利用的为生物变种Ⅲ，能氧化 3 种双糖以及甘露醇，但不能氧化另外两种醇的为生化变种Ⅴ。

11.3　症 状 特 点

烟草青枯病属于细菌性病害，是典型的维管束病害，根、茎、叶均可受害，最典型的症状是叶片枯萎，烟株感病后，叶片迅速枯萎，但仍保持绿色，故称青枯病。一旦发病，蔓延迅速，很难治疗。烟草青枯病苗期和大田期均可发病，苗期发病，常导致成片枯死，引起大量缺苗，严重时发病株率高达 80%以上。大田成株期发病，发病初期(图 11-3)，在晴天中午烈日下，可见烟株一侧 1 或 2 片叶凋萎下垂，夜间恢复，萎蔫一侧的茎上出现褪绿条斑，但叶片仍为青绿色，无病的一侧叶片正常生长。发病中前期

(图 11-4)，烟株一直表现一侧叶片枯萎，另一侧叶片比较正常，表现所谓的“半边疯”症状，这时拔出根部，可见发病一侧许多侧根变黑腐烂，但另一侧比较正常。随着病情加重，褪绿条斑变为黑色条斑，可达烟株顶部。发病中期枯萎叶片由绿变浅绿，然后逐渐变黄，大部分叶片萎蔫，有条斑的茎和根部变黑。发病后期(图 11-5)，全部叶片萎蔫变黄，根部几乎全部变黑腐烂，仅剩少数须根和主根。茎出现长条形凹陷的黑色坏死斑，挤压横切茎部有污白色乳状黏液，即病原细菌形成的菌脓，病菌侵入髓部，茎髓部呈蜂窝状或全部腐烂形成空腔，仅留木质部。

图 11-3　烟草青枯病病株(早期症状)

图 11-4　烟草青枯病病株(中期症状)

图 11-5　烟草青枯病病株(后期症状)

在青枯病发病时期，常常伴随着黑胫病和空茎病的发生，往往造成三种病害的混淆，其症状的主要区别在于青枯病在潮湿的条件下，挤压病茎切口有污白色黏液(菌脓)流出；烟草黑胫病四周叶片均萎蔫变黄，茎基部变黑；空茎病发病较晚在烟株打顶或抹杈后发生，一般从烟株上部向下部发展，空茎现象严重，叶片失水干缩，植株矮化、枯死，部分叶柄与茎交接处有略凹陷黑斑。

此外，在抗烟草青枯病的烟草品种上不形成典型的枯萎症状，茎上的条斑较小，黑色程度也较浅，病情发展也较慢，到一定程度后会停止发展，但植株生长会受到一定的影响，表现为轻度矮化。

11.4　发生特点和流行规律

11.4.1　病害循环

病菌主要在土壤及遗落在土壤中的病株残体上越冬，也能在活的其他寄主上越冬。因此，青枯病的主要初侵染源是土壤、病残体和有机肥料。病菌靠流水、肥料、病苗、人、畜及生产工具带菌传播。人工操作和昆虫危害常使此病传播和侵入同时完成。在诸多因素中，带菌土壤是最重要的初侵染来源。病田流水是病害再侵染和传播的重要方式，病菌一般从根部伤口入侵，自下而上发展。病菌进入寄主组织后即分裂繁殖，并进入维管束，向其他组织扩展，并产生一种含有复杂多糖的黏液，提高维管束液流的黏滞度，从而阻塞导管，导致病株凋萎。该病菌可分泌一种果胶酶和纤维素分解酶，使寄主细胞的中胶层溶解，引起细胞分离和寄主皮层及髓部组织腐烂崩溃。细胞壁被破坏与细胞崩溃为细菌提供了从一个细胞转移到另一个细胞的侧向运动的便利条件，进一步阻碍水分的运输，加速植株枯萎。病组织腐烂后，病菌遗留土壤中或粪肥中越冬，成为下年的初侵染源。

11.4.2　病害发生的季节性变化

气温高的地区，苗床浇水多或土壤含水量高时，烟草猫耳期(5～6 片真叶)就明显发病，至成苗期时造成烟苗大片死亡。大部分地区育苗阶段气温比较低，虽侵染但不表现症状，主要在大田烟株发病。大田发病一般在团棵期出现症状，旺长期达到发病高峰，直至成熟期病情仍可继续发展。早期侵染的烟株，如果温度较低、降雨较多，病情可一直受到抑制；但如果温度突然升高，根部早期受损严重，则可以突然发病，造成整株突然萎蔫死亡。

11.4.3　影响发病的因素

通常气候条件和土壤状况跟病害的发生流行关系密切，它们既影响着病菌的传播、侵入和繁殖扩展，还影响寄主的抗病性。高温(>30℃)、高湿(相对湿度>90%)的天气和植地土壤酸性较重，病害易发生流行；热带、亚热带地区本病发生尤重。植地连作、地势低洼，土质过粘或砂性过大，偏酸，均易诱发本病，土壤缺硼、缺钼，钙素利用受限、偏施氮肥、中耕或地下害虫和线虫危害造成的伤口多、打顶不当等都会加重发病。

1. 品种抗性差异

品种间的抗病性存在着明显的抗感差异，但在青枯病流行区，目前所有栽培的烟草品种多为感病品种，这是青枯病流行的重要因素。自 1990 年以来广西的调查结果发现，仅有 K326 较为抗耐病，属中抗型，发病期也稍迟；Coker176 是抗性很强的品种，可把病害控制在不足以造成危害的程度。四川、山东等发现 D101、G80 有较强的抗性和耐性，其中G80在山东和福建的病情指数为6.5～24.0。广东省南雄市在青枯病品种抗性筛选中发现台烟、夏抗1号、夏抗3号、Coker176、VS770、NC326等材料的发病率为1%。湖南湘西烟草科学研究所在对48个晒红烟品种(系)抗性鉴定中，筛选出密叶子、大幅烟和小南花等较抗青枯病品种，可在重病区试种或作为抗原品种加以利用。

2. 气候因素

烟草青枯病属高温高湿型病害，凡低温高湿或高温干旱均不能使病害发生和流行。许多研究资料表明，当日均温稳定在22℃以上时，烟株根系层的土壤充分湿润后，病菌即可侵入危害。中国南方的许多烟区每年的4月中下旬，温度一般能满足青枯病菌侵入危害的条件，但此时病害能否发生，就取决于降雨或灌溉，降雨早，始病期就早，反之则迟。气温达30℃以上，相对湿度90%以上，病害常常大发生。

在病害始发后，湿度成为影响病害流行速度和危害程度的主导因子，雨量多，湿度高，病害发生快，危害重；相反雨量少，湿度低，病害发生受抑制，危害也较轻。暴风雨或久旱后遇暴风雨或时晴时雨的闷热天气更有利于病害的发生和流行，病害会迅速扩展蔓延，造成大片烟株凋萎死亡。

3. 土壤条件

青枯病菌在土壤中存活期很长，有报道在连续5年不种茄科作物的稻田中仍有存活病菌，甚至生茬地和连续16年种植非感病寄主作物的土壤仍有发病。据方树民等(2013)的研究报道，当感病寄主不存在的情况下，青枯菌能够聚集在非寄主植物的根围，利用根的分泌物存活与繁殖，且不表现任何症状。随着不同作物轮作，该病菌可以从一种植物的根围转移到另一种作物的根围，使其得以生存延续，一旦遇到感病寄主植物并在适宜的条件下就可以引起流行危害。

不同的土壤类型对青枯病的发病程度有很大的影响。一般情况下，水田烟发病较轻，旱地烟发病较重；土质黏重易板结或土壤含沙量过高都易诱发病害，沙壤土发病较轻。通常地势高的烟地发病较轻，地势低的烟地发病较重，低洼积水处更重，田块的入水口或流水经过处也较重。另外，青枯病在偏酸性的土壤发病重，在碱性土壤上发病较轻。西南大学丁伟教授的研究小组证实，土壤pH在4.5～5.5是青枯病发病的最适土壤条件。

土壤微生态环境是发病的微观环境条件。土壤中广泛存在着青枯菌的拮抗微生物，对青枯病菌有一定的抑制作用。土壤有机质含量丰富，微生物多样性得到有效保护，则可以有效地抑制青枯病的发生。土壤肥力和肥料种类、数量都对青枯病的发生有较大的影响。化肥常年使用，或者当年肥力过大或氮肥过多，易造成烟株营养不协调，生长过于幼嫩，贪青晚熟，降低了烟株自身的抗病性，往往导致该病严重流行。硝态氮对烟草生长有利，铵态氮对烟草生长不利，所以施用铵态氮的地块发病也较重。硼肥是烟株维管束发育所必需的微量元素，如果烟草生长过程中缺硼，会导致维管束发育不良，顶芽萎缩，植株不壮，易受危害。因此，增施有机肥可减轻青枯病的发病程度。据张新生(1988)的研究报道，多年种植苎麻和凉薯的土壤可减少青枯病的发生。

4. 栽培技术

移栽期对青枯病的发生也有影响。一般移栽期早，可使成熟采收期避开发病盛期，造成的损失较小，反之损失较大。青枯病菌在土壤中越冬，因此连作发病重。中耕除草损伤烟株根系和雨天打顶抹杈造成的伤口有利于病菌侵入。地下害虫多，烟株受伤多易发病，受线虫侵染的烟株也易发生青枯病。

移栽苗子是不是健康，是否感染其他病害或者受伤等因素也对青枯病的发生有影响。移栽后小培土和团棵后的培土对于营造根际微生态环境，减少病菌侵染，增加烟草抵抗力具有重要的作用，可很好地减轻病害发生。

11.5　青枯病的调查

11.5.1　系统调查

针对烟草青枯病的发生流行规律，系统调查和大田普查是了解其田间发生消长动态、整体发病情况等两种最基本的方法。

系统调查是为了解一个地区烟草青枯病发生消长动态，进行定点、定时、定方法的调查；一般在烟草成苗期调查一次，移栽 10d 后开始，每 5d 调查一次，直至病株死亡或采收结束，且调查应在晴天中午以后进行，以当地主栽品种为主，烟田面积不少于 1 亩，调查期间不施用杀细菌药剂，其他管理同常规大田，调查田块相对固定。

具体调查方法为移栽后采用对角线 5 点取样方法，定点定株，每点顺行连续调查不少于 50 株，并记载发病率和病情指数，记入表 11-1。

表 11-1　烟草青枯病系统调查原始记载表（　　年）

日期：＿＿＿＿＿＿地点：＿＿＿＿＿＿品种；＿＿＿＿＿＿调查人：＿＿＿＿＿＿

调查田块序号	病情		各病级株数						病株率/%	病情指数	备注
	调查点	调查株数	0	1	3	5	7	9			
田块 1	1										
	2										
	3										
	4										
	5										
	平均										
…		…	…	…	…	…	…	…	…	…	…
田块 5	1										
	2										
	3										
	4										
	5										
	平均										

11.5.2 大田普查

大田普查是为了解一个地区烟草青枯病整体发生情况，在较大范围内进行的多点调查；选择不同区域、不同品种、不同田块类型苗床和烟田(调查苗床数量不少于10个，田块数量不少于10块，每块烟田面积不少于1亩)，在烟草团棵期、旺长期、打顶期、采收期和采收完毕后，每5d各调查一次，同一地区每年调查时间应大致相同。

具体方法为每块田采用对角线5点取样方法，每点顺行调查不少于50株，调查其总株数、病株数及严重度，计算病株率和病情指数，记入表11-2。

表 11-2 烟草青枯病普查调查记载表(　　年)

调查日期：________调查地点：________品种：________调查人：________

田块编号	田块类型	生育期	实查株数	各病级株数						病株率/%	严重度/%	病情指数
				0	1	3	5	7	9			
1												
2												
⋮	⋮	⋮	⋮	⋮	⋮	⋮	⋮	⋮	⋮	⋮	⋮	⋮
10												
平均												

11.6 青枯病的预测预报

11.6.1 发生期的预测

根据系统调查点病情消长调查情况，参考气象预报、历年资料、栽培品种、土壤基础、烟田施肥和长势情况，当观察到大田烟株发病率达0.5%时，及时发出预报。预报应预测出可能的爆发期，指出防治的最佳时期。

11.6.2 发生量的预测

烟草进入旺长期时，结合天气情况和调查资料，根据往年发病的基础，如果遇到多雨或者晴天后突降大雨，病害容易流行；一般土温20℃左右时，田间出现少量病株，土温达25℃左右时，阴雨后突然放晴，则病害盛发。发生量的预测要与发生期预测结合起来进行。

11.6.3 发生程度、危害程度、发生面积预测

发生程度以大田防治前普查的病株发生级别及其面积占总面积的比例为依据。危害

程度以大田防治后普查的病株危害级别及其面积占总面积的比例为依据。发生面积应是在一定预报范围内的面积，应预测不同级别的发生面积，并累加出总的发生面积。

11.7 预测预报参考资料

11.7.1 危害情况分级标准

烟草青枯病病情分级标准(以株为单位)：

0 级：全株无病。

1 级：茎部偶有褪绿斑，或病侧 1/2 以下有叶片凋萎。

3 级：茎部有黑色条斑，但不超过 1/2，或病侧 1/2～2/3 有叶片凋萎。

5 级：茎部黑色条斑超过 1/2，但未到达茎顶部，或病侧 2/3 以上有叶片凋萎。

7 级：茎部黑色条斑到达茎顶部，或病株叶片全部凋萎，叶片并未完全枯黄。

9 级：病株基本枯死。

11.7.2 发生程度划分标准

如果以病株率来评判发病程度，将发病情况分为 6 级。0 级无发生，1 级是发病率小于 2%；2 级是发病率在 2%～15%；3 级发病率在 15.1%～30%；4 级发病率为 30.1%～50%，5 级的发病率为大于 50%。

对于一个田块的发生程度，可以采用以发生盛期的平均病情指数来进行评价，烟草青枯病发生程度分为 6 级，各级指标见表 11-3。

表 11-3 单个烟田烟草青枯病发生程度分级指标

级别	0(无发生)	1(轻度发生)	2(中等偏轻发生)	3(中等发生)	4(中等偏重发生)	5(严重发生)
病情指数	0	0～5	5～20	20～35	35～50	>50

如果评价一个地区(或者一个限定范围内)的发病程度则应以发病率结合发生面积来进行评价。评价方法见表 11-4。

表 11-4 烟草青枯病发生程度分级指标

级别	0(无发生)	1(轻度发生)	2(中等偏轻发生)	3(中等发生)	4(中等偏重发生)	5(严重发生)
病株率/%	0	0～5	5～20	20～35	35～50	>50
发生面积占总种植面积的百分比/%	—	<20	—	—	—	—

11.8 测报资料收集、调查数据汇报和汇总

11.8.1 测报资料收集

需要收集的测报资料包括：

①当地种植的主要烟草品种、播种期、移栽期以及种植面积。

②当地气象台(站)主要气象要素的预测值和实测值。

③土壤 pH 状况。

11.8.2 测报资料汇报

区域性测报站每 5d 将相关汇总报表(表 11-5、表 11-6)报上级测报部门。

表 11-5 烟草青枯病系统调查汇总表(　　年)

日期		地点	地块类型	品种	生育期	调查株数	病株数	发病率/%	病情指数	备注
月	日									
…		…	…	…	…	…	…	…	…	…

表 11-6 烟草青枯病大田普查汇总表(　　年)

日期		地点	地块类型	面积/亩	品种	生育期	调查株数	病株数	病株率/%	病情指数	备注
月	日										
…		…	…	…	…	…	…	…	…	…	…

11.8.3 测报资料汇总

统计烟草青枯病发生期和发生量。记载烟草种植和青枯病发生、防治情况，总结发生特点，并进行原因分析(表 11-7)，将原始记录与汇总材料装订成册，并作为正式档案保存。

表 11-7　烟草青枯病发生、防治基本情况记载表

烟草面积/hm^2	耕地面积/hm^2		烟草面积占耕地面积比率/%
主栽品种	播种期/月－日　移栽期/月－日		
发生面积/hm^2	占烟草面积比率/%		
防治面积/hm^2	占烟草面积比率/%		
发生程度	实际损失/t	挽回损失/t	实际经济损失/万元
烟草青枯病发生与防治概况及简要原因分析 分析发病情况时，请注意发生区内土壤 pH、前茬作物、施肥情况等。			

第12章 烟草野火病及其预测预报技术

烟草野火病(tobacco wildfire disease)是一种细菌性叶部病害，它由烟草假单胞杆菌(*Pseudomonas syringae* pv. tabaci)引起，最早由美国人Wolf和Foser首次报道(Lucas G B，1975)，之后，陆续在世界各地发生，对世界烟草的生产造成了很大的影响。我国烟草生产上最早出现该病危害的年份尚不清楚，直到20世纪50年代我国辽宁、云南烟区才有该病危害的记载，其危害一直较轻，被视为烟草上的次要病害。到20世纪80年代中期，该病在贵州、四川、湖北、山东、河南、安徽、辽宁、黑龙江等省发生较为普遍，造成了巨大的经济损失，从此该病在我国烟草生产上由次要病害上升为主要病害之一(张广民等，2002；刘秋等，1999)。丁伟等近几年的调查结果表明，该病在我国各大烟区的发生与危害有逐年加重的趋势，特别是黑龙江、贵州、四川攀西地区以及武陵秦巴山区海拔较高的烟区发病较重，已经成为影响一些地区中上部烟叶可用性的重要限制因子。野火病病菌侵入叶片后可直接破坏叶片组织，同时分泌毒素对叶片细胞造成伤害。侵入叶片的病菌还导致烘烤时病斑扩大，造成更大的损失。

对于野火病的调查和测报重点是苗期带菌量、移栽到团棵期的发病率、采收期的发病率等。注意栽培品种、气候条件、施肥条件等对发病的影响。

12.1 烟草野火病病原菌

我国烟草野火病病原菌鉴定为假单胞杆菌属，丁香假单胞菌烟草致病变种*Psedomonas syringae* pv. tabaci[Wolf & Foster(1977) Young，Dye & Wikie(1978)]，菌体杆状，无夹膜，不产生芽孢，单生，两端钝圆，鞭毛极生1～4根，大小为(0.5～0.9)μm×(1.9～3)μm(谈文等，2003)。

烟草生长进入采收期时，烟草野火病与角斑病在田间经常混合发生，再加上两者在细菌形态学相似之处较多，将其区分具有一定的难度，因此关于烟草野火病与角斑病的区分与命名具有一个漫长的历史过程。Valleau等认为野火病是角斑病的一个产生黄色晕圈的菌系；Braun从形态学、生理生化、血清学等方面比较了这两种菌，认为其在细菌学形状上具有一致性；Faby等研究表明，烟草野火病菌可以产生毒素，引起烟叶表面上病斑周围的黄色晕圈，但在连续培养后这种特性消失；Johnson和Murwin首次报道除去野火病病原细胞的滤液能引起野火症状，证明了野火病菌产生了一种外毒素；Woolley和Broun提出野火毒素的浓缩和分析方法，野火毒素的物质结构也逐渐被确定(吕军鸿等，1999)。因此，在Bergey编写*Manual of Systematic Baeteriology*(1985)中已将角斑病菌并入野火病菌，作为一个不产生野火毒素的菌系，为假单胞杆菌属，丁香假单胞菌烟草变种*Pseudomonas syringae* pv. tabaci[Wolf & Foster(1917) Young，Dye & Wilkie

(1978)](葛莘等，1987)。

1986 年津巴布韦的 Deall 等比较了野火病和角斑病的致病性和流行学特性，结果表明，两种病在烟叶中的生长速度和生长量不同；烟株年龄和烟叶位置不同病原的致病性也有不同，幼株较下位叶对野火病最敏感，而老株的顶叶对角斑病最敏感；野火病与气候条件关系很大而角斑病则关系不大(姜新等，2007)。

12.2　烟草野火病的田间识别特征

烟草野火病在苗期、大田期均可发生，主要危害叶片，也可危害幼茎、蒴果、萼片等器官。叶片被侵染初期产生褐色水渍状小圆点(图 12-1)，其周围有一个相当明显的黄色晕圈。在多雨高湿的天气，病斑扩展速度很快，最后几个病斑愈合形成不规则的褐色大斑，宽晕仍然存在，上有不规则的轮纹(图 12-2)；如果遇到少雨干燥的天气，病斑开裂脱落，叶片碎毁。幼茎、蒴果、萼片发病后产生不规则小斑，初呈水渍状，后渐变褐，周围晕圈不明显。果实后期因病斑较多而坏死、腐烂、脱落(图 12-3)。野火病也偶尔危害茎，在茎上形成白色或浅棕色直径为 3～6mm 的凹陷斑，黄色晕圈不明显。

烟草野火病产生的病斑愈合后，一些不规则的大病斑上也会有轮纹，与赤星病相混淆，但仔细观察发现，赤星病的轮纹是规则的、以病斑最初的侵染点为圆心的同心轮纹，而野火病的轮纹是不规则的，呈弯曲、多角形等状。

图 12-1　烟草野火病发生初期的症状

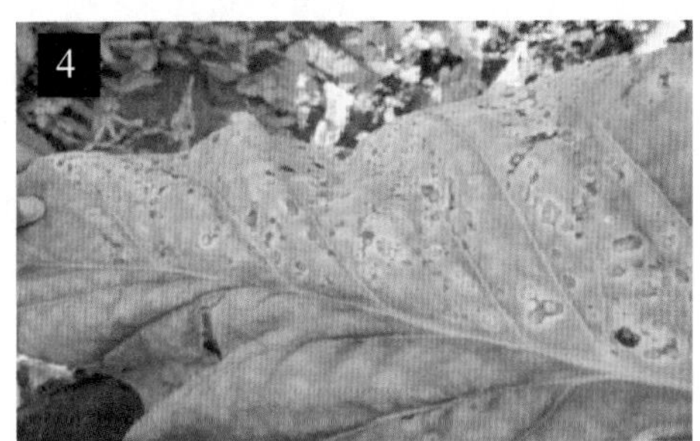

图 12-2　烟草野火病发生中期的症状

图 12-3 烟草野火病发生后期的症状

12.3 发生和流行规律

野火病的发生时间具有一定的规律性，一般自 6 月上、中旬在小团棵到团棵期底脚叶零星发病，随后病情逐渐上升；6 月下旬至 7 月中、上旬达流行危害盛期，烟株中下部叶片不同程度受害；随着低脚叶的采收，以及温度的上升，会有一段发病程度受到抑制的现象；进入 8 月中、下旬，遇到多雨降温的气候，会加快流行，导致爆发，这是造成产质量损失的关键时期。

野火病病原菌在适宜的温湿度条件下进行大量繁殖，然后靠风、雨或昆虫传播，再从烟株的伤口或自然孔口侵入，完成初次侵染使烟草发病。烟株病部产生菌脓，通过雨水的冲溅，完成病菌的二次侵染使烟草病情进一步加重。烟株生长的后期，连续暴风雨后的突然放晴天气是烟草野火病快速传播的关键时期，在这样的天气后要在第一时间对该病进行调查和观察，以便及时发现并采取防治措施。

重庆市奉节县吐祥烟区连续两年的调查结果如图 12-4 所示，整体表现为双峰曲线。5 月底 6 月初野火病开始侵染，田间出现病情，主要侵染烟株脚叶；从 6 月中下旬至 7 月上旬，病情出现第一个高峰；7 月下旬至 8 月上旬，病情出现最小值(发生以后的第一个低谷)；8 月中下旬，病情开始回升，达到一定值后病情保持稳定(王振国等，2012)。

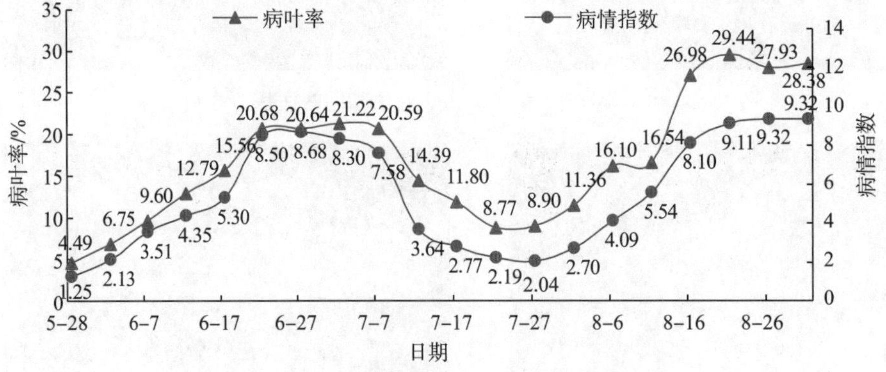

图 12-4 烟草野火病田间发生动态(王振国等，2012)

对云南曲靖地区多点进行系统观察发现，烟苗进入猫耳期后开始零星出现病斑，成苗期达到发病的高峰，大田移栽的时候烟农摘除病叶，淘汰重病株，移栽初期病情明显下降。烟株团棵期前后野火病病情开始回升，到旺长前期进入第二个发病高峰，至打顶前病情不再上升并具有下降的趋势。烟株打顶后病情又开始回升，至打顶后15d左右达到第三个发病高峰。如果烟田施用过多氮肥，遇到多雨潮湿的天气，这个高峰常维持到烟叶采烤结束(谈文等，2003)。

12.4 影响野火病流行的主要因素

12.4.1 起始侵染源

烟草野火病的初侵染源主要是田间越冬病残体、带菌种子、被病残体污染的水源、粪肥等。国外也有些学者的研究认为，烟草野火病的主要初侵染来源为自然情况下存在于其他作物、杂草、牧草根部的病原菌。

12.4.2 气候条件

气候是烟草野火病发生与流行的关键因素。当田间病原存在时，任何能够使大面积叶片湿润的气候条件都有利于田间病害的迅速蔓延。病原的潜育期与气候的湿度有很大的关系：湿度较小时潜育期较长，发病较轻；湿度较大时潜育期较短，发病较重。如，相对湿度在86%以上，病原潜育期只有4d；相对湿度在81%～84%时，潜育期为5～6d；相对湿度约80%时，潜育期延长到8d。湿度与降雨量密切相关，一般情况相对湿度随雨量和雨日的变化而变化，每次连续的雨后田间都会出现发病的高峰。湿度是影响野火病发生与否的关键因素，可能是因为在湿度大的环境里，烟叶组织的充水决定了气孔是否开放和开放程度，且叶组织充水，易形成伤口，很大程度上减少了病原入侵的阻力(Diachun S，et al.，1942)。特别是暴风雨或冰雹后，叶片上造成大量伤口和穿孔，有利于病菌侵入；雨水有利于病菌传播，因此暴风雨后容易导致野火病大流行。

在烟草能正常生长的温度范围内，气温基本上适宜野火病发生与流行。温度是影响野火病发生与流行的重要因素。气候干燥、相对湿度低，野火病不发生或少发生。一般认为，28～32℃的高温条件最有利于野火病的发生，野火病菌对温度的适应性十分广泛，在烟草能正常生长的温度范围内，气温的高低对野火病是否发生或发生轻重影响并不大(张广民等，2002)。

12.4.3 品种抗性因素

抗性基因越多的烟草，病害在其体内繁殖、危害的可能性也就越小。据鉴定，目前生产上推广的烟草品种之间虽存在抗性差异，如NC89、K326及G80较云烟87、云烟85、南江3号、中烟100、贵烟4号感病较轻，但整体来说烟株对野火病不产生抗性或抗性很低，这是野火病流行快、危害重、防治困难的重要原因之一。

12.4.4 栽培因素

野火病的发生和流行与栽培措施有很大关系。氮肥过多会降低烟株对野火病的抗性(王绍坤等，1994)，磷钾肥有提高烟株抗病性的作用(王绍坤等，1991)。连作地比轮作地发病重，且连作年限越长病情越重。此外，病情也与烟株长势有关，凡是落黄正常的烟株发病较轻，黑暴、落黄不正常的烟株发病均较重。

12.4.5 其他因素

烟田遭受冰雹袭击、害虫危害(金龟子、烟青虫、斜纹夜蛾)等造成的机械伤口为病原菌的侵入和危害创造了有利条件；处于风口容易受到机械损伤的烟蒂和叶片容易发病。烟草营养的不平衡如磷肥不足导致烟草抗病性降低也一定程度上促进了野火病菌的顺利侵入，造成病害流行。

12.5 野火病的调查

12.5.1 系统调查

1. 调查时间

苗床期，调查时间为移栽前 10d 调查一次；大田期，调查时间从移栽后 10d 开始，每 5d 调查一次，一直持续到采收结束。

2. 调查田块

以当地主要栽培的烟草品种为主，选择有代表性的苗床和烟田，苗床不少于 10 个，烟田面积不少于 1 亩。若当地普遍种植抗病品种，难以选定系统观测田，则应预先在发病条件较好、观察方便的地块种植感病品种，建立观测圃，用于系统调查。选调查田块应相对固定，调查期间不施用杀菌剂。

3. 调查方法

苗床调查：每个苗床随机选取 3 个 0.5m^2 的点进行逐株调查，根据调查情况统计幼苗的病株数，计算发病率，将结果记入表 12-1。

大田调查：大田调查应先以普查为主，从田间发现病斑开始进行定株调查，通过对角线法进行 5 点取样，每点 5 株，被调查的烟株最好通过挂牌进行标记，这样有助于更准确地反应病情的动态，调查时间一般是每 5d 调查一次，若遇降雨天气，则每 3d 调查一次，调查过程中以叶片为单位进行分级调查，记录调查的总株数、病株数、总叶数、各病叶的病级数，最后通过调查计算烟株的病叶率和病情指数，将结果记入表 12-2。

表 12-1　烟草野火病苗床期系统调查原始记载表(　　年)

调查地点：＿＿＿＿＿＿＿＿　品种：＿＿＿＿＿＿＿＿　日期：＿＿＿＿＿＿＿＿

调查苗床编号	调查点序号	调查株数/株	发病株数/株	病株率/%	备注
1	1				
	2				
	3				
	平均				
…	…	…	…	…	…
10	1				
	2				
	3				
	平均				

表 12-2　烟草野火病大田系统调查原始记载表(　　年)

调查地点：＿＿＿＿＿＿＿＿　品种：＿＿＿＿＿＿＿＿　日期：＿＿＿＿＿＿＿＿

田块定点编号	调查情况					各病级叶数						病叶率/%	病情指数	备注
	调查点序号	调查株数/株	发病株数/株	发病率/%	调查叶数	0	1	3	5	7	9			
1	1													
	…													
	5													
	平均													
…	…	…	…	…	…	…	…	…	…	…	…	…	…	…
5	1													
	…													
	5													
	平均													

12.5.2　大田普查

1. 普查时间

调查时间分别在烟草的团棵期、旺长期、打顶期、采收期各调查一次，同一烟区、烟草相同生长时期，每年的调查时间应大致相同。

2. 普查田块

普查田块的选择与系统调查有相似之处，以当地主要栽培品种为主，选择具有代表性的田块。调查田块数量不少于 10 块，这 10 块烟田可根据不同海拔、不同长势等情况进行分类，且每块烟田面积不少于 1 亩。

3. 普查方法

调查时，每块烟田采取5点取样法，每点调查20株，调查时记录调查的总株数、病株数、总叶数、各病级叶数，最后通过公式计算烟株的病株率以及病情指数，以评价其发病程度。将结果记入表12-3。

表12-3　烟草野火病大田普查原始记载表(　　年)

调查地点：＿＿＿＿＿＿　品种：＿＿＿＿＿＿　日期：＿＿＿＿＿＿

田块编号	田块类型	生育期	调查点序号	调查株数/株	病株数/株	病株率/%	调查叶数	各病级叶数						病株率/%	病情指数	备注
								0	1	3	5	7	9			
1			1													
			…													
			5													
…	…	…	…	…	…	…	…	…	…	…	…	…	…	…	…	…
5			1													
			…													
			5													

12.6　野火病的测报

12.6.1　发生期预测

根据系统调查点病情消长调查情况，参考气象预报、历年资料、栽培品种、土壤基础、烟田施肥和长势情况，当观察大田烟株发病率达1%时(只要有病斑出现)应及时发出预报。

12.6.2　发生量预测

发生量预测分为移栽到团颗期、采收期两个时期，结合天气情况和调查资料，根据往年发病的基础，如果遇到多雨、降温天气，病害容易流行。发生量的预测要与发生期预测结合起来进行。

以下几种情况，会影响发生量和快速流行。①当地烟田土壤中Mn和Mg元素含量较平均水平过高时；②烟草移栽两周后气温出现低温阶段(日平均气温低于10℃)；③烟草进入旺长期以后，连续出现高温(日平均气温在22℃左右)、后出现连续降雨2d以上，温度下降5℃以上的天气；④烟草打顶以后或低温降雨以后突然出现暴晴天气要注意野火病的流行。

12.6.3 发生程度、危害程度、发生面积预测

发生程度以大田防治前普查的病株发生级别及其面积占总面积的比例为依据。危害程度以大田防治后普查的病株危害级别及其面积占总面积的比例为依据。发生面积应是在一定预报范围内的面积，应预测不同级别的发生面积，并累加出总的发生面积。

12.7 测报参考资料

12.7.1 病害严重度分级

病害严重度分级标准如下。

0 级：全叶无病。

1 级：病斑面积占叶片面积的 1%以下。

3 级：病斑面积占叶片面积的 2%～5%。

5 级：病斑面积占叶片面积的 6%～10%。

7 级：病斑面积占叶片面积的 11%～20%。

9 级：病斑面积占叶片面积的 21%以上。

12.7.2 烟田野火病发生程度分级

烟田发生程度共分为 6 级，主要以发生盛期的平均病情指数为标准。各级指标如表 12-4 所示。

表 12-4　烟草野火病发生程度分级指标

级别	(0)无发生	(1)轻度发生	(2)中等偏轻发生	(3)中等发生	(4)中等偏重发生	(5)严重发生
病情指数 I	0	$0<I\leqslant 5$	$5<I\leqslant 15$	$15<I\leqslant 30$	$30<I\leqslant 40$	$I>40$

12.8 测报资料收集、调查数据汇报和汇总

12.8.1 测报资料收集

田间野火病预测预报需要收集的资料包括：①当地种植的主要烟草品种、播种期、移栽期、以及种植面积；对烟草生长的团棵期、旺长期、打顶期和成熟期这几个时间段的起止日期进行记录。②当地气象台(站)主要气象要素的预测值和实测值，同时把烟草

生长过程中因暴风雨、干旱、洪涝、冷害等气候灾害对烟草生产带来的损失进行详细记录。

12.8.2 测报资料汇报

各烟区区域性测报站每5d将系统调查(表12-5)、大田普查的相关数据进行汇总(表12-6)，根据汇总报表相关目录和要求，将调查得到的数据如实填入表格中，最后上报上级测报部门。

表12-5 烟草野火病系统调查汇总表(　　年)

日期		地点	地块类型	品种	生育期	调查株数	病株数	发病率/%	病情指数	备注
月	日									
…		…	…	…	…	…	…	…	…	…

表12-6 烟草野火病大田普查汇总表(　　年)

日期		地点	地块类型	面积/亩	品种	生育期	调查株数	病株数	发病率/%	病情指数	备注
月	日										
…		…	…	…	…	…	…	…	…	…	…

12.8.3 发生与防治情况汇总

对当地烟草种植区的烟草种植的基本信息进行记录和统计，同时对烟草野火病的发生期、发生量进行调查和统计。记载烟草种植和角斑、野火病发生、防治情况，总结发生特点，并对该病害发生的原因进行分析(完成表12-7中的相关内容)，最后将原始记录与汇总材料装订成册，并作为正式档案保存。

表12-7 烟草野火病发生、防治基本情况记载表(　　年)

烟草面积/hm^2	耕地面积/hm^2	烟草面积占耕地面积比率/%	
主栽品种	播种期/月－日	移栽期/月－日	
发生面积/hm^2	占烟草面积比率/%		
防治面积/hm^2	占烟草面积比率/%		
发生程度	实际损失/t	挽回损失/t	直接损失经济价值/万元

续表

烟草野火病发生与防治概况及简要原因分析 分析时可统筹考虑角斑病的发生情况，并给予汇报。分析过程中注意土壤条件、气候条件以及防治措施等对烟草野火病的影响。

第 13 章　烟草黑胫病的调查与测报技术

烟草黑胫病(tobacco black shank)是一种分布广、危害严重的世界性烟草根茎病害，1896 年 Bred de Haan 首次发现于印度尼西亚的爪哇。我国于 1950 年首次报道该病对烟草的危害，目前在我国所有的植烟省份都有危害发生，常年经济损失约 4%，严重地块损失可达 50%以上，甚至绝收。该病在生产中的发生危害还表现在可与青枯病混发，一些根黑腐病、线虫严重发生的地区，该病也会严重发生。该病可危害苗床期烟苗，也可在大田期危害烟株的根茎部和叶片，最致命的伤害是破坏茎部，造成整株死亡。近年来，由于连作、土壤耕作不到位等原因，该病在一些地区仍然是生产上的重要病害，需要引起高度重视。

对于烟草黑胫病的调查和测报需要关注烟草的苗期带菌情况、早期发病情况、团棵期发病情况、田间发病率等。同时根据田间单株发病情况，结合天气情况和品种抗病性发出中短期预报，有效指导防治。

13.1　烟草黑胫病的病原

烟草黑胫病的病原菌为寄生疫霉烟草致病变种(*Phytophthora parasitica* var. nicotianae)，属于鞭毛菌亚门(Mastigomycotina)、卵菌纲(Oomycetes)、霜霉目(Peronosporales)、腐霉科(Pythiaceae)、疫霉属(Phytophthora)。气生菌丝无隔透明(偶尔在老熟菌丝中有横隔)，直径 3～11μm，菌丝内含有大量油球。孢子囊顶生或侧生，梨形或椭圆形，有乳突(幼嫩孢子囊乳突不明显)。每个孢子囊可释放 5～30 个游动孢子。游动孢子近圆形或肾形(直径 7～11μm)，无色，侧生双鞭毛作为水中游动的器官(图 13-1)。游动孢子萌发产生芽管。烟草黑胫病在自然情况下未发现卵孢子。

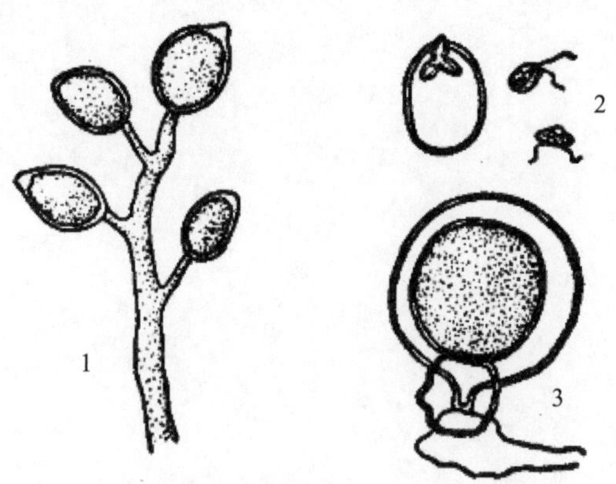

1. 孢囊梗及孢子囊；2. 孢子囊萌发溢出游动孢子；3. 藏卵器、卵孢子及雄器

图 13-1　烟草黑胫病菌

13.2　病原菌生物学

13.2.1　生理特性

黑胫病菌为半水生，喜欢高湿高温的兼性寄生菌，这是发生在热带及亚热带国家的主要原因。生长最适温度为 28～32℃，最高 36℃，最低 10℃。孢子囊萌发对湿度非常敏感，相对湿度 97%～100%时，5h 萌发；91%时，45～70h 才能萌发。光线对其萌发有抑制作用(谈文等，2003)。在云南和四川攀西地区，移栽时干旱，但仍然会发生黑胫病，主要原因是移栽时浇足了水，营造了一个有利于孢子萌发和入侵烟草的小环境，同样可造成黑胫病的严重发生。

13.2.2　寄主范围

烟草是烟草黑胫病菌的唯一自然寄主，绝大多数烟属植物种都感染黑胫病。番茄、茄子、马铃薯、海狸豆和辣椒幼苗，只有在人工接种黑胫病菌的情况下感染才会发生。人工接菌还能侵染一些植物果实(如苹果、茄子、棉铃、马铃薯)和番木瓜的茎，但这些植物根系都能抵抗黑胫病菌(赖传雅，2003；马国胜，2003)。

13.2.3　危害症状及识别要点

烟草黑胫病可危害烟苗及大田烟株，主要危害根系和烟草茎部。幼苗发病，多数先在根、茎部近地面处发生黑色斑，病部向上下扩展，延及全部茎、叶及主根，感病茎基部细缢，易引起猝倒。湿度较大时，病苗全部腐烂，表面产生白色绵毛状霉，并迅速蔓延至附近烟苗上，容易造成烟苗成片烂死。湿度较小时，病苗干枯呈黑褐色。幼苗受病轻微时，症状不明显，但烟苗移植大田后，遇到高温多湿环境，极易发病。多数先在根茎交接近地面处开始发黑，并向上扩展，可高达烟株的 1/3 处，有时在茎秆中部发病变黑，使烟株枯死；有时茎部不呈现病斑而枯萎死亡，拔起病株，则见主根及支根变黑腐烂。

移栽后的大田烟株是烟草黑胫病侵染的主要对象，主要的危害症状有“穿大褂”“黑胫”“黑膏药”“腰漏”“碟片”状髓等。穿大褂是指烟株的根系或茎部受到侵染后，叶片自下而上逐渐发黄下垂萎蔫的症状；黑胫主要是指病原菌侵染后，导致根部出现黑色坏死，茎基部出现黑褐色凹陷坏死斑，茎秆坏死斑横向可扩展至整个茎围，纵向一般扩展至烟株的 1/3 处，俗称“黑根”；黑膏药症状主要是烟叶的危害症状，在生长后期天气潮湿时发生，病原菌侵染烟株的下部叶片，形成很大的绿褐色或黑褐色、圆形或不规则形的病斑，病斑上隐约可见浓淡相间的轮纹，周围呈水渍状，且扩展很快，能穿过叶脉，直径可达 3～4cm，俗称“猪屎斑”“黑膏药”；腰漏症状主要是指叶部“猪屎斑”上的病原菌可沿主脉、叶柄蔓延进而侵染茎部，造成茎中部出现黑褐色坏死斑，而出现“腰漏”“腰烂”状；“碟片”状髓指茎部受到黑胫病菌的侵染后，因病菌毒素的作用而变褐、变黑、干缩、分离成碟片状。

田间症状易与烟草青枯病、烟草根黑腐病混淆，其症状的主要区别在于青枯病在潮湿的环境下，挤压病茎切口有污白色黏液(菌脓)流出；烟草黑胫病茎秆周围叶片均萎蔫变黄，茎基部变黑；根黑腐病一般发病较早，在烟草团棵期开始表现症状，感病后烟株会表现不同程度的矮化，根尖端腐烂，大根表面呈现粗糙的黑色的凹陷坏死斑，根系支离破碎，常常发病轻的病株，在“烂根”上方长出新根(图 13-2)。

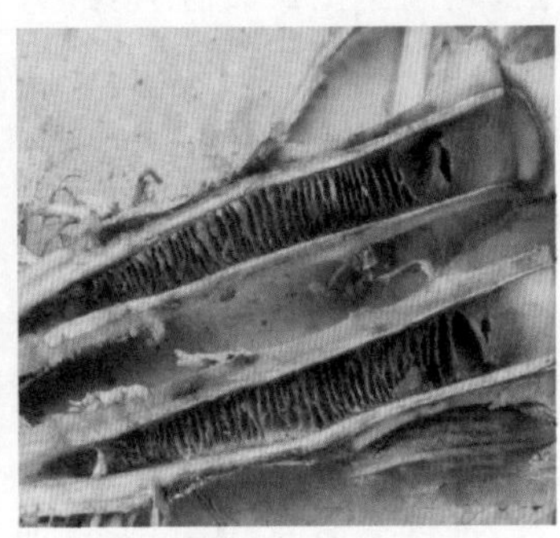

图 13-2 烟草黑胫病症状

13.3 发病特点及流行规律

13.3.1 初次侵染

一般病菌主要自茎基部直接侵入或伤口侵入，病菌的初侵染主要是由游动孢子完成，孢子受根部弱电流吸引或对根分泌物的趋化性，常聚集在烟株根表面，可以直接从未木质化的根冠或伤口侵入，在 3h 内便可产生芽管并穿入表皮，菌丝迅速进入皮层细胞内或细胞间，在 6h 就可到达中柱。

(1)黑胫病初次侵染的病菌主要来自带病土壤，其次是烟田灌溉了带有病菌的水或施入了混有病菌的肥料。

(2)在温度、湿度适宜时，田间病株通过流水传播、雨水冲溅以及农事操作反复侵染。

(3)移栽病地烟苗也能引起传病。

(4)人、畜等在潮湿病土上经过也会将病菌从一块田传到另一块田中，甚至会较远距离传播。

(5)病株死后，病株残余遗留土中成为第二年侵染来源。

13.3.2 环境条件

(1)高温高湿有利于黑胫病的发生与流行。降雨是影响病害流行的一个重要因素，雨后暴热或阵雨的天气尤其诱发该病的严重发生。平均温度低于 20℃时很少发病。近年推广的地膜栽培明显提高了土壤温度，致使黑胫病的始发期比不盖膜的烟田提早了 10～15d。在 24～32℃侵染适温下，由于雨季来得早，降雨量大和持续高温，地势低洼，土壤黏重的地块发病重(王万能等，2003)。

(2)黏土、低洼、排水差的地块发病重，砂土、干燥、排水好的地块发病轻。

(3)当烟株受其他根茎病害(如线虫、根黑腐病等)侵染时，抗黑胫病的能力明显下降，易发生该病，病田连作发病严重，轮作则轻。

(4)品种间的抗病性存在很大差异。目前推广的大多数烤烟品种对于黑胫病都有较高程度的抗性，但是在白肋烟品种中感病品种较多，一些抗黑胫病的白肋烟品种仅对黑胫病 0 号小种具有抗性。另外烟株不同生育期抗病力也不同，一般现蕾期以前容易感病，苗龄越小越易感病。

13.3.3　再侵染与传播

病菌主要在土表 0～5cm 的土层中活动，5cm 以下含菌量很少。田间再侵染主要发生于近地表的茎基部伤口处，另一个侵入途径则是抹杈或采收所造成的伤口以及下部叶片的伤口部位。特别是现蕾以后，茎开始老化，茎部伤口常成为主要侵入部位。潮湿环境下，土表或初侵染病株茎叶表面可以产生大量繁殖体，游动孢子在 72h 内就可完成萌发→芽管→菌丝→孢子囊→新一代游动孢子过程，新形成的孢子囊、游动孢子便成为再侵染源。再侵染主要靠流水、风雨传播，其次靠人为因素传播。黑胫病的再侵染可以重复多次发生(谈文等，2003)。

13.4　烟草黑胫病的调查

13.4.1　系统调查

烟苗移栽大田 10d 后选择具有代表性的烟田进行调查，调查在晴天中午以后，每 5d 调查一次，记录当年黑胫病发生的时间，直至烟株死亡或者烤烟结束。调查将田间烟株的 4 片底脚叶剔除后采用 5 点取样法，每点固定 50 株生长正常的烟株(若固定烟株生长不正常或其他病虫害较重的烟株，则更换固定烟株；若固定烟株邻近有其他重病烟株则将其铲除)，共调查 250 株。每次调查时均采取以株为单位的方法进行分级调查，记录每株烟黑胫病的危害严重度，计算发病率和病情指数。结果记入烟草黑胫病病情系统调查表(表 13-1)。

代表性烟田应选择当地主栽品种为主，每块田面积应大于 1 亩。若当地普遍种植抗病品种，难以选定系统观测田，则应预先在发病条件较好、观察方便的地块种植感病品种，建立观测圃，用于系统调查。选调查田块应相对固定，调查期间不施用杀菌剂。

表 13-1 烟草黑胫病系统调查记载表（ 年）

单位：________ 调查地点：________ 调查日期：________ 调查人：________

调查点序号	各病级发病株数						发病率/%	病情指数	备注
	0	1	3	5	7	9			
1									
2									
3									
4									
5									
平均									

13.4.2 大田普查

大田普查是为了解一个地区烟草黑胫病整体发生情况，在较大范围内进行的多点调查；选择不同区域、不同品种、不同田块类型苗床和烟田（调查苗床数量不少于 10 个，田块数量不少于 10 块，每块烟田面积不少于 1 亩），在烟草成苗期（8～10 叶期）、团棵期、旺长期、采收期分别进行 4 次普查，同一地区每年调查时间应大致相同；每个苗床随机调查不少于 100 株，每块田采用对角线 5 点取样方法，每点 50 株，共查 250 株，计算发病率和病情指数，结果记入表 13-2。

表 13-2 烟草黑胫病普查调查记载表（ 年）

单位：________ 调查地点：________ 调查日期：________ 调查人：________

田块编号	田块类型	生育期	实查株数	各病级株数						病株率/%	严重度/%	病情指数
				0	1	3	5	7	9			
1												
2												
3												
…	…	…	…	…	…	…	…	…	…	…	…	…
9												

13.5 烟草黑胫病的测报

(1)烟草黑胫病是一些烟区的发生特点。在四川攀西地区，发病的高峰期在团棵期；在武陵秦巴山区，发病的高峰期一般在旺长期；在北方烟区，该病害一般发生在现蕾期。因此，该病的发生主要与侵染时间、湿度和温度有关。一般日均温度为 24～27℃时适宜黑胫病流行，平均温度低于 20℃时，黑胫病很少发生。日均温为 24～27℃，连续 5d 相对湿度在 90%以上时，病害就会严重发生(张凯等，2015)。

(2)短期预报。在常年发病区，可根据气象条件和生育期及抗病品种等因素综合分析进行短期预报。山东的经验是：7 月份干旱或者降雨少，发病轻或推迟发病；如果 8 月中旬仍无大雨或暴雨，就不会流行该病害。如果温度合适，降雨多少和持续时间就是影响发病的关键因素。

(3)中长期预报。一是区域该病害常年发生情况；二是连作时间、排水情况、起垄情况；三是品种抗性情况；四是早期预防情况；五是天气变化情况。根据这五个要素，可预测该病中长期发生的程度。此外，根据当年田间发病情况结合防治措施来间接推测土壤越冬菌量，继而预测来年的发病程度。如当年平均发病率为 0，则下年度发病也比较轻；如果当年发病率超过 5%，下年则高发病的概率在 60%以上。

13.6　测报参考资料

13.6.1　黑胫病受害程度或者病情的分级标准

根据植株或烟叶片等部位受害程度，用分级法表示。

0 级：全株无病。

1 级：茎部病斑不超过茎围的 1/3，或 1/3 以下叶片凋萎。

3 级：茎部病斑环绕茎围的 1/3～1/2，或 1/3～1/2 叶片轻度凋萎，或下部少数叶片出现病斑。

5 级：茎部病斑超过茎围的 1/2，但未全部环绕茎围，或 1/2～2/3 叶片凋萎。

7 级：茎部病斑全部环绕茎围，或 2/3 以上叶片凋萎。

9 级：病株基本枯死。

根据分级标准，以调查区域内每级所占的株数可以计算出病情指数。病情指数可以综合评价病害发生程度。

13.6.2　黑胫病发生程度分级

烟草黑胫病发生程度分为 6 级，主要以发生盛期的平均病情指数确定。各级指标见表 13-3。

表 13-3　烟草黑胫病发生程度分级指标

级别	0(无发生)	1(轻度发生)	2(中等偏轻发生)	3(中等发生)	4(中等偏重发生)	5(严重发生)
病情指数 I	0	$0<I\leq5$	$5<I\leq20$	$20<I\leq35$	$35<I\leq50$	$I>50$

13.7 测报资料收集、调查数据汇报和汇总

13.7.1 测报资料收集

①烟草移栽期、移栽面积及其他必要的栽培管理资料；②主要品种栽培面积、生育期和抗病性；③气象台(站)主要气象要素的实测值和预测值。

13.7.2 测报资料汇报

(1)区域性测报站每5d将相关汇总报表，系统调查汇总表(表13-4)和普查情况汇总表(表13-5)，及时报上级测报部门。

表13-4 烟草黑胫病系统调查汇总表

单位：________ 调查地点：________ 类型田：________ 调查人：________

日期		调查地点	地块类型	品种	生育期	调查株数	病株数	病株率/%	病情指数	备注
月	日									
…		…	…	…	…	…	…	…	…	…

表13-5 烟草黑胫病普查调查汇总表

单位：________ 调查地点：________ 类型田：________ 调查人：________

调查日期	调查地点	田块编号	品种名称	移栽期	生育期	田块面积/亩	全田发病情况	实查面积/亩	调查株数	发病株数	发病率	病情指数	施肥量	防治情况
…	…	…	…	…	…	…	…	…	…	…	…	…	…	…

(2)对烟草黑胫病发生期和发生量进行统计，汇总烟草种植和黑胫病发生、防治情况，总结发生特点，并分析原因(表13-6)，将原始记录与汇总材料装订成册，并作为正式档案保存。

表 13-6　烟草黑胫病发生、防治基本情况记载表

烟草面积/hm^2：　　　　　　　　耕地面积/hm^2： 烟草面积占耕地面积比率/%：
主栽品种：
发生面积/hm^2：　　　　　　　　占烟草面积比率/%：
防治面积/hm^2：　　　　　　　　占烟草面积比率/%：
发生程度：　　　　　　　　实际损失/t： 挽回损失/t：
发生和防治概况与原因简述： （在防治情况中，应列出采用化学农药的种类、施用时期、剂量及效果等。）

第 14 章 烟草赤星病及其预测预报技术

烟草赤星病(tobacco brown spot)俗称“红斑”“斑病”“恨虎眼”“火炮斑”“褐斑”等，是危害烟草生产的一种真菌性病害。该病是典型流行病，具有间歇性和爆发性的特点，在世界各烟草产区均有发生，是烟草生产上威胁最大的病害之一。1892 年，烟草赤星病首次在美国发现，1956 年在北卡罗来纳州突然暴发并流行，而后在美国发展成为一种毁灭性病害(Shew H et al，1990)。20 世纪 50 年代前赤星病是非洲烟草生产的重要病害，1931 年该病在津巴布韦广泛传播。此外，在哥伦比亚、阿根廷、委内瑞拉、澳大利亚、加拿大等国家也陆续发生(Tisdale W B et al，1981)。在我国，1916 年首先在北京近郊发现该病，1963 年开始在河南及山东烟区流行。1990 年以后，该病在我国迅速发展。据近年来的统计数据(刘国顺等，2003，2011)，该病对我国烟叶生产造成的损失仅次于病毒病，居第 2 位，每年发病面积约在 10×10^4 hm^2，造成的经济损失达数亿元。烟草赤星病的发生和危害遍及我国各大烟区，重点侵染中后期烟叶，造成叶片破烂，导致烟叶可用性降低，甚至不能烘烤。

对烟草赤星病的调查关键是越冬和初始菌源量，田间出现病斑的时间和数量，气候条件，烟草栽培基础，以及成熟度等进行预报，及时指导防治，避免大面积流行。

14.1 烟草赤星病菌形态特征

烟草赤星病菌为链格孢菌[*Alternaria alternata* (Fries) Keissler]，为兼性腐生菌，属于半知菌亚门链格孢属。其分生孢子梗浅褐色，单生或丛生，形状多为直立，部分为屈膝状，合轴式延伸，上面有多个明显的孢痕，有 1～3 个横膈膜。分生孢子萌发初期的颜色较浅，成熟后变成浅褐色，呈卵圆形、椭圆形、倒棍棒状等，有 1～7 个横膈膜，1～3 个纵膈膜。

14.2 赤星病菌的生物学特性

国内仅山东、河南以及台湾地区等曾有报道。国外的研究较多，但其结果存在不一致现象(Stavely J R et al.，1975；Spurr H W，1977)，很难成为制定防治措施的依据。王智发等(1991)在总结前人研究结果的基础上，提出了我国赤星病菌的基本生物学特性，其中关于病菌生长温度和 pH 条件的结果与以前的大多数研究基本一致。一般认为，烟草赤星病菌“生长量-生长温度”曲线呈典型的“S”形，最低、最适、最高温度分别为 12～16℃、20～24℃和 36℃。“生长量-pH 梯度”曲线基本呈直线，pH 在 4.0～10.5 均能生长，最适 pH 为 5.5～7.5，暗处理明显抑制菌株的生长能力但菌丝体损伤对病菌生长无影响。病菌致病性与生长量和产孢量呈负相关，与气生菌丝生长能力呈正相关。此外，病菌的致病性还随采集的时期不同而有差异，一般情况下病菌在寄主上繁殖的代数越多致病力越强即田间生育后期菌株致病力要比前期菌株强。

Alternaria alternata 中能产生 AT 毒素(AT-toxin)的类群是赤星病菌烟草致病型，可诱发赤星病，烟草对赤星病的抗病程度首先取决于对 AT 毒素的敏感程度。AT 毒素对寄主产生重要的影响，Durbin 认为主要有以下 7 个方面的影响：①抑制寄主植物的防卫机制；②影响细胞膜透性，使其释放出病原物生长必需的营养物质；③导致寄主细胞器中降解酶的释放；④为病原物提供一个有利的微生态环境；⑤促进病原物在寄主体内的运动；⑥增强寄主的敏感性；⑦抑制或促进其他微生物的二次侵染(张万良等，2011)。

14.3　烟草赤星病田间症状

烟草赤星病害多在烟株打顶后，下部叶片进入成熟阶段后开始发病，病斑从底角叶片开始，自下而上逐步发展。病斑初期为黄褐小斑点，后逐渐扩大为圆形或不规则的病斑，边缘明显，周围有黄色晕圈；湿度大时，病斑可以扩大 1～2.5cm，每扩大一次，病斑上留下一圈痕迹，形成多重同心轮纹，上面长有深褐色或黑色绒毛状物，是病原菌的分生孢子梗和分生孢子。环境干燥时，病斑易穿孔破裂，茎秆、蒴果等侵染部位形成椭圆形褐色凹陷斑；病害严重时，多个病斑相互连接，合并成片，致使病斑枯焦脱落，产生深褐色或黑色圆形、椭圆形凹陷病斑(张万良等，2011)(图 14-1、图 14-2)。

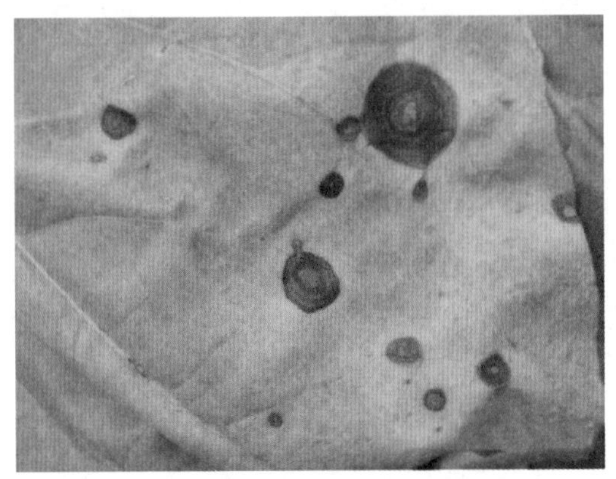

图 14-1　赤星病病叶(重庆植保信息网)

图 14-2　赤星病病茎(重庆植保信息网)

14.4　烟草赤星病的流行规律

赤星病菌是一弱寄生菌，病菌以菌丝形式在病残体中越冬，在不易腐烂的烟秸、叶片主脉上病菌可存活 2 年，一般情况下在烟叶、烟株以及杂草等田间病株残体上越冬。越冬后的赤星病菌，在第二年春天，气温回升，温度达到 7～8℃，相对湿度大于 50%的条件下，开始产生分生孢子，由气流、风、雨传播到田间烟株上侵染下部叶片(初侵染)，形成分散的多个发病中心。这些发病的烟株病斑上再产生分生孢子，又由风雨传播，形成再次侵染。经过多次再侵染，使病害逐渐扩展流行(病菌可以侵染花梗、蒴果、侧枝和茎等任何部位)。后期病原菌潜伏于病残体，落入土壤越冬，又成为来年的初侵染源。

烟草赤星病是一种喜高温、高湿的病害，其发生与流行是病原菌、种植品种、自然条件、海拔、施氮量、耕作制度和栽培管理技术等因素相互作用的结果，在环境条件有利于发病的情况下，短时间内即可造成大面积流行，给烟草生产带来巨大的损失。在烟株打顶后，叶片进入成熟阶段开始发病，条件适宜会逐渐加重。赤星病主要危害部位为叶片，茎秆、花梗，蒴果也会受到危害。

14.5 影响烟草赤星病发生流行的因素

14.5.1 环境因素

当温度在19～26℃时，烟草赤星病菌均可侵染烟株。最适温度为22℃，在烟草赤星病发生流行季节内，温度条件可以满足该病害的发生与发展。在我国平原烟区，烟草赤星病一般在7月初，烟株底脚叶成熟时进入感病期，田间始见病株，病情发展缓慢；7月中旬至8月上中旬采收中后期流行速度加快，为盛发期。在海拔较高的西南山区，烟草赤星病在7月中下旬，开始侵染烟株脚叶，病情并逐渐发展；8月中上旬，该病流行速度加快，为盛发期。

田间叶面湿度是影响病害流行的重要因素之一(马贵龙等，1998)。大雾、连续阴雨天气及晚间重露以后，田间病情即有所发展。露水停留叶面时间越长，越有利于该病害的发生、发展。在烟草赤星病发生流行季节，温度条件可以满足该病害的发生发展，那么露时长短是其主要的影响因素之一，降雨可延长叶面保湿时间，相对湿度90%以上，病害就会大量流行。染病烟株病斑上产生的分生孢子在温度适宜、叶片上有水膜时，孢子产生芽管，侵入开始成熟的脚叶。此外，除湿度、温度的作用以外，日照长短也与病情的发展有关。

14.5.2 田间管理因素

烟株栽植过密，植株间通风透光条件差的烟田，发病时间较早且病情比较严重(张济能等，1992)。烟草赤星病病情指数随种植密度的增大而增加。不同取值区间所增加的幅度也各不相同，密度为12900～13455株/hm^2，其病情指数的增加幅度较小；密度为16667～20850株/hm^2，病情指数的增加幅度较大。

合理的使用肥料是控制赤星病的有效措施。施氮肥过多、过晚，氮、磷、钾比例失调以及过熟采收等，都容易导致病害严重发生。姚玉霞等(1995)研究表明，烟叶内的总氮含量愈高，赤星病发病越严重。青州烟草研究所进行了氮、磷、钾不同配比对烟草赤星病发生影响的试验，其结果表明，赤星病发病率及病情指数随钾肥用量的增加而降低。

移栽期与赤星病的发生也有关系。凡是有利于烟叶早成熟的措施，将烟叶成熟期与有利于病害发生的气候条件错开，赤星病则轻。经多年调查发现，采取合理的早育苗、早移栽，能使烟叶提早成熟、提早采收、烘烤，当雨季来临之前烟叶基本烤完，则发病轻，否则使烟叶成熟期与病害盛发期相吻合，则发病重。早移栽早采收、烘烤，能起到减轻病害的作用。

打顶也可加重病情，现蕾期打顶较盛花期打顶的烟草赤星病发病重，差异达到极显著水平。

14.5.3　品种抗性因素

赤星病的发生与严重程度与种植的品种有密切关系。如中国从 20 世纪 50 年代以来，赤星病两次爆发流行，都与大面积种植感病品种有关，20 世纪 60 年代大面积种植金星 6007 等感赤星病品种，导致赤星病大发生；20 世纪 80 年代中期，大面积种植 G140、NC89、NC82 和 K326 等感赤星病品种，再一次导致赤星病的流行。烟草品种之间抗病性存在着一定的差异，目前生产上推广的 NC89、NC82、K326、G140、云烟 85 等主栽品种都感赤星病，中烟 90 表现了一定抗病性，G28 表现与中烟 90 相似，但由于对其他病害抗性能力差，或其他农艺性状的影响，仍以种植感病品种 NC89、K326 等为主，所以赤星病仍会继续发生流行。

14.6　烟草赤星病的调查

14.6.1　系统调查

1. 调查时间

开始以大田普查为主，在田间出现赤星病病斑后，一般在旺长后期开始进行调查。

2. 调查田块

代表性烟田应选择当地主栽品种为主，每块田面积应大于 1 亩。若当地普遍种植抗病品种，难以选定系统观测田，则应预先在发病条件较好、观察方便的地块种植感病品种，建立观测圃，用于系统调查。选调查田块应相对固定，调查期间不施用杀菌剂。

3. 调查方法

将田间烟株的 4 片底脚叶剔除后采用 5 点取样法，每点固定 20 株生长正常的烟株，(若固定烟株生长不正常或其他病虫害较重的烟株，则更换固定烟株；若固定烟株邻近有其他重病烟株则将其铲除)，共调查 100 株。每 5d 调查一次，若遇降雨天气，改为每 3d 调查一次，每次调查时按从下到上的叶位顺序对固定烟株进行逐叶分级调查。以叶片为单位分级调查，计算发病率和病情指数。结果记入表 14-1。

表 14-1　烟草赤星病病情系统调查记载表(　　年)

调查地点：________　　品种：________　　日期：________

田块定点编号	调查情况					各病级叶数						病叶率/%	病情指数	备注
	调查点序号	调查株数	发病株数	发病率/%	调查叶数	0	1	3	5	7	9			
1	1													
	…													
	5													
	平均													
…	…	…	…	…	…	…	…	…	…	…	…	…	…	…
5	1													
	…													
	5													
	平均													

14.6.2　大田普查

1. 普查时间

在烟草打顶前期、下部叶采收期、中部叶采收期、上部叶采收期各调查一次，不同地区根据烟株生长情况具体确定调查时间，但同一地区每年调查时间应大致相同。

2. 普查田块

不分品种、区域、田块类型，选择田块。调查田块数量不少于 10 块，这 10 块烟田可根据当地种植面积、海拔均匀分布，且每块烟田面积大于 1 亩。

3. 普查方法

采用按行普查方法，田块面积不足 1 亩则全田实查，田块面积在 1 亩以上，则 5 点取样，每点查 20 株，调查时记录调查的总株数、病株数、总叶数、各病级叶数，最后通过公式计算烟株的病株率以及病情指数，以评价其发病程度。将结果记入表 14-2。

表 14-2　烟草赤星病发病情况普查表(　　年)

调查地点：________　　品种：________　　日期：________

田块编号	田块类型	生育期	调查点序号	调查株数	病株数	病株率/%	调查叶数	各病级叶数						病株率/%	病情指数	孢子数量	备注
								0	1	3		5	7	9			
1			1														
			…														
			5														
…	…	…	…	…	…	…	…	…	…	…	…	…	…	…	…	…	…

续表

田块编号	田块类型	生育期	调查点序号	调查株数	病株数	病株率/%	调查叶数	各病级叶数						病株率/%	病情指数	孢子数量	备注
								0	1	3		5	7	9			
5			1														
			…														
			5														

14.6.3　病原孢子数量观测

烟草移栽后 30d，在系统观测田，每隔 10 行设置 1 个观测点，共设置 3 个观测点。每个观测点按 150cm 高度设置孢子捕捉器，按照不同方向装置 3 块涂有凡士林油的载玻片。每隔 3d 将载玻片取回，并换载玻片一次。光学显微镜下检查载玻片捕捉到的赤星病菌孢子，每个载玻片检查 5 个视野(20×10 倍)，3 个载玻片的平均孢子捕捉量为连续 3d 的孢子捕捉量，记入表 14-3。

表 14-3　烟草赤星病孢子观测记载表

调查地点：__________　品种：__________　日期：__________

镜检序号	孢子数量			平均	备注
	观测点 1	观测点 2	观测点 3		
1					
2					
3					
4					
5					
平均					

14.7　烟草赤星病的测报

14.7.1　短期预报

短期预报重点预报当年病害发生情况，为及时防治提供依据。这时要考虑三个基本条件，一是有基础病原，可通过捕捉的孢子情况及田间调查病斑获得；二是气候条件，在一段晴天之后，突然降温或者有阴雨天气会加速流行；三是田间烟株长势不好，特别是氮量偏多，迟迟不能落黄。具备这三个条件就一定要发出防治的短期预报。

14.7.2 中长期预报

由于当前所种的品种都易感病，因此可以根据病害的发生流行情况，并结合气候条件等因素对烟草赤星病进行测报。据河南研究，平原烟区赤星病病情 Y 与旬均相对湿度 X 的回归模型为：$Y=24.98+0.3666X\pm1.6415$；孙逊等(1993)采用五元二次通用旋转回归组合设计，研究了烟草赤星病发生程度 Y 与播期、密度、氮、磷、钾之间的关系，根据实验结果建立起了冀东生态条件下赤星病发生与农业措施之间的数学模型：$Y=1.11-0.33X_1+0.11X_2+0.38X_3+0.15X_4-0.29X_5+0.13X_1X_2-0.28X_1X_3-0.16X_1X_4-0.16X_3X_5-0.15X_1^2$。青州烟草研究所根据 7 年的降雨量、月平均气温和平均相对湿度等 24 个气象因子，筛选出上年 10～12 月份降雨量(X_1)、当年 1～2 月份降雨量(X_2)、6 月份降雨量(X_5)、8 月份平均温度(X_{15})和 6 月份相对湿度(X_{21})等 5 个因子为赤星病流行趋势测报的关键因子，并建立了如下模型(Fx 临界值为 4.19)：$Y=-1076.0677-0.2232X_1-0.7484X_2+0.1711X_5+42.0308X_{15}+1.2871X_{21}$。

14.8 测报参考资料

14.8.1 病害严重度分级

以叶片为单位，病害等级如下。

0 级：全叶无病。

1 级：病斑面积占叶片面积的 1%以下。

3 级：病斑面积占叶面积的 1%～5%。

5 级：病斑面积占叶面积的 6%～10%。

7 级：病斑面积占叶面积的 11%～20%。

9 级：病斑面积占叶面积的 21%以上。

14.8.2 烟田赤星病发生程度分级标准

共分为 6 级，主要以发生盛期的平均病情指数为标准。各级指标见表 14-4。

表 14-4 烟草赤星病发生程度分级指标

级别	0(无发生)	1(轻度发生)	2(中等偏轻发生)	3(中等发生)	4(中等偏重发生)	5(严重发生)
病情指数 I	0	$0<I\leqslant5$	$5<I\leqslant15$	$15<I\leqslant30$	$30<I\leqslant40$	$I>40$

14.9　测报资料收集、调查数据汇报和汇总

14.9.1　测报资料收集

需要收集的测报资料包括：①当地种植的主要烟草品种、播种期、移栽期以及种植面积；并对烟草生长的团棵期、旺长期、打顶期和成熟期这几个时期的起止日期进行记录。②当地气象台(站)主要气象要素的预测值和实测值；同时把烟草生长过程中因暴风雨、干旱、洪涝、冷害等气候灾害对烟草生产带来的损失详细记录。

14.9.2　测报资料汇报

各烟区区域性测报站每 5d 将系统调查、大田普查的相关数据进行汇总，根据汇总报表(表 14-5、表 14-6)的相关目录和要求，将调查得到的数据如实填入表格中，最后报上级测报部门。

表 14-5　烟草赤星病系统调查汇总表(　　年)

日期		地点	地块类型	品种	生育期	调查株数	病株数	发病率/%	病情指数	备注
月	日									
……		……	……	……	……	……	……	……	……	……

表 14-6　烟草赤星病普查汇总表(　　年)

日期		地点	地块类型	面积/亩	品种	生育期	调查株数	病株数	发病率/%	病情指数	备注
月	日										
……		……	……	……	……	……	……	……	……	……	……

14.9.3 测报及防治资料汇总

对当地烟草种植区的基本信息进行记录和统计，同时对烟草赤星病的发生期、发生量进行调查和统计。记载烟草种植和赤星病发生、防治情况，总结发生特点，并对该病害发生的原因进行分析(完成表 14-7 中的相关内容)，最后将原始记录与汇总材料装订成册，并作为正式档案保存。

表 14-7 烟草赤星病发生、防治基本情况记载表

烟草面积/hm^2： 烟草面积占耕地面积比率/%：	耕地面积/hm^2：
主栽品种：	
发生面积/hm^2：	占烟草面积比率/%：
防治面积/hm^2：	占烟草面积比率/%：
发生程度： 挽回损失/t：	实际损失/t：
发生和防治概况与原因简述： (分析过程中注意当地土壤的营养状况、烟叶成熟度、防控用药、化学农药使用的次数和剂量，注意菌核净最后一次使用情况。分析化学药剂残留风险等)	

第 15 章　烟草白粉病的调查与测报

烟草白粉病(tobacco powdery mildew)俗称“冬瓜灰”“上硝”等，是烟草生产中危害相对较大的真菌性病害之一。该病害是 Comes 在 1878 年首次发现于意大利。之后在欧洲、美洲、非洲、亚洲以及澳洲的有许多国家和地区均有发生，是世界各烟区广泛发生的重要病害之一。在我国主要分布于山东、河南、湖北、广东、福建、云南、贵州、华中、西南等烟区。20 世纪 50 年代以来，该病在中国时有爆发，尤其是西南、华南和东南的一些烟区。台湾和广东的烟草白粉病在 20 世纪 50、60 年代曾是重要的病害；贵州晚烟曾经因为该病损失高达 30%～50%，广东烟区受害叶枯率达到 60%。云南省烟区苗期发生少，大田局部发生较重，减产 5%～10%。受害烟叶烘烤后病部枯竭，叶片变薄，色泽暗淡，缺乏弹性和气味，一般烟叶品质要下降若干等级。

对于该病害的调查与测报要点是：越冬菌量的调查，栽培品种，旺长到采收期降雨与田间湿度，栽培密度，光照情况，发病率和病情指数等的调查，根据往年发病情况，做出短期预报和长期预报。

15.1　烟草白粉病菌形态特征

烟草白粉病是一种真菌性病害，是高等植物的外寄生菌，主要危害烟株的叶片，病情严重时可以蔓延到茎上。烟草白粉病菌无性世代为半知菌亚门的豚草粉孢霉(*Oidium ambrosiae* Thüm)，其有性态则归入子囊菌亚门的二孢白粉菌(*Erysiphe cichoracearum* DC.)，但很少发现有性态。病菌菌丝具有分隔、无色、无性态的分生孢子梗与菌丝垂直，丝状，较短，无分枝，大小为(80～120)μm×(12～14)μm，顶生分生孢子。分生孢子串生，由上而下顺次成熟，无色，单胞，圆筒形，大小为(30～32)μm×(13～15)μm(图 15-1)。

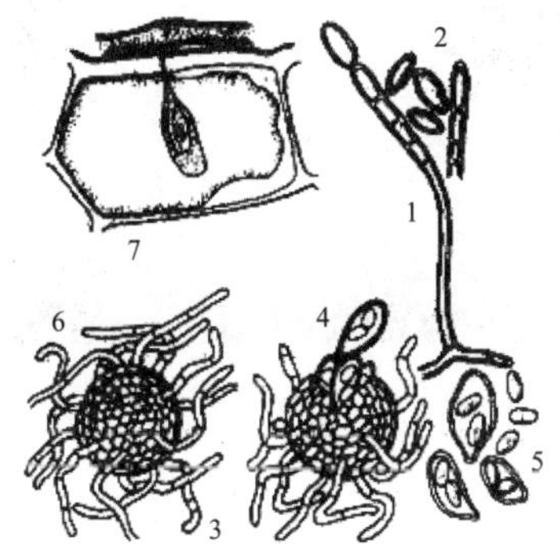

1. 分生孢子梗；2. 分生孢子；3. 子囊壳；4. 子囊；5. 子囊孢子；6. 附属丝

图 15-1　烟草白粉病病原菌(仿 G. B. Lucas，1975)

15.2 白粉病菌的生物学特性

烟草白粉病菌为专性外寄生菌。常温条件下，分生孢子离开寄主，其存活寿命仅有9h。病菌生长适温为22～28℃，分生孢子萌发的最适温度为23～25℃，最适相对湿度为60%～80%。在适宜的温湿度条件下，约7d内就可以在病斑上产生白色菌丝并形成分生孢子。全部菌丝体附着在寄主表面，以吸胞伸入寄主表皮细胞内吸取养分。病菌存在生理分化现象，有许多不同致病型的生理小种，它们对不同寄主的致病力差异很大。

15.3 烟草白粉病症状特点

烟草白粉病在苗期和大田期均可发生，烟草幼苗受到白粉病菌感染后，初期先在叶片正面出现黄褐色褪绿小斑点，紧接着在斑点的正反两面出现毯状小点，逐渐扩大或相互合并。在短时间内，就可使叶斑上布满白色粉状物，受白粉病的影响，烟草叶色变黄，逐渐干枯死亡。后期偶尔可见黑色的颗粒体(病原菌的子囊壳)。大田烟株感染白粉病后，先从下部叶开始发病，自下而上逐渐蔓延，被害叶片的表面有粉状病斑，逐渐扩大，叶片背面也出现毯状斑块，严重时引起全株死亡。发病较轻的叶片调制后叶片薄如纸张，易破碎成糊片，缺乏弹性，品质受到严重影响。烟草白粉病与霜霉病的主要区别是：白粉病于叶片的正反两面都有粉状物，而霜霉病仅于叶片背面出现灰蓝色霜霉状物(图15-2)。

图15-2 烟草白粉病后期病叶(重庆烟草植保信息网)

15.4　流行规律及影响发病的条件

15.4.1　越冬

在冬季寒冷的北方地区，白粉病菌只能以子囊壳在土壤和病残体中越冬存活；在没有闭囊壳产生的地区，白粉病的初侵染源主要是来自烟草的实生苗和其他越冬寄主上的白粉菌，但附着在病株残体上的菌丝和分生孢子越冬后无侵染能力。在南方烟区，病菌随病残体埋入土壤中，以子囊孢子在土壤中越冬(在较寒冷地区则以子囊壳越冬)，也可在车前草、野菊和艾草等野生的寄主上越冬，造成夏季烟株发病的初侵染源，主要是来自冬春季寄生在烟株上的分生孢子，附着在烟株残体上的病原菌同样失去侵染能力。

15.4.2　流行规律

烟草白粉病的初侵染来源是子囊孢子和其他寄主上的分生孢子，但是在病害流行中起决定作用的是再侵染，再侵染次数多，周期短，在适宜的条件下病菌迅速累积而爆发成灾；大田期白粉病的再侵染主要靠田间风雨传播的分生孢子来完成。烟草白粉病分生孢子再侵染的传播媒介有风雨、昆虫等，萌发后直接侵入。

烟田白粉病初发于 7 月上旬，一般是生长过旺的烟株脚叶先发病，形成发病中心，随后病情逐渐上升，7 月中旬达到最高峰，7 月下旬逐渐下降，8 月上旬又有回升，8 月中旬以后病势消退直至烟叶采收完毕。

15.4.3　影响发病的条件

中温、中湿(温度 23～25℃、湿度 60％～80％)的条件对烟草白粉病的发生最有利，高温、高湿对该病的发生却有一定的限制作用。干湿交替有利于该病的发生与流行，大雨或暴雨的天气不利于该病的发生，因为雨水的冲刷作用影响了孢子的定殖和萌发。日照偏少一定程度上会促进该病的发生。

栽培条件对该病的发生与流行也具有一定的影响，随着钾肥比例的增加病情会有所减轻，随着氮素比例的增加病情会加重。密度过大，茂密隐蔽，通风透光不良的烟田病情重。

其他栽培作物和中间寄主会影响发病。白粉病寄主范围较广，除烟草外，还可寄生胡萝卜科、茄科、菊科等 115 个属以上的植物，包括芝麻、瓜类、豆类、向日葵、马铃薯、野菊花和车前草等植物。

15.5 烟草白粉病的调查

15.5.1 系统调查

1. 调查时间

烟草白粉病主要在田间危害烟叶，系统调查时间从烟株的团棵期开始直至烟叶采收结束为止，每5d调查一次。

2. 调查田块

调查田块以当地的主要烟草品种为对象，选择具有代表性的烟田3块，每块面积不少于1亩，这3块烟田可以根据当地烟区的海拔、烟株长势情况、土壤营养分布情况进行合理选择，另外也可以多增加几个烟田作为调查对象。

3. 调查方法

烟草白粉病的田间调查以系统调查为主，调查过程中以叶片为单位进行。在选择的地块里以烟株开始发病为起点，采用对角线5点取样的方法进行选点，每点定10株，有条件的可以对被调查的烟株进行挂牌标记，调查过程中认真记录调查的总株数、病株数、总叶数以及各病叶的病级数，最后通过公式计算病叶率和病情指数，结果记入表15-1。

表15-1 烟草白粉病大田系统调查原始记载表（ 年）

地点：__________ 品种：__________ 日期：__________

田块定点编号	调查点序号	调查株数	发病株数	发病率/%	调查叶数	各病级叶数						病叶率%	病情指数	备注
						0	1	3	5	7	9			
1	1													
	…													
	5													
	平均													
…	…	…	…	…	…	…	…	…	…	…	…	…	…	…
3	1													
	…													
	5													
	平均													

15.5.2 大田普查

1. 普查时间

当系统调查中发现烟田有病株开始进行调查，每10d普查一次。

2. 普查地块

普查田块的选择与系统调查有相似之处，以当地主要栽培品种为主，选择具有代表性的田块。调查田块数量不少于 5 块，这 5 块烟田可根据不同海拔、不同长势等情况进行具体选择，且每块烟田面积不小于 1 亩。

3. 普查方法

调查时，每块烟田随机选 5 点，每点随机调查 20 株，调查时记录调查的总株数、病株数、总叶数、各级病叶数，最后通过公式计算烟株的病株率以及病情指数，以评价其发病程度，结果记入表 15-2。

表 15-2　烟草白粉病大田普查原始记载表(　　年)

地点：__________　品种：__________　日期：__________

田块编号	田块类型	生育期	调查点序号	调查株数	病株数	病株率/%	调查叶数	各病级叶数						病株率/%	病情指数	备注
								0	1	3	5	7	9			
1			1													
			…	…	…	…	…	…	…	…	…	…	…	…	…	…
			5													
…																
5			1													
			…													
			5													

15.6 白粉病的预测预报

15.6.1 中长期预报

根据越冬或者上年度发病程度，冬季的气候状况，感病品种的栽培面积，移栽的密度，结合天气预报综合分析预测。如果上年发病重，秋苗或者早春发病早且重，冬季或者早春气温较常年偏高，感病品种面积大于 50%，肥水条件好，栽种密度高，长期预报 6~8 月份阴雨日多，气温正常偏高，则可以预报白粉病将发生重，反之则较轻。

15.6.2 短期预报

烟草发病后，特别是旺长期后，加快病情增长速度，其间温湿度又有利于发病。加之，田间烟草长势旺、氮素高、密度大、光照少，则可以发出短期防治预报。

15.7 发生程度划分标准

15.7.1 病情指数分级标准

对烟草白粉病病情进行调查时以烟叶为单位进行，通过烟叶表面上覆盖的白粉病斑的大小可将一片病叶分成6个等级，分级的标准为：

0级：无病斑。

1级：病斑面积占叶片面积的5%以下。

3级：病斑面积占叶片面积的6%~10%。

5级：病斑面积占叶片面积的11%~20%。

7级：病斑面积占叶片面积的21%~40%。

9级：病斑面积占叶片面积的41%以上。

15.7.2 发生程度分级

烟草白粉病发生程度分为6级，主要以发病盛期的平均病情指数为标准来判断其发生程度，各级指标见表15-3。

表15-3 烟草白粉病发生程度分级指标

级别	0(无发生)	1(轻度发生)	2(中等偏轻发生)	3(中等发生)	4(中等偏重发生)	5(严重发生)
病情指数 I	$0<I\leqslant5$	$5<I\leqslant10$	$10<I\leqslant20$	$20<I\leqslant45$	$I>45$	

15.8 测报资料收集

15.8.1 基础资料收集

(1)烟草种类和主要品种及其栽培面积，育苗期、移栽期及各主栽品种的面积。

(2)当地气象台(站)主要气象要素的预测值和实测值。

15.8.2 测报资料汇报

各烟区区域性测报站每5d将系统调查、大田普查的相关数据进行汇总，根据汇总报表(表15-4、表15-5)的相关目录和要求，将调查得到的数据如实填入表格中，最后报上级测报部门。

表 15-4　烟草白粉病系统调查汇总表(　　年)

日期		地点	地块类型	品种	生育期	调查株数	病株数	发病率/%	病情指数	备注
月	日									
…		…	…	…	…	…	…	…	…	…

表 15-5　烟草白粉病大田普查汇总表(　　年)

日期		地点	地块类型	面积(亩)	品种	生育期	调查株数	病株数	发病率%	病情指数	备注
月	日										
…		…	…	…	…	…	…	…	…	…	…

15.8.3　测报资料汇总

记录和统计当地烟草种植区烟草种植的基本信息，同时调查和统计烟白粉病的发生期、发生量。记载烟草种植和烟草白粉病的发生、防治情况，总结发生特点，并分析该病害发生的原因(完成表 15-6 中的相关内容)，最后将原始记录与汇总材料装订成册，并作为正式档案保存。

表 15-6　烟草白粉病发生、防治基本情况记载表(　　年)

烟草面积/hm^2	耕地面积/hm^2	烟草面积占耕地面积比率/%
主栽品种	播种期/月－日　移栽期/月－日	
发生面积/hm^2	占烟草面积比率/%	
防治面积/hm^2	占烟草面积比率/%	
发生程度	实际损失/t	挽回损失/t
烟草白粉病发生与防治概况及发病原因分析		

第 16 章　烟草普通花叶病毒病的调查与测报

烟草普通花叶病毒病(tobacco mosaic virus，TMV)是一种危害烟草叶片的系统性病害，是几种主要病毒病中对烟草危害最大的一类病害，全世界的烟区都有发生，我国各烟区十分普遍，流行年份局部地区的发生极其严重。自 1886 年荷兰人 Mayer 证明它的传染性以来，对烟草普通花叶病的研究始终走在病毒学研究的前列，并推动了植物病毒学科的形成和完善。在国外，如美国、西欧等主要烟区烟草普通花叶病在 20 世纪 40～60 年代发生严重并流行。在我国，该病于 20 世纪 70 年代以后才发生严重，并引起全国范围内各烟区的病害流行，尤其以山东、河南、安徽、四川和辽宁等省份受害较重。花叶病可在烟草不同生育期表现症状，如果苗期发病严重，则会造成植株严重矮化，叶片皱缩，破烂；如果旺长期感染，则叶片花叶严重，一些叶片失去利用价值；到成株期感染，则对产量影响较小，而对烟叶品质影响较大。

对于烟草普通花叶病的调查和测报，要注意田块往年的发病情况，田间病株率和病情指数。注意苗子带毒情况、移栽质量、天气状况和烟草的营养状况，干旱、营养不良、烟株抵抗力差等容易表现症状，导致发生严重。

16.1　病原与症状

16.1.1　病原

烟草普通花叶病毒属烟草花叶病毒属。TMV 病毒粒子为杆状，大小 300nm×18nm (图 16-1)。颗粒体病毒包含两部分，外部为蛋白质壳环，绕着内部的核糖核酸(RNA)心轴。病毒核酸为单链 RNA，由约 6400 个核苷酸组成，其外壳蛋白含 2130 个蛋白亚基，每个亚基由 158 个氨基酸组成，围绕 RNA 分子螺旋排列。该病毒在烟草细胞内可形成无定形内含体(或 X－体)和六角形结晶内含体，这些结构由聚集的病毒粒子构成，在光学显微镜下很容易从表皮细胞块或叶毛观察到。

16.1.2　症状识别

幼苗感染 TMV 病毒后，先在新叶上发生“脉明”即沿叶脉组织变浅绿色，对光看呈半透明状，以后蔓延至整个叶片，形成黄绿相间的斑驳，几天后就形成“花叶”，叶片局部组织叶绿素褪色，形成浓绿和浅绿相间的症状。

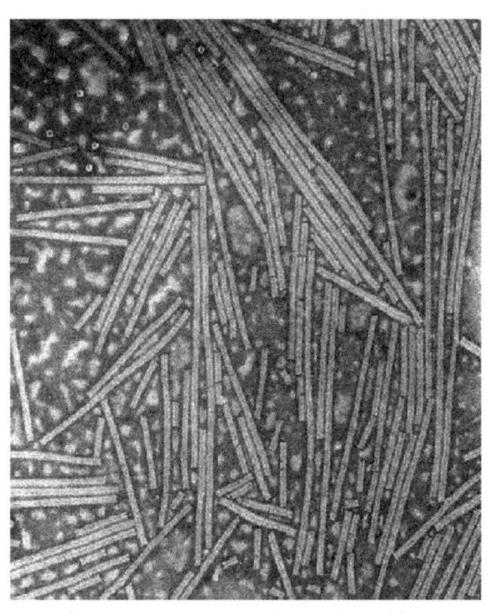

图 16-1　烟草普通花叶病病毒形态

病叶边缘有时向背面卷曲，叶基松散。由于病叶只有一部分细胞加多或增大，致使叶片厚薄不均，甚至叶片皱缩扭曲呈畸形，有缺刻。严重时叶尖呈鼠尾状或带状。

早期发病烟株节间缩短、植株矮化、生长缓慢。接近成熟的植株感病后，只在顶叶及杈叶上表现花叶，有时有 1～3 个顶部叶片不表现花叶，但出现坏死大斑块，被称为“花叶灼斑”（图 16-2）。

图 16-2　烟草普通花叶病侵染症状

在表现花叶的植株中下部叶片常有 1～2 叶片沿叶脉产生闪电状坏死纹。该坏死纹与由黄瓜花叶病毒所引起的闪电状坏死纹相似，而与由马铃薯 Y 病毒引起的坏死纹比较，该坏死纹离叶脉稍远且稍窄，有 2～3mm 的间隔，由马铃薯 Y 病毒引起的坏死纹离叶脉很近且很宽。

烟草普通花叶病毒和烟草黄瓜花叶病毒如果都为单独侵染时，前者表现症状较轻，仅表现花叶，后者表现症状稍重，病叶边缘有时向叶片正面卷曲，叶基部伸长拉紧，且多导致叶片扭曲畸形，叶面革质化。

16.2 病害生物学

16.2.1 TMV 病毒的理化性质

TMV 病毒的毒力及抗逆力都很强。该类病毒钝化温度 90～93℃，稀释限点 100 万倍，体外保毒期 72～96h。病毒增殖最适温度为 28～30℃，在 37～38℃以上不再增殖。病毒对高温的抵抗力极强，干燥病叶置于 140℃温度条件下处理 30min 才失去其致病力。在汁液中的病毒经 93℃处理 10min，或 82℃处理 24h，或 75℃处理 40d 之后，才失去其致病力。病毒在病叶中存活期很长，如在干燥病叶中经 52 年仍能存活，在液体中可存活达 42 年之久，在无菌条件下致病力达数年。

16.2.2 TMV 株系分化

烟草普通花叶病毒在自然界存在很多株系，目前仍没有统一的划分标准。张成良(1986)根据在烟草上的症状表现，将 TMV 株系划分为普通株系、黄斑株系、白斑株系和潜伏株系 4 个株系。林奇英等(1991 年)根据在三生烟、白肋烟、番茄、辣椒和洋酸浆上产生的不同症状，把烟草上的 TMV 分离鉴定为 4 个株系：普通株系 TMV-C、番茄株系(TMV-Tom)、黄色花叶株系(TMV-YM)和坏死株系(TMV-RS)。根据不同的鉴别方法，TMV 还有不同的株系划分，不同株系表现出的症状也有较大差异。

16.2.3 寄主范围

烟草普通花叶病毒的寄主范围较广，除烟草外，在自然条件下经常侵染的植物还有番茄、辣椒、茄子、马铃薯、辣椒、龙葵等茄科作物，还能侵染其余 30 个科的其他 300 多种植物。

16.2.4 传染途径

TMV 的传播主要靠接触摩擦传播，媒介昆虫的作用很小。该病毒极易通过汁液摩擦传染，嫁接或通过菟丝子亦可传染。通常情况下，刺吸式口器昆虫(如蚜虫)不能传播，咀嚼式口器昆虫(如蝗虫、甲虫和蚱蜢)偶尔可以传播，但作用不大。此病还可以通过被污染的种子传播，田间通过病苗与健苗摩擦或农事操作进行再侵染。

病健叶轻微摩擦造成微伤口，病毒即可侵入，并且一切使烟叶造成伤口，让病毒有机会接触传染的人为和自然行为(如打顶抹芽，大风和昆虫危害)都会加速该病传播，但不会从大伤口和自然孔口侵入。病毒侵入后在薄壁细胞内繁殖，后进入维管束组织传染整株。TMV 能在多种植物上越冬。初侵染源为带病残体、烟草种子和其他寄主植物，另外未充分腐熟的带毒肥料也可引致初侵染。

16.3　影响发病的主要因子

环境条件、寄主植物、病原菌致病性等是影响发病的关键三因子。其中，环境条件可影响侵染和潜育期，也可影响症状表现，甚至影响植株对症状的修复。种植感病品种，土壤基础条件差，苗期及大田期管理水平低，连作持续时间长，施肥营养不协调、有机肥腐熟不当、天气干旱、地下害虫危害后的多次补苗等都可以促进病毒病的流行。

16.3.1　气候条件

温度和光照很大程度上影响病情扩散和流行速度，高温和强光可缩短该病毒潜育期。TMV 发生的适宜温度为 25～27℃，在 22～28℃条件下，染病植株 7～14d 后开始显症。高于 38～40℃侵入受抑制，高于 27℃或低于 10℃病症消失。气温在 28～30℃时发病最盛，38℃以上和 12℃以下则发病很少。6～7 月干旱少雨，有利于病害发生。另外由团棵进入旺长的关键时期遇干热风，或突降冷雨，也易引起该病暴发流行。

16.3.2　烟草品种

品种间的抗病程度有很大差异，同一品种不同单株，抗病程度也不一样。2001～2003 年许美玲等(2004)对 471 个烟草品种资源进行抗性鉴定，并把这些资源对 TMV 的抗病性进行分类，初步筛选出抗病品种 67 个，中抗品种 183 个。生产上主栽品种云烟 85 中抗、而 K326 不抗。引进品种中，NC89、G28、柯克 167 等比较抗病。而 G140、红花大金元、G80 等品种易感病。赵晓航等(2016)对东北栽种品种进行鉴定，证明延晒六号、吉烟九号、CV91、SY03-1 为免疫品种；建平大兰花烟、延晒三号、延晒七号、小马稀为中抗品种；延晒二号、大马稀、延晒一号、云烟 87 为中感品种。

16.3.3　移栽时期

栽烟季节迟早与病害发生有一定关系，适当早栽，病害显著减少。移栽过晚或过早，田间管理不及时，不注意田间卫生，前期烟株未长起来的烟田，发病率高。移栽时遇到干旱季节，烟苗长势不好，或者补苗次数较多，都会引起病害的流行和传播。

16.3.4　土质条件

烟田土质贫瘠，土质浅薄、板结、黏重及排水不良的地块，烟草生长衰弱，发病较重，气候干旱，田间线虫危害较重的地块发病重。因为施肥原因造成的烟草缺锌，以及营养不平衡等都可以造成病害发生和流行。

16.3.5 耕作及栽培管理因素

不卫生栽培是造成花叶病流行的重要原因。如在苗床或大田内操作时，吸烟、茄科蔬菜产生的丢弃物，在病株与健株间反复来往触摸，施用未腐熟有机肥，培带有病毒的土壤都可加重病毒传染；连作及在大田中与茄科植物间作套种等，使毒源增多，发病率和发病程度明显增加，均是病害初次发生及多次侵染的条件；单种或轮作的烟田发病轻。

16.4 烟草普通花叶病毒病的调查

16.4.1 大田普查

在烟草缓苗期、团棵期、旺长期、打顶后一周分别进行4次普查；以当地主栽品种为主，选择有代表性的烟田，每次在全烟区随机选择5个种植区域，每一区域选择至少2块烟田(面积不小于1亩)采用对角线5点取样方法。调查烟草普通花叶病毒病发病情况，计算统计发病率和病情指数，分级标准参照烟草病虫害分级国家标准(GB/T 23222-2008)，将结果记入表16-1。

表16-1 烟草普通花叶病毒病普查调查记载表

调查日期： 调查地点： 调查人：

调查田块序号	各病级株数						病株率/%	病情指数	备注
	0	1	3	5	7	9			
1									
2									
3									
4									
5									
…	…	…	…	…	…	…	…	…	…
平均									

16.4.2 系统调查

烤烟移栽后，从缓苗期开始调查至采收中期结束，每7d调查一次。选择有代表性的苗床和烟田，种植感病品种，苗床调查不小于10个，每个苗床随机调查一盘烟苗，大田调查选择一个地区的3块田作为调查对象，每块田对角线5点取样，定点定株，每点顺行连续调查100株，记录各点病株数，计算病株率和病情指数。将调查结果记入表16-2。

表 16-2　烟草普通花叶病毒病系统调查原始记载表

调查日期：　　　　　　调查地点：　　　　　　调查人：

调查点序号	各病级株数						病株率/%	病情指数	备注
	0	1	3	5	7	9			
1									
2									
3									
4									
…	…	…	…	…	…	…	…	…	…
10									
平均									

16.5　烟草普通花叶病的预测预报

16.5.1　病情趋势预报

主要根据苗子带毒率、移栽质量、土壤基本情况，定植后发病率、病情指数、品种抗性和中长期天气预报，结合往年的发病情况，预测发生程度和发生面积，做出病情发生趋势预报。

在条件许可情况下，可取少量土壤，用土壤浸出液经离心接种到心叶上，根据出现的枯斑状估计 TMV 的数量，从而预测来年烟草普通花叶病的发病情况。

16.5.2　短期防治预报

根据田间发病情况，当前的发病率、病情指数、近期天气状况，田间管理措施实施情况，分析发生程度和发生面积，发布短期防治预报。田间带毒率的测定可以采用 TMV 试纸条进行测定，但需注意假阳性的情况。

16.6　预测预报参考资料

16.6.1　烟草普通花叶病病情指数的分级标准

0 级：全株无病。

1 级：心叶脉明或轻微花叶，病株无明显矮化。

3级：1/3叶片花叶但不变形，或病株矮化为正常株高的3/4以上。

5级：1/3～1/2叶片花叶，或少数叶片变形或主侧脉坏死，或植株矮化为正常的2/3～3/4。

7级：1/2～2/3叶片花叶，或变形或主侧脉坏死，或植株矮化为正常的1/2～2/3。

9级：全株叶片花叶，严重变形或坏死，病株矮化为正常株高的1/2以上。

16.6.2 烟草普通花叶病田间发生程度的划分标准

烟草普通花叶病毒病发生程度分为6级，以发生盛期的平均病情指数(以 M 表示)确定，计算病情指数按GB/T 23222的要求执行。各级指标见表16-3。

表16-3 烟草普通花叶病毒病发生程度分级指标

级别	0(无发生)	1(轻度发生)	2(中等偏轻发生)	3(中等发生)	4(中等偏重发生)	5(严重发生)
病情指数 M	0	$0<M\leqslant5$	$5<M\leqslant20$	$20<M\leqslant35$	$35<M\leqslant50$	$M>50$

16.7 测报资料收集、汇报和汇总

16.7.1 测报资料收集

当地种植的主要烟草品种、播种期、移栽期、种植面积、种植制度等；当地气象台(站)主要气象要素的实测值和预测值。

16.7.2 测报资料汇报

区域性测报站每5d将相关报表(表16-4、表16-5)报上级测报部门。

表16-4 烟草普通花叶病毒病普查调查汇总表

调查日期	调查地点	田块编号	品种名称	移栽期	生育期	田块面积/亩	全田发病情况	实查面积/亩	调查株数	发病株数	发病率	病情指数	施肥量	防治情况
…	…	…	…	…	…	…	…	…	…	…	…	…	…	…

表 16-5　烟草普通花叶病毒病系统调查汇总表

调查日期	调查地点	地块类型	品种	生育期	调查株数	病株数	病株率/%	病情指数	备注
…	…	…	…	…	…	…	…	…	…

16.7.3　测报资料汇总

统计烟草普通花叶病毒病发生期和发生程度，结果记于相应各表。记载烟草种植和烟草普通花叶病毒病发生、防治情况，总结发生特点，并分析原因(表 16-6)，将原始记录与汇总材料分别装订成册，并作为正式档案保存。

表 16-6　烟草普通花叶病毒病发生、防治基本情况记载表

烟草面积/hm^2	耕地面积/hm^2	烟草面积占耕地面积比率/%
主栽品种		
发生面积/hm^2	占烟草面积比率/%	
防治面积/hm^2	占烟草面积比率/%	
发生程度	实际损失/t	挽回损失/t
发生和防治概况与原因简述： (发病背景注意描述土壤状况，移栽质量、天气状况等；防治措施中要描述抗性诱导物质、营养调控物质、微量元素的应用情况)		

第 17 章 烟草马铃薯 Y 病毒病的调查与测报

烟草马铃薯 Y 病毒病(potato virus Y，PVY)又称烟草坏死病、褐脉病、黄斑坏死病等，由马铃薯 Y 病毒引起的一种病害，该病毒是由 K. M. Smith 于 1931 年在马铃薯上首次发现，目前世界各地都有报道。从 1953 年起 PVY 在欧洲的马铃薯种植地区流行，20 世纪 70 年代在美洲扩展，20 世纪 90 年代初在亚洲有上升发展的趋势，在我国各烟区也都有发生，以河南、山东、安徽、辽宁、湖北、湖南、四川等省危害严重。近年的调查表明，其他省份如贵州、重庆等有逐年加重趋势，以烟草与马铃薯、蔬菜混种地区的发病最为严重，该病已成为烟草主要病毒病害之一。该病的发生与传毒媒介蚜虫的发生密切相关，染病烟株在早期发病导致烟叶主脉和茎坏死，损失很大，后期感染，相对损失小一点。

对于该病害预测预报的重点是调查越冬蚜量、带毒蚜虫的迁飞时期，田间早期发病率和病情指数等。

17.1 病原与症状

17.1.1 病原

马铃薯 Y 病毒(potato virus Y，PVY)，属于马铃薯 Y 病毒属(Potyvirus)典型成员。病毒粒体呈微弯曲线状，大小(680～900)nm×(11～12)nm，线状颗粒内有一单链正义 RNA，外面包被病毒结构蛋白即外壳蛋白(coat protein，CP)。外壳蛋白由单一多肽链构成，其氨基酸数为 263～330。外壳蛋白的长度差别主要是由于其 N 端的长度不同造成的。马铃薯 Y 病毒粒子核衣壳螺旋的螺距为 3.3～3.5nm，每圈 7～8 个衣壳蛋白亚基，由大约 2000 个衣壳蛋白亚基包裹基因组 RNA，装配成一个病毒粒子。马铃薯 Y 病毒侵入烟草以后在细胞质内产生风轮状、柱状、片层状的内含体，而细胞核内没有内含体，这是马铃薯 Y 病毒属成员的典型特征。[注：马铃薯 Y 病毒的基因组长 9700nt，编码的多聚蛋白切割产生 10 个蛋白，分别为：32.4kDa 的 P1 蛋白(功能未知)，51.9kDa 的 HC-Pro 蛋白(即辅助成分，与蚜虫传播有关)，41.5kDa 的 P3 蛋白(功能未知)，6.0kDa 的 6K1 蛋白(功能未知)，71.4kDa 的 CI 蛋白(即柱状内含体蛋白，可能与病毒的胞间运动有关)，5.5kDa 的 6K2 蛋白(功能未知)，21.7kDa 的 NIa-VPg 蛋白(即 VPg 蛋白)，27.7kDa 的 NIa-Pro 蛋白(核内含体蛋白酶)，59.8kDa 的 NIb 蛋白(核内含体复制酶)和 29.8kDa 的外壳蛋白。](图 17-1)。

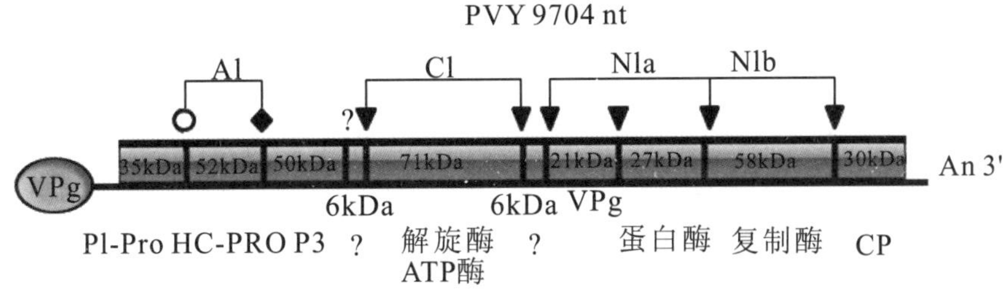

图 17-1　马铃薯 Y 病毒基因组及其产物

17.1.2　症状识别

烟草马铃薯 Y 病毒病自幼苗到成株期都可发病，但以大田成株期发病较多。此病为系统侵染，整株发病。烟草感染马铃薯 Y 病毒后，因品种和病毒株系的不同所表现的症状特点也有不同，宏观症状大致分为 4 种类型，分别是花叶症型、脉坏死型、点刻条斑型、茎坏死型。

(1)花叶症。由 PVY 的普通株系侵染所致。植株发病初期，叶片出现“明脉”，后网脉脉间颜色变浅，形成系统斑驳。

(2)脉坏死症。由 PVY 的脉坏死株系侵染所致。病株叶脉变暗褐色至黑色坏死，叶片呈污黄褐色，有时坏死部分延伸至主脉和茎的韧皮部，病株根系发育不良，须根变褐，数量减少。有些品种表现出病叶皱缩，向内弯曲，重病株枯死，失去烘烤价值。

(3)点刻条斑症。由 PVY 的点刻条斑株系侵染所致。发病初期植株上部 2～3 片叶先形成褪绿斑点，后叶肉变成红褐色环死斑或条纹斑，叶片呈青铜色，有时整株发病。

(4)茎坏死症。由 PVY 茎坏死株系侵染所致。病株茎部维管束组织和髓部呈褐色坏死，根系发育不良，变褐腐烂。

PVY 所有株系与 TMV、CMV 等混合发生时表现比上述更为严重的坏死症状。烟草马铃薯 Y 病毒病叶、病株症状分别如图 17-2、图 17-3 所示。

图 17-2　烟草马铃薯 Y 病毒病叶

图 17-3　烟草马铃薯 Y 病毒病株

17.2 病害生物学

17.2.1 理化性质

由于株系不同，适应性也不同，马铃薯Y病毒增殖的最适温度为25～28℃，在35℃以上即停止生长，一般钝化条件为55～65℃/10min，稀释限点1×10^4～1×10^6万倍，体外保毒期2～6d(室温)，个别株系可达17d，干燥烟叶4℃下可保毒16个月。

17.2.2 株系分化

马铃薯Y病毒有很多株系，只根据PVY在烟草上表现的症状，很少资料能将其不同株系进行精确细致的分类。在烟草上，PVY的株系可粗略地分为两类：中等株系，产生花叶型的症状(叶脉变形，透明，有褪绿现象)；重度株系，可引起叶脉之间的区域坏死，同时有花叶型症状(Park等，1984)。在我国，吴元华等(1992)鉴定在烟草上发生的PVY有4个株系：普通株系(PVY^O)、茎坏死株系(PVY^{SN})、脉坏死株系(PVY^N)和点刻条斑株系(PVY^C)，此外在山东还有黄色斑驳坏死株系(PVY^T)。我国大多烟区为普通株系。

17.2.3 寄主范围

马铃薯Y病毒能侵染34个属179余种植物，以茄科植物为主，其次是藜科和豆科植物，在我国严重危害马铃薯、烟草、番茄、辣椒等作物，此外许多杂草也是PVY的寄主植物。

17.3 发生特点与流行规律

PVY主要在农田杂草、马铃薯种薯和其他茄科植物上越冬，大田的毒源主要是病苗、带毒蚜虫，亚热带地区可在多年生植物上连续侵染，通过蚜虫迁飞向烟田转移，早春通过蚜虫的迁飞活动引起苗床发病。蚜虫传毒效率与蚜虫种类、病毒株系、寄主状况和环境因素有关。

马铃薯Y病毒可通过蚜虫、汁液摩擦、嫁接等方式传播。自然条件下仍以蚜虫传毒为主，而蚜虫传毒当中，尤以桃蚜(烟蚜)是PVY的重要介体，其次是棉蚜、马铃薯长管蚜、豌豆蚜、粟缢管蚜、桃短尾蚜等，其中以非持久性方式传毒的主要传毒蚜是桃蚜，成蚜和若蚜都有带毒、持毒和传毒能力。蚜虫传播PVY为非持久性传播，一般在越冬寄主上是不带毒的，当从越冬寄主上迁飞到中间带毒寄主上通过取食就可以带毒。

桃蚜取食 5s 即可获毒，传毒饲育 10s 就能将病毒传播到健康烟株上，病毒在未取食的烟蚜体内可存活 8h，在取食的蚜虫或试吸的蚜虫体内最多可存活 2h。

同 TMV 和 CMV 一样，农事操作不当造成的大田汁液摩擦传毒也非常重要，病叶和健叶只需摩擦几下，叶片上的茸毛稍有损伤，就有可能传染病毒。染病植株在 25℃时体内病毒浓度最高，温度达 30℃时浓度最低，出现隐症现象，其中幼嫩烟株较老株发病重。此外，蚜虫危害重的烟田发病重，天气干旱易发病。该病多与 CMV 混合发生，在氮肥充足时，烟草生长迅速，组织幼嫩，较易感病，且出现症状较快。

17.4 影响 PVY 发生、流行的因素

影响 PVY 发生、流行的条件主要受传毒介体(蚜虫)活动、栽培品种抗病性、耕作制度、施肥状况等关系密切。

17.4.1 蚜虫数量

马铃薯 Y 病毒病田间主要由蚜虫传播，苗期是蚜虫和病毒病易发生期，此期若蚜虫数量多，则发病加重；若苗期不发病，如果 6、7、8 三个月的天气条件适宜蚜虫生长繁殖，且周围有带毒植物，则团棵期开始会有轻微发病，旺长至封顶前后则大量发生，并且马铃薯 Y 病毒发生与蚜虫的消长关系密切。

田间释放蚜虫天敌烟蚜茧蜂可以减少蚜虫数量，影响有翅蚜的迁飞，达到减轻 PVY 发生的效果。

17.4.2 马铃薯 Y 病毒病寄主作物

马铃薯 Y 病毒寄主多，可侵染 34 属 179 余种植物，以茄科、藜科及豆科植物发病较重，可在马铃薯、农田杂草及其他茄科植物上越冬。烟苗移栽后蚜虫迁入烟田，如迁飞蚜虫携带病毒，则刺吸烟叶后引起烟草发病。例如重庆很多烟区冬季种植各种蔬菜，为马铃薯 Y 病毒病在烟草上的发生提供了病源，故重庆局部地区发生较重。一些地区马铃薯面积大，且与烟草轮作、间作或邻作，虽然目前该病发生轻，一旦烟蚜迁飞数量多，很可能导致该病的严重发生。

就烟草本身来说，抗病性的差异也会影响发病程度。烟株抗蚜虫的能力强，能影响蚜虫的选择性，同样可降低病毒病的发生。但从目前情况看，烟草主栽品种中尚没有高抗马铃薯 Y 病毒的品种。

17.4.3 温度与发病的关系

马铃薯 Y 病毒病染病植株在 25℃时体内病毒浓度最高，有利于该病的发生；30℃时植株体内病毒浓度最低，出现隐症现象。从中国的大部分烟区来看，由于推广大棚育苗，

烟草苗期气温能满足马铃薯Y病毒病发生，一些地区该病发生较重。在大田，如果烟株抵抗力比较强，则症状不太明显。如持续一段时间的适宜温度25～28℃，再突然出现降雨降温，寄主抵抗力降低，往往加重病害症状。

温度对蚜虫的影响也会影响到病害的发生程度。温暖的冬季使蚜虫的存活量大，会增加传毒机会，低于15℃或者高于32℃，蚜虫基本不活动。温暖、有风、低湿度的天气更有利于蚜虫迁飞活动，大风可扩大其传毒范围。

17.4.4　栽培管理措施与发病关系

烟草苗期进行地膜覆盖可起到一定的避蚜作用，阻断蚜虫传病，则马铃薯Y病毒病发生轻。

在烟田放置黄色粘板可以诱集有翅蚜，大大减少落入烟田的有翅蚜，也能够减轻马铃薯Y病毒的发生。

种植在低洼、周围茄科作物较多的地块发病较重。

17.4.5　其他病害发生对马铃薯Y病毒病的影响

田间发生其他病害会加重马铃薯Y病毒病的发生。TMV和PVY混合侵染，会表现出严重的花叶疱斑及叶片畸形，尤其是新生叶几乎停止生长。PVY和CMV复合侵染，会加重脉坏死症状；PVY与PVX也会同时加重两种病害的症状。

17.5　马铃薯Y病毒病害的调查

烟草马铃薯Y病毒病的调查主要包含大田普查和系统调查两大类，通过两者的结合能达到对病毒病准确地预测预报，此外马铃薯Y病毒病的发生与烟蚜的发生密切相关，需结合当地烟蚜的预测结果进行综合分析。

17.5.1　大田普查

大田普查是指为了解一个地区农作物病虫害的整体发生情况而在较大范围内进行的多点调查。普查是全面的、随机性的，是病虫害防治的依据。

在烟草缓苗期、团棵期、旺长期、打顶后1周分别进行4次普查；以当地主栽品种为主，选择有代表性的烟田，每次在全烟区随机选择5个种植区域，每一区域选择至少2块烟田(面积不小于1亩)采用对角线5点取样方法。调查烟草马铃薯Y病毒病发病情况，计算统计发病率和病情指数，分级标准参照烟草病虫害分级国家标准(GB/T　23222-2008)，将结果记入表17-1。

表 17-1　烟草马铃薯 Y 病毒病普查调查记载表

调查日期：　　　　　　　调查地点：　　　　　　　调查人：

调查田块序号	各病级株数						病株率/%	病情指数	备注
	0	1	3	5	7	9			
1									
2									
3									
4									
5									
…	…	…	…	…	…	…	…	…	…
平均									

17.5.2　系统调查

系统调查是为了了解一个地区农作物病虫害的发生动态而进行的定点、定时、定方法的调查。系统调查是在代表性区域定点、多次测量，是病虫害预测预报的依据，是制定防治方案的前提。

调查时间是烟草 5～6 片真叶时调查 1 次，烤烟移栽后，从缓苗期开始调查至采收中期结束，每 7d 调查 1 次。选择有代表行的苗床和烟田，种植感病品种，苗床调查不小于 10 个，每个苗床随机调查一盘烟苗，大田调查选择一个地区的 3 块田作为调查对象田，每块田对角线 5 点取样，定点定株，每点顺行连续调查 100 株，记录各点病株数，计算病株率和病情指数。将调查结果记入表 17-2。

表 17-2　烟草马铃薯 Y 病毒病系统调查原始记载表

调查日期：　　　　　　　调查地点：　　　　　　　调查人：

调查点序号	各病级株数						病株率/%	病情指数	备注
	0	1	3	5	7	9			
1									
2									
3									
4									
…	…	…	…	…	…	…	…	…	…
10									
平均									

17.6 马铃薯Y病毒病的预测预报

17.6.1 病情趋势预测

主要是根据越冬蚜虫发生量、迁飞时间、迁飞高峰期与烟草移栽期的吻合度，以及定植后株发病率、病情指数、中长期天气预报的温雨系数、烟草的生长状况等推测发病的趋势，做出整个生育期的中长期预测。

17.6.2 短期防治预报

根据蚜虫发生的高峰期、蚜虫带毒情况、当前的发病率、病情指数、近期天气是否适合蚜虫的发生和迁移，以及天敌数量等情况，发布防治预报。

17.7 预测预报参考资料

17.7.1 马铃薯Y病毒病病情指数的分级标准

0级：全株无病。

1级：心叶脉明或轻微花叶，病株无明显矮化。

3级：1/3叶片花叶但不变形，或病株矮化为正常株高的3/4以上。

5级：1/3~1/2叶片花叶，或少数或变形或主侧脉坏死，或植株矮化为正常的2/3~3/4。

7级：1/2~2/3叶片花叶，或变形或主侧脉坏死，或植株矮化为正常的1/2~2/3。

9级：全株叶片花叶，严重变形或坏死，病株矮化为正常株高的1/2以上。

17.7.2 马铃薯Y病毒病田间发生程度的划分标准

马铃薯Y病毒发生程度分为6级，以发生盛期的平均病情指数(以M表示)确定，病情指数计算按GB/T 23222的要求执行。各级指标见表17-3。

表17-3 烟草马铃薯Y病毒病发生程度分级指标

级别	0(无发生)	1(轻度发生)	2(中等偏轻发生)	3(中等发生)	4(中等偏重发生)	5(严重发生)
病情指数M	0	$0<M\leqslant5$	$5<M\leqslant20$	$20<M\leqslant35$	$35<M\leqslant50$	$M>50$

17.8　测报资料收集、汇报和汇总

17.8.1　测报资料收集

①当地种植的主要烟草品种、播种期、移栽期、种植面积、种植制度等；②当地气象台(站)主要气象要素的实测值和预测值；③当地烟蚜的发生量(虫口密度)及迁入时期。

17.8.2　测报资料汇报

区域性测报站每 5d 将相关报表(表 17-4、表 17-5)报上级测报部门。

表 17-4　烟草马铃薯 Y 病毒病普查调查汇总表

调查日期	调查地点	田块编号	品种名称	移栽期	生育期	田块面积/亩	全田发病情况	实查面积/亩	调查株数	发病株数	发病率	病情指数	施肥量	防治情况
…	…	…	…	…	…	…	…	…	…	…	…	…	…	…

表 17-5　烟草马铃薯 Y 病毒病系统调查汇总表

调查日期	调查地点	地块类型	品种	生育期	调查株数	病株数	病株率/%	病情指数	备注
…	…	…	…	…	…	…	…	…	…

17.8.3　测报资料汇总

统计烟草马铃薯 Y 病毒病发生期和发生程度，结果记于相应的各表。记载烟草种植和烟草马铃薯 Y 病毒病发生、防治情况，总结发生特点，并分析原因(表 17-6)，将原始记录与汇总材料分别装订成册，并作为正式档案保存。

表 17-6 烟草马铃薯 Y 病毒病发生、防治基本情况记载表

烟草面积/hm^2	耕地面积/hm^2	烟草面积占耕地面积比率/%
主栽品种		
发生面积/hm^2		占烟草面积比率/%
防治面积/hm^2		占烟草面积比率/%
发生程度	实际损失/t	挽回损失/t
发生和防治概况与原因简述 （主要分析蚜虫发生情况和蚜虫的绿色生态防控情况，特别注意黄板诱蚜、蚜茧蜂的释放量和释放时间）		

第 18 章　烟草黄瓜花叶病毒病的调查与测报

烟草黄瓜花叶病毒(cucumber mosaic virus，CMV)是非常难防治的一种病毒病害，与 PVY 一样，该病害也是蚜虫等媒介昆虫传播的系统性病毒病害，是我国最重要的病毒病害之一。20 世纪 80 年代后期，该病毒病一直是我国黄淮烟区、华南烟区及西北一些省份的烟草花叶型病毒病流行的主要病害，在全国各产烟区均有发生，在河南、山东、陕西、四川、黑龙江、辽宁等省每年都会造成较大的经济损失。它的病原黄瓜花叶病毒是由 Doolittle 在 1916 年首次发现，该病原具有寄主范围广、传播介体(蚜虫)种类多、数量大和效率高等特点。因此发病速度极快，来势迅猛，常在移栽后团棵期发生，造成烟株早期发病，生长发育停滞，严重减产。

对于该病害的调查和测报与马铃薯 Y 病毒基本一致，可参考相关资料进行调查和测报。

18.1　病原与症状

18.1.1　病原

烟草黄瓜花叶病毒属雀麦花叶病毒科黄瓜花叶病毒属。病毒粒体为球状正二十面体，大小 28～30nm。病毒的分子量为 5.8×10^6～6.7×10^6u，外壳蛋白亚基数目为 180 个，分子量为 24500；病毒核酸为核糖核酸(RNA)，成熟的病毒粒子中共含有 4 个 RNA 组分，侵染必需的组分是 RNA1、RNA2 和 RNA3。Kaper 和 West 首次提出 CMV 还存在第 5 个 RNA 组分(即 RNA5)。研究表明，RNA5 的存在明显降低了病毒中基因组 RNAS 的相对比例，降低了寄主细胞内病毒双链 RNA(dsRNA)的含量以及病毒的浓度，减轻了病毒在大部分寄主上的症状。此外，RNA5 必须依赖辅助病毒才能复制，因此 RNA5 被称作 CMV 的卫星 RNA。田波等根据卫星 RNA 能干扰病毒的复制，改变病毒的致病能力，认为它们是病毒的分子寄生物。

18.1.2　症状识别

该病从苗期到大田期均可发生，系统侵染，多全株发病。苗床期发病，初期叶脉呈半透明状，在心叶上表现明脉症，几天后病叶呈现绿色、浅绿相间的典型花叶。

大田期烟株感染黄瓜花叶病后，初期表现心叶脉明、花叶等症状，后期严重者则表现为整株矮化，上部叶花叶、畸形，下部叶有坏死纹、坏死斑等出现。有的病叶形成黄绿或深绿的泡斑，叶片扭曲畸形，叶片变窄，伸直呈拉紧状，叶片茸毛稀少，失去光泽，叶尖细长呈鼠尾状，叶基伸长，侧翼变窄变薄甚至完全消失；有的叶缘向上卷曲；有的叶脉呈闪电状坏死、植株矮黄，发病早的植株明显矮缩。病株根系一般发育不良。

在田间普通花叶病与黄瓜花叶病很相似，难以区别，需要做血清学及电镜鉴定。田间CMV常与TMV复合侵染，引起严重的矮花叶症状；与PVY复合侵染，常形成叶脉坏死、整叶变黄、枯死等症状。

烟草黄瓜花叶病毒病6大典型大田期症状：①上部叶颜色深浅不一，形成典型的花叶症；②上部叶狭窄，叶柄拉长，叶缘上卷，叶尖细长，呈畸形状；③病叶上产生深绿色的“泡斑”；④中部叶或下部叶可形成闪电坏死，褐色至深褐色；⑤小叶脉或中脉形成深褐色或褐色坏死；⑥下部叶沿叶脉有细碎坏死斑。

CMV与TMV症状区别显著：TMV的病叶边缘时常向下翻卷不伸长，叶面绒毛不脱落，泡斑多而明显，有缺刻；CMV的叶片，病斑时常向上翻卷，叶基拉长，两侧叶肉几乎消失，叶尖成鼠尾状，叶片绒毛脱落，有的病叶粗糙，如革质状。

18.2 病害生物学

18.2.1 病毒特性

CMV主要在植物体内存活或越冬。在体外的抗逆性很差，大部分株系在65～70℃、10min失活，稀释限点10万倍，室温下体外存活期72～96h。即使在干病叶中病毒也不能长期存活。

18.2.2 株系分化

CMV存在很多株系，Lovisolo和Conti根据寄主范围和症状，从不同地区分离到60个株系。我国从烟草中已分离到3个CMV株系，即CMV-C(普通株系)、CMV-Yel(黄化株系)和CMV-TN(烟草坏死株系)，以普通株系发生最多。到目前为止，CMV株系划分仍然没有统一，因为在不同寄主上的差异还很明显。

18.2.3 寄主植物

CMV可侵染45科190种以上的单、双子叶植物，包括葫芦科、茄科、菊科、十字花科、百合科等。系统感染的植物有烟草、黄瓜、鸭跖草，局部感染的寄主有苋色黎、豇豆、菜豆、芝麻等。

18.3 发生特点与流行规律

CMV与TMV的发生特点有所不同，它不能在病残体上越冬，主要在越冬蔬菜、多年生树木及多年生农田杂草上越冬。翌春通过吸食带毒越冬植物上的有翅蚜迁飞传到烟株上，由带毒有翅蚜虫刺吸烟叶，形成初侵染。在田间，蚜虫是以非持久性传毒方式传播该病毒，在病株上吸食 1min 即可获毒，在健株上吸食 15～120s 就完成接毒过程，引起该病毒的再侵染。

另外，CMV 极易通过汁液摩擦传染，但自然条件下主要靠蚜虫以非持久性方式传播，目前已知有 70 多种蚜虫可传播此病，以桃蚜和棉蚜为主，烟田以烟蚜、棉蚜为主；所有龄期蚜虫均可传病，蚜虫只需在病株上取食不超过 1min 便可把病毒传染到健康植株。CMV 在烟株内增殖和转移很快，侵染后在 24℃条件下，6h 在叶肉细胞内出现，48h 可再侵染，4d 后即可显症。

18.4　影响 CMV 发生的主要因素

该病的发生流行与烟草抗病性、环境条件及蚜虫介体的发生数量密切相关。

(1)品种。不同品种的烟草抗病力有差异，同一品种不同生育阶段的抗耐病能力也有所不同。烟草一般现蕾以前较易染病，此时染病所造成的损失也较大；现蕾以后，烟株的抗耐病能力明显增强。

(2)传毒蚜虫。本病在田间主要靠蚜虫传染，因此与蚜虫发生、繁殖和活动有关的各种因素均会影响本病的发生流行。大田发病率与烟蚜发生量成正相关，通常在有翅蚜量出现高峰后约 10d 出现危害高峰。高温干燥气候有利于有翅蚜虫发生，发病就较重。

(3)栽培作物。由于 CMV 的寄主范围极广，很多作物(如辣椒、番茄)和田边杂草(如酸浆、鸭跖草)均是其寄主，可作为本病的侵染来源。因此，在与黄瓜、番茄、甜椒等蔬菜相邻的烟田、杂草较多、距菜园较近、蚜虫发生较多的烟田，发病时间早，且受害较重。

(4)温湿度条件。冬季及早春气温低，降雪量大，越冬蚜虫数量少，早春活动晚，CMV 轻；相反，暖冬、湿度偏小的条件下，有利于蚜虫越冬。春季气温回升快，有翅蚜数量大，迁飞早，田间往往发病重。如果翌春比较干旱，旺长前温度出现较大波动，有干热风，可导致 CMV 大流行。阴雨天较多，相对湿度大，蚜虫发生少，CMV 较轻。

18.5　CMV 的调查与测预报技术

除了烟草普通花叶病毒病外，其他的烟草病毒病都能通过蚜虫传播，故它们的预测预报技术都相同，需要结合当地烟蚜的发生情况进行预测预报(同马铃薯 Y 病毒病的预测预报)。

第 19 章　烟草线虫病的调查及测报

线虫(nematode)是一种无脊椎动物，在分类上隶属于线形动物门。线虫的种类繁多，在自然界分布非常广泛。大部分线虫生活在海水、淡水、泥沼、沙漠和各种类型的土壤中，其中有不少类群寄生在植物上，危害植物，称为植物线虫(plant nematode)。烟草线虫是植物线虫的一个重要组成部分，烟草线虫主要危害烟株的根部。一般有烟草根结线虫、烟草胞囊线虫和烟草根腐线虫 3 个大类。其中在烟草发生最广、危害最大的是烟草根结线虫(tobacco root-knot nematode)。危害烟草的根结线虫种类主要是南方根结线虫(*Meloidogyne incognita*)、爪哇根结线虫(*M. javanica*)、花生根结线虫(*M. arenaria*)和北方根结线虫(*M. hapla*)等。

在我国大部分烟区都会发生烟草根结线虫，危害较重区域包括云南、湖南、湖北、重庆、四川、贵州等地。线虫通过吻针穿透细胞壁而侵入或者摄取寄主的原生质，吸食烟草的营养，在烟草根系形成大量根瘤，导致根系弱化、畸形、膨大等，影响烟株对水分和矿物质的吸收和利用，导致植株生长矮小、叶片黄花、叶尖枯焦等。同时，因这些线虫的危害在烟株的根部有大量伤口，经常会诱发一些土传根茎类病害侵染烟株，严重影响烟叶的正常生长，造成较大的经济损失。

对于线虫调查和测报，重点调查土壤带虫量、烟草早期侵染情况、田间发病株和受害程度。特别关注烟地土质、烟田连作情况、土传病害发生情况以及移栽后天气情况等。根据往年的发生情况、土壤状况和品种抗性等做长期预测，田间病情调查主要做损失估计。

19.1　病原及其症状

19.1.1　线虫形态

线虫一般形态根据发育情况可分为卵、幼虫和成虫 3 个阶段(图 19-1)。

卵：肾形至椭圆形，黄褐色，两端圆，长 79～91μm，宽 26～37.5μm。卵集中藏于黄褐色胶质卵囊内，每个卵囊内有卵 300～500 粒。

幼虫：幼虫一般有 5 龄，一龄幼虫呈“8”字形卷曲在卵壳内；二龄幼虫线性、圆筒状；三龄以后幼虫开始雌雄分化，线形明显。5 龄幼虫蜕皮后成为成虫。

成虫：身体线性，一般为圆筒状，两端稍细，成梭形或丝敞，横切面为圆形。一般很小，通常体长长约 1mm，少数可达 3～5mm。无色、透明，或成乳白色。身体腹面左右对称，有排泄孔、阴门及肛门(或泄殖孔)。身体不分节。体表通常有横的环纹，两侧有纵向线纹(称为侧线)。有些线虫的雌虫膨大，变成球形、柠檬形、洋梨形等形状；而雄虫是线性，通常比雌虫小，这类线虫为雌雄异型。

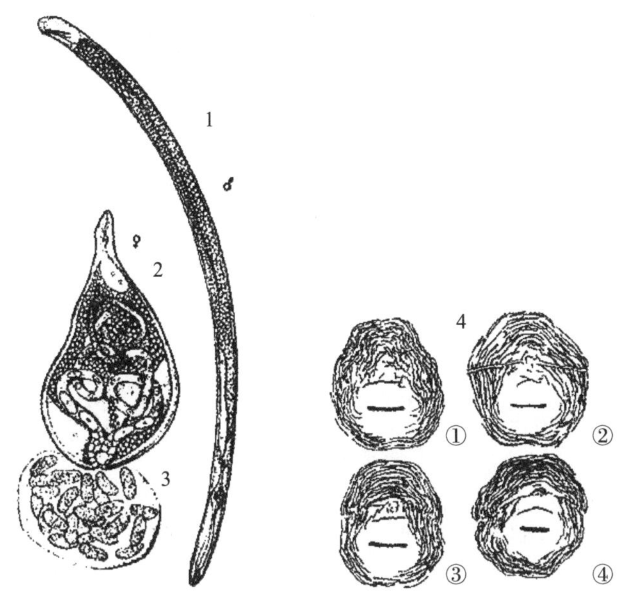

1. ♂成虫形态；2. ♀成虫形态；3. 卵囊；4. 4 种根结线虫的会阴花纹
①南方根结线虫；②爪哇根结线虫；③花生根结线虫；④北方根结线虫
图 19-1　烟草根结线虫形态(谈文，2003)

19.1.2　危害特征

烟草线虫寄生在烟株上，大多数无特异症状，地上部的表现与营养缺乏症相似，也和其他病原生物危害的症状相似，区别较困难。若细心观察，植物地上部和地下根部都有典型症状表现。

地上部症状：烟株顶端生长受阻、叶片褪缘、生长不旺，叶片扭曲，叶片干尖，烟叶上出现叶斑(易与一些真菌性病害混淆)，花冠肿胀，严重时导致全株死亡。

地下部症状：烟株根部出现根结、胞囊，烟株其根丛生有很多不定根，根粗而短，根部腐烂，根坏死，根龟裂、糠心，根部无须根和侧根。

19.2　影响发病的关键因子

烟草线虫的发生、流行与烟株周围的土壤情况、气候因子有很大的关系，同时烟株不同的栽培措施以及轮作方式对线虫的发生、流行也具有一定的影响。烟草线虫主要以卵、卵囊、幼虫等方式在土壤、病株残体中越冬。大田里，线虫通过土壤、流水、病苗以及带病粪肥等进行传播，当土壤温度为 17~18℃、湿度为 60%~80%时，有利于病情的发展；不同的栽培措施如烟田施用尿素可提高土壤可溶性氮水平，利于烟株生长发育，使烟叶增产，但也会使线虫数量增加，一定程度上使烟叶减产；未腐熟的作物秸秆还田有利于线虫病情的发展，而腐熟的秸秆还田可以阻止其发展；很多研究发现有机肥可提高土壤有机质水平，能明显抑制植物线虫种群数量，这种抑制机理尚不清楚，可能是有机肥成分较无机肥全面，一方面有利于各种生物的生存，进而维持根际微生态平衡，抑制某些生物如线虫的大量繁殖，另一方面，有利于植物的健康生长和抗逆能力的增强。不同的轮作体系对线虫的发生也有影响作用。

19.3 线虫的调查

19.3.1 越冬虫源调查

1. 调查时间

在当年10月中旬和来年3月中旬，共调查2次。

2. 调查取样方法

两次调查在同一地块进行，尽量多选几个地块进行调查。随机取10个点，每点用取土器取深度0～20cm、土200g，混匀后用四分法取200g进行检测。每个样品检测3次，取平均值，记载卵及幼虫数量，每个地块调查的数据记入表19-1。

表19-1 烟草线虫越冬基数调查记载表

调查日期： 调查地点： 调查人：

重复	卵数量/(个/200g土)	幼虫数量/(个/200g土)	备注
1			
2			
3			
平均			

19.3.2 系统调查

1. 调查时间

烟草5～6叶期调查1次，移栽后开始每5d调查1次，直到完全采收后结束。

2. 调查地块

以当地主栽品种为主，选择有代表性的苗床和烟田，苗床不少于10个，烟田面积不少于1亩，调查期间不施用杀线虫剂。调查田块应相对固定。如果被调查烟区在海拔上的高度差较为明显，选择田块时要确保这些田块均匀分布在不同的海拔高度，这样的田块才能代表整个烟区的实际情况。

3. 调查方法

苗床调查，每个苗床随机选择100株进行调查。对烟草线虫病的田间调查，在生长期可以通过调查烟株的地上部分来判断线虫发病情况，在成熟期可以通过调查烟株的地下部分来判断线虫发病情况。对地上部分的调查，在选择的田块中采用“定点定株”的方法进行，5 点取样，每点顺行连续调查 50 株，若条件许可，对被调查的烟株进行挂牌标记；地下部分调查采用“定点不定株”的方法进行，5 点取样，每点调查 3～5 株。这两种调查方式都要记录调查的总株数、病株数以及各病株的病级数，最后计算病情指数、病株率，将数据记入表 19-2。系统调查中一般利用地上部分来判断线虫病情。

表 19-2　烟草线虫病系统调查数据记载表

调查日期：　　　　调查地点：　　　　调查人：

调查点序号	总株数	病株数	各病级株数						病株率/%	病情指数	备注
			0	1	3	5	7	9			
1											
2											
3											
…	…	…	…	…	…	…	…	…	…	…	…
平均											

19.3.3　大田普查

1. 普查时间

在烟草成苗期、团棵期、旺长期、采收期、采收完毕后 10d 分别进行调查，共 5 次普查，同一地区每年调查时间应大致相同。

2. 普查地块

选择不同区域、不同品种、不同田块类型的苗床和烟田，调查苗床数量不少于 10 个，田块数量应不少于 10 块，每块烟田面积不少于 1 亩。

3. 普查方法

被选中的每块田采用对角线 5 点取样方法，每点顺行调查不少于 50 株，前 4 次按照地上部症状分级方法调查，第 5 次采用地下根部症状分级方法调查。记录调查的总株数、病株数以及各病株的病级数，最后计算病情指数、病株率，按照表 19-3 的样式将数据归类记录。

表 19-3　烟草线虫病大田普查数据记载表

调查日期：　　　　调查地点：　　　　调查人：

调查点序号	总株数	病株数	各病级株数						病株率/%	病情指数	备注
			0	1	3	5	7	9			
1											
2											
…	…	…	…	…	…	…	…	…	…	…	…
平均											

19.4 线虫的预测预报

19.4.1 预报的要素

根据线虫往年发生的分布、重点区域、品种抗性、种植布局和连作情况，结合中长期天气预报，预测年度不同区域线虫发生的严重度，发布中长期预报。

预报过程中，需考虑重要的参考因素：①从土质来看，通透性好的沙土、沙质壤土天敌少，有利于线虫的发生；②连作有利于发病，与禾本科、豆科植物轮作，或者水旱轮作以及遇雨涝年份可抑制线虫的发生。③NC95，G80 等品种高抗根结线虫，而 K326、G28 等中抗，有些品种的抵抗性有一定地域差异，预测时需要注意；④天气状况中，温度在流行中起主导作用，在低于 10℃或者高于 36℃的温度条件下，线虫很少发生；当土壤温度约为 18℃、湿度约为 70%时要注意田间线虫的发生情况；干旱年份发病更重。

19.4.2 线虫病病情分级标准(以株为单位分级调查)

(1)地上部标准。田间生长期地上部观察，拔根检查确诊为根结线虫危害后再进行调查。

0 级：植株生长正常。

1 级：烟株生长基本正常，叶缘叶尖部分变黄，但不干尖。

3 级：病株比健株矮 1/4～1/3，或叶片轻度干尖、干边。

5 级：病株比健株矮 1/3～1/2，或大部分叶片干尖、干边或有枯黄斑。

7 级：病株比健株矮 1/2 以上，全部叶片干尖、干边或有枯黄斑。

9 级：植株严重矮化，全株叶片基本干枯。

(2)拔根检查分级标准如下：

0 级、根部正常。

1 级：1/4 以下根上有少量根结。

3 级：1/4～1/3 根上有少量根结。

5 级：1/3～1/2 根上有根结。

7 级：1/2 以上根上有根结，少量次生根上发生根结。

9 级：所有根上，包括次生根上也长满根结。

计算病情指数时，可根据一个方面进行计算，也可以将两个病指共同计算，求平均值。

19.4.3 发生程度的划分标准

烟草线虫病发生程度分为 6 级，主要以发病盛期的平均病情指数为标准来判断其发生程度(表 19-4)。

表 19-4　烟草根结线虫病发生程度分级指标

级别	(0)无发生	(1)轻度发生	(2)中等偏轻发生	(3)中等发生	(4)中等偏重发生	(5)严重发生
病情指数 I	0	$0<I\leqslant5$	$5<I\leqslant20$	$20<I\leqslant35$	$35<I\leqslant50$	$I>50$

19.5　测报资料收集

19.5.1　测报基础资料收集

烟草种类和主要品种及其栽培面积，育苗期、移栽期及各主栽品种的面积；当地气象台(站)主要气象要素的预测值和实测值。

19.5.2　测报资料汇报

各烟区区域性测报站每 5d 将烟草线虫病的相关汇总报表(表 19-5、表 19-6、表 19-7)报上级测报部门。

表 19-5　烟草根结线虫越冬基数汇总表

调查日期	调查地点	地块类型	卵数量/(个/200g 土)	幼虫数量/(个/200g 土)	备注
…	…	…	…	…	…

表 19-6　烟草根结线虫病系统调查汇总表

调查日期	调查地点	地块类型	品种	生育期	调查株数	病株数	病株率/%	病情指数	备注
…	…	…	…	…	…	…	…	…	…

表 19-7 烟草根结线虫病普查调查汇总表

调查日期	调查地点	田块编号	品种名称	移栽期	生育期	田块面积/亩	全田发病情况	实查面积/m^2	调查株数	发病株数	发病率/%	病情指数	施肥量kg	防治情况
…	…	…	…	…	…	…	…	…	…	…	…	…	…	…

19.6 测报资料汇总

统计烟草线虫病发生期和发生量，结果记于表19-8。记载烟草种植和线虫病发生、防治情况，总结发生特点，并分析原因，将原始记录与汇总材料装订成册，并作为正式档案保存。

表 19-8 烟草根结线虫病发生、防治基本情况记载表

烟草面积/hm^2	耕地面积/hm^2	烟草面积占耕地面积比率/%
主栽品种	播种期/月－日	移栽期/月－日
发生面积/hm^2		占烟草面积比率/%
防治面积/hm^2		占烟草面积比率/%
发生程度	实际损失/t	挽回损失/t
发生和防治概况与原因简述 (注意分析土壤连作情况，土壤有机肥的施用情况，品种抗性情况，土壤处理杀线虫颗粒剂的施用情况等)。		

第 20 章　烟草病虫害预测预报信息系统

20.1　烟草病虫害测报预警信息系统的原理

烟草病虫害是制约我国烟草农业发展和烟叶质量的重要因素，防治烟草病虫害应适应现代烟草农业集约化生产、信息化管理、规范化防控的要求。烟草种植区具有分布较为分散、各区之间地理、气候等条件差异大等特点，对烟草病虫害的测报提出了越来越高的要求，特别是要直观、快捷、高效。现代科技飞速发展，许多前沿研究成果相继应用到现代农业中，也为烟草病虫害防控提供了技术支持。针对烟草种植区地理、气候等自身特点，可以将传感器技术、数据库技术、网络和通信技术、专家系统技术、全球定位技术(GPS)、地理信息系统技术(GIS)等应用到烟草病虫害监测、预警、防控各环节中去，使烟草病虫害“数据采集→数据报送与管理分析→病虫害预警信息发布→系统防控方案”的有机链条有效发挥作用。

加强烟草病虫害基础研究，利用先进的预测预报系统和信息技术对烟草病虫害发生情况进行监测和预警，在没有构成较大危害之前及时采取有效的防治措施，避免病虫害大发生，降低病虫害对烟草生产的损失是烟草植保工作的指导思想。为及时掌握病虫害发生发展动态，有效发挥现有的三级测报网络功能，在重庆市烟草公司和西南大学共同主持下，启动了重庆市烟草病虫害预警与防控信息体系科研项目，从植保工作管理、信息采集的科学性、标准性、信息传递的及时性和防控决策依据的宏观性几个方面入手，搭建了重庆市烟草病虫害测报系统。该测报系统将测报技术规范和表格转换为简单明了的计算机页面，测报人员只需输入原始数据核实上报，系统便可以自动实现计算、汇总、分析，既节省了工作量，又提高了准确度，还能为我市烟草部门广大的烟草科技工作者提供植保工作管理和交流平台，提高预测预报及综合防治的工作效率，也能促进与其他省市同行之间的交流与合作；平台可以提供 13 种主要烟草病虫害调查方法及分级标准、病虫害发生发展预警和防治措施等信息，能全面提升我市病虫害测报人员和烟农的植保技术水平，具有很高的实用和推广价值。

20.1.1　测报系统简介

烟草病虫害测报系统是基于 B/S(Browser/Server)模式开发的信息系统，用户工作页面通过 IE 浏览器来实现。B/S 模式最大的优势是运行维护简便，能实现不同的人员从不同地点以各种接入方式(如局域网 LAN、广域网 WAN、Internet 等)访问和操作，用户只需要登录系统页面即可进行该系统的各项操作，客户端无需安装复杂的软件，使用方便快捷。系统开发环境 Microsoft Visual Studio 2008，后台数据库为 Microsoft SQL Server 2005，同时使用了 Silverlight 和 MSChat 插件进行预警图和折线图的绘制，Silverlight 技术是一种融合了微软多种技术的 Web 呈现技术，可以给用户提供更为人性化的页面设计，并通过使用基于向量的图像图层技术，支持任何尺寸图像的无缝整合，是能在 Windows 和 Macintosh 多种浏览器中运行的内容丰富、页面绚丽的 Web 应用程序；VS2008 可以无缝融合到这个开发环境中，能给用户提供良好的使用页面。系统运行硬件基本环境为 40G 硬盘/1G 内存/1.0GHZ 以上的 CPU，可以在 Windows 2000/ME/NT/XP 操作系统环境下运行，客户端需要安装 Office 2003(Word 2003、Excel 2003)应用系统(图 20-1)。

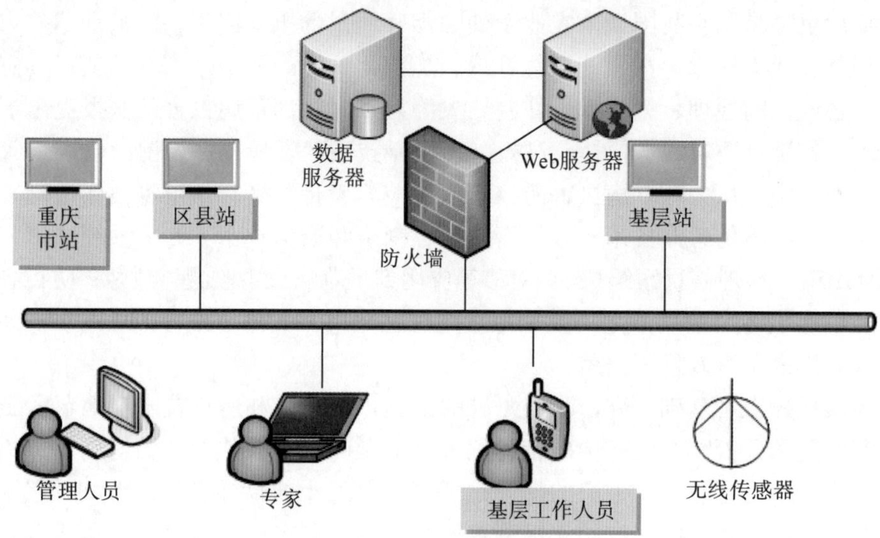

图 20-1　测报系统网络结构

20.1.2　测报系统技术优势

(1)系统数据库的建立是在充分分析烟草病虫害国家标准、行业标准基础上，结合生产一线获取数据的方便快捷性设计的，既能够便于操作，对数据的后续处理，又能全面反映全市病虫害发生发展状况，填补烟草病虫害测报数据查询、共享的空白；测报数据库设计还兼顾了上报数据项目的全面性，为后期系统功能扩展打下了基础。

(2)系统考核全市烟草植保工作的功能和信息交流平台，能够满足烟叶生产植保工作的信息化管理需要，整合到烟叶生产、收购等系统中，提升烟叶生产植保工作水平。

(3)系统利用 VS2008 以及 Silverlight、WCF 技术开发烟草病虫害预警模块，实时数据通过 Web 应用程序上传至服务器端数据库处理，当程序扫描到数据库添加了新的数据后，通过调用 WCF 服务并使用 HTTP 协议，将数据传输至 Silverlight 应用程序，使其在浏览器中呈现对应站点病虫害种类相应严重度的预警级别和发展趋势，快捷直观，既可以快速实现市公司管理者和植保专家了解各区域烟草病情、虫情发生发展状况，有助于及时、统一采取进一步防控措施，提高工作效率。

20.1.3　测报系统应用条件

网络平台的推广应用需要同时具备相应的硬件设施和测报技术以及管理人员采集、报送、分析使用测报数据的应用技术两个条件。测报系统可以在互联网或局域网上运行，硬件要求包括三级测报机构(市公司、区县公司、基层烟站)共享的网络接口、计算机终端和服务器。系统投入使用前，项目组、市公司需向各级测报机构技术及管理人员普及使用技术，进行测试、试运行，并在使用中不断完善。

20.1.4　测报系统功能

1. 实现烟草植保工作信息化管理

系统为基层站点、区县、市公司管理人员提供了完成、考核烟草植保工作的网络平台。市公司、区县公司、站点各级参与使用测报系统的用户都将拥有系统设置分配的用户、密码，站点用户对测报数据进行录入、上报，区县用户可以查看、汇总、导出、打印测报数据，掌握本区县病虫害发生情况，市公司决策者可以查询、导出各区县站点报送的数据表格，掌握全市种植区病虫害发生情况；查看预警图指导防控；可以对各站点录入数据数量、质量进行统计考核。各级用户还能借助信息交流模块上传工作汇报，下载工作安排，实现重庆市植保工作的信息化管理(图 20-2)。

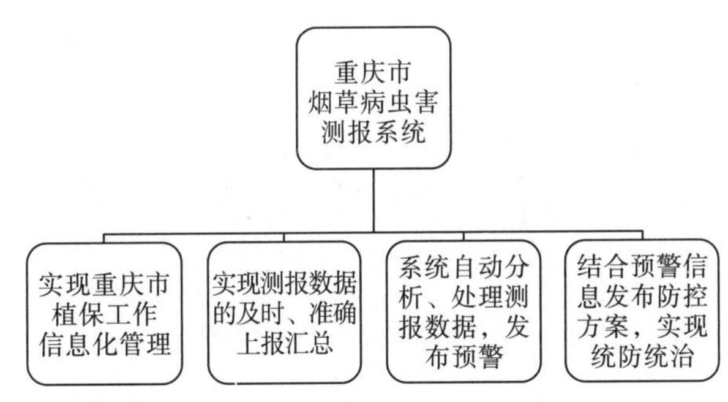

图 20-2　测报系统功能示意图

2. 实现测报数据及时快速传输

该系统数据传输功能模块涵盖了主要烟草种植区 13 种烟草主要病虫害，包括普查、系统调查等数 10 种调查表格。系统将测报标准、测报知识、测报要求转换为清晰明了的计算机操作页面，测报人员只需将原始信息输入核实上报，系统即能自动实现计算、汇总、分析，高效准确。

系统要求站点用户对每次病虫害调查数据按病种分别及时录入、修改、上报，区县、市级管理员才能查询、统计数据，导出、打印 Excel 格式表格，掌握信息、分析处理，系统最终形成预警信息提供给市公司决策者指导防控。

3. 实现病虫害严重度预警

系统中预先选择烟草病虫害普查得出的病情指数、百株虫量等指标，设置代表不同病虫害的严重度等级，服务器根据实时录入数据将处理后的结果反映在地图上显示出反映病虫害发生严重程度的预警级别；系统还根据系统调查得出的病情指数、百株虫量等指标绘制相应病种的病情、虫情发展动态折线图，作预警参考。

4. *发布防控措施*

烟草病虫害防控具有统一性和规范性。省(市)公司可以通过信息交流模块中的防控专区将防控措施及时下达到生产一线，也可以有针对性地指导某一区县的特色防控。信息交流模块还可支持各级用户上传、下载不同格式的技术交流、病虫情报、行业动态、植保知识等信息；可以将生产调查中遇到的疑难问题传送至上级管理员或植保专家专区以备解决；植保专家可以与用户双向交流、进行病虫害诊断、技术指导。

20.2 测报预警系统的使用技术

20.2.1 系统管理

各级用户可以使用系统管理员分配的用户名、密码登录测报系统(图 20-3)。登录后，页面正前方可以看到系统公告和最新动态，而页面正上方是系统菜单栏可以看到菜单栏中有 8 个功能菜单，分别是首页、数据查询、数据汇总、调查图表、预测图表、病情预警、信息交流和系统管理(图 20-4)。

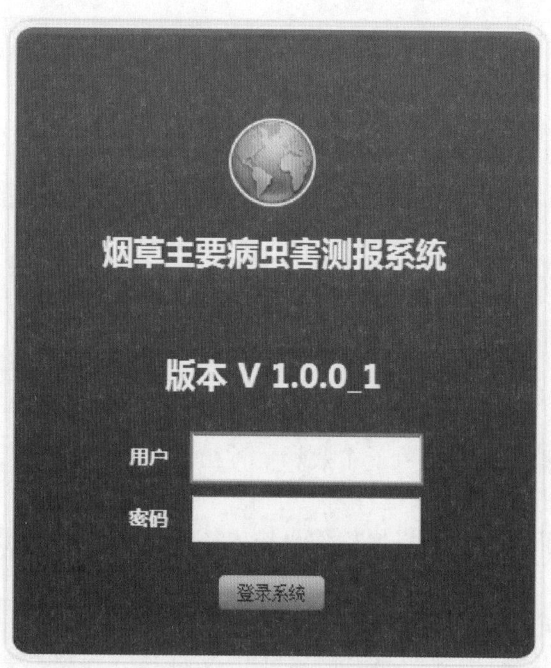

图 20-3 系统登录页面

图 20-4　8 个主功能模块

20.2.1.1　系统管理(系统管理员使用)

点击功能菜单中的“系统管理”功能条便显示出用户管理主功能菜单下面的个人信息、机构管理、用户管理、品种管理、新增用户、专家意见、预测管理、公告管理和最新动态九个子菜单。

1. 个人信息

点击页面子功能菜单里“个人信息”功能条，管理员可以在图 20-5 显示的页面中管理个人信息，包括修改密码和修改信息。点击修改密码，弹出子菜单，依次输入原用户密码、新用户密码、确认新密码点击提交即可修改用户密码；点击修改信息可以修改用户联系电话，点击子菜单提交即可完成修改。

图 20-5　个人信息页面

2. 机构管理

系统使用过程中系统管理员可以根据工作需要浏览、添加、修改和删除机构，如图 20-6 点击页面功能菜单里的“添加机构”功能条，依次填写机构名称、机构地址、联系人、联系电话、联系人邮箱、经度、纬度和海拔，点击“提交”可以添加新机构。

3. 用户管理

若想查看系统中某一用户，点击页面功能菜单里的“浏览用户”功能条，根据弹出表格可以查找系统所有用户。点击“添加用户”，依次输入用户账号、用户真实姓名、用户密码，用户电话，选择用户所属机构、用户权限，点击提交可以添加不同机构用户。点击“修改用户”，可以修改用户资料；点击“删除用户”，可以删除机构以下用户(图 20-7)。

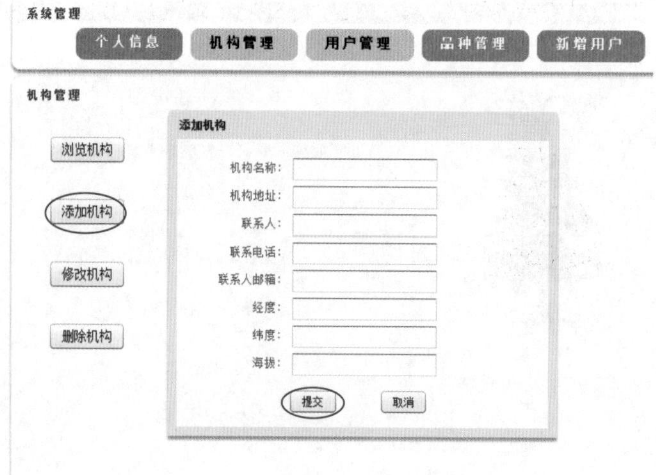

图 20-6 机构添加页面

图 20-7 用户管理页面

4. 品种管理

若想添加、修改、删除品种，可以点击“添加”，添加新烟草品种；点击“修改”，可以修改烟草品种名称；点击“删除”，可以删除原有品种(图 20-8)。

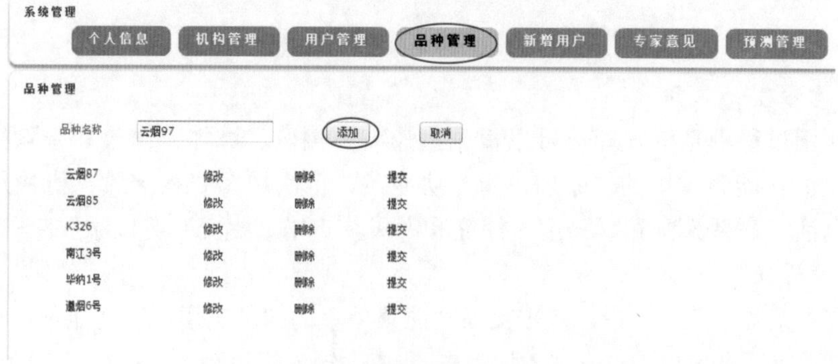

图 20-8 品种管理页面

5. 新增用户

点击新增用户，可以查看系统中新添加的用户(图 20-9)。

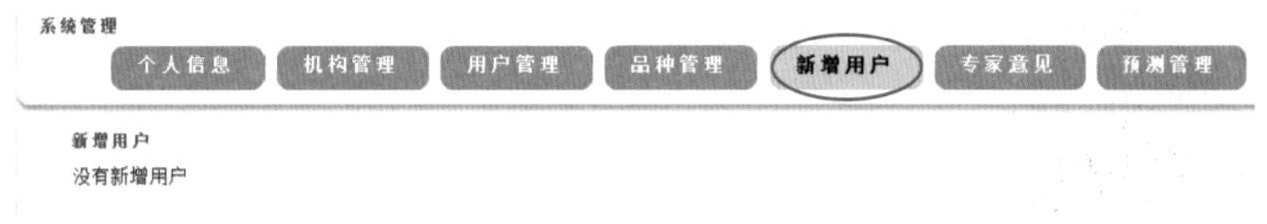

图 20-9　新增用户页面

6. 专家意见

点击“专家意见”，选择列表栏中的病虫害种类，同时选取相应病害的病情指数范围，可以添加对应病害中一定病情指数范围内的专家用药意见。添加专家意见，可以在站点数据录入完成后显示专家意见，具体展现请看本节第二部分。点击专家意见下面的放大镜图标，可以查看已添加“专家意见”(图 20-10)。

图 20-10　专家意见页面

7. 预测管理

点击“预测管理”，可以进入系统预测功能页面依次选择病虫害种类、地区，可以查询不同地区不同病虫害预测模型。管理员权限账号可以修改模型，市(县)级账号可以查看模型。预测模型设定 7 个参数，可供不同病虫害预测模型的修改，如图 20-11 所示。

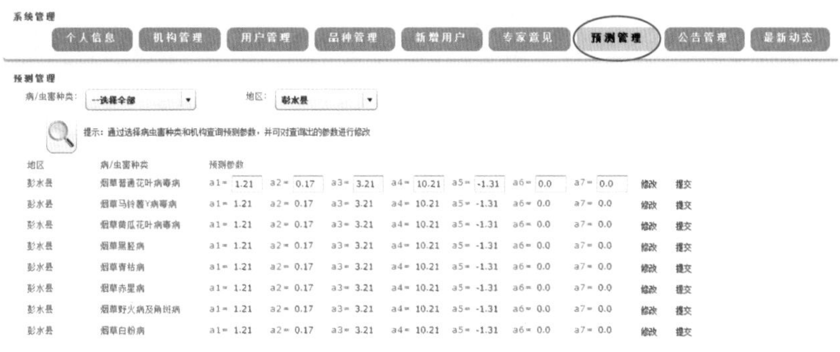

图 20-11　预测管理页面

8. 公告管理

公告管理是非站点用户所使用的功能，通过添加公告可以在系统首页上显示已添加公告，如图 20-12 所示，在系统首页的正下角。添加系统公告，点击系统公告，输入系统公告标题和内容即可添加系统公告，如图 20-13 所示。

图 20-12 首页系统公告

图 20-13 系统公告发布页面

9. 最新动态

最新动态是系统管理员发布最新消息的页面，在最新动态里能够发布最新防治意见、产区植保动态、烟草病虫害等简报，方便用户对植保动态有新的了解。页面输入如图 20-14 所示。

图 20-14 最新动态发布页面

20.2.1.2 省(市)管理(系统管理员使用)

省(市)账号登录系统时，显示页面和功能与系统管理员账号显示的功能有所区别。省(市)用户可以添加新用户和机构，如图 20-15 和图 20-16 所示。省(市)账号登录后，可以添加新系统登录账号和新下属机构。

系统管理
个人信息　机构管理　用户管理　品种管理　新增用户　专家意见　预测管理　公告管理　最新动态

机构管理
浏览机构　添加机构　修改机构　删除机构

浏览机构

序号	机构名称	机构地址	联系人	联系电话	联系人邮箱	经度	纬度	海拔
1	万州区烟草公司	待定				108....	30.7...	150.0
2	涪陵区烟草公司	待定				107....	29.6...	320.0
3	黔江区烟草公司	待定				108....	29.5...	560.0
4	南川区烟草公司	待定				107....	29.1...	500.0
5	丰都县烟草公司	待定				107....	29.8...	250.0
6	武隆县烟草公司	待定				107....	29.3...	390.0
7	奉节县烟草公司	待定				109....	31.0...	170.0
8	巫山县烟草公司	待定				109....	31.0...	150.0
9	巫溪县烟草公司	待定				109....	31.3...	250.0
10	石柱县烟草公司	待定				108....	30.0...	550.0
11	酉阳县烟草公司	待定				108....	28.8...	740.0

图 20-15　省(市)用户机构添加页面

序号	用户账号	用户姓名	电话号码	用户所属机构	用户角色
1	wz	万州区管...	133996606251	万州区烟草公司	数据浏览用户 系统管...
2	fl	涪陵区管...	133996606251	涪陵区烟草公司	数据浏览用户 系统管...
3	qj	黔江区管...	133996606251	黔江区烟草公司	数据浏览用户 系统管...
4	nc	南川区管...	133996606251	南川区烟草公司	数据浏览用户 系统管...
5	fd	丰都县管...	133996606251	丰都县烟草公司	数据浏览用户 系统管...
6	wl	武隆县管...	133996606251	武隆县烟草公司	数据浏览用户 系统管...
7	fj	奉节县管...	133996606251	奉节县烟草公司	数据浏览用户 系统管...
8	ws	巫山县管...	133996606251	巫山县烟草公司	数据浏览用户 系统管...
9	wx	巫溪县管...	133996606251	巫溪县烟草公司	数据浏览用户 系统管...
10	sz	石柱县管...	133996606251	石柱县烟草公司	数据浏览用户 系统管...
11	yy	酉阳县管...	133996606251	酉阳县烟草公司	数据浏览用户 系统管...

图 20-16　省(市)用户添加页面

20.2.1.3　区(县)管理(市级用户使用)

区(县)级用户登录页面与省(市)级页面有所不同，但都可以添加用户及机构，能够添加下级用户中不同权限的用户(数据浏览用户、数据填报用户、系统管理员)(图 20-17)。

图 20-17　区(县)用户添加页面

20.2.1.4 站点管理(站点数据录入用户使用)

站点用户管理，站点用户进入页面后菜单栏中只有首页、数据录入、信息交流、系统管理(图 20-18)。

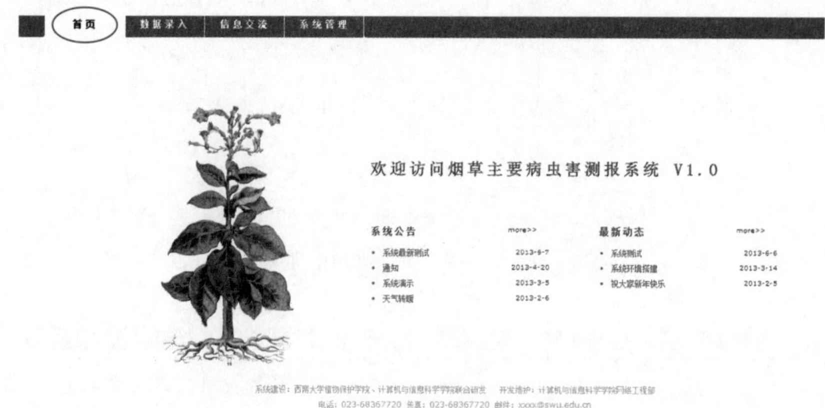

图 20-18 站点管理登录页面

20.2.2 烟草病虫害测报管理

烟草病虫害测报管理是测报系统中最主要的功能，包含了 13 种烟草病虫害种类和数十种测报表格，完成测报表录入上报、统计分析和生成、查看预警图的重要功能。点击功能菜单里的“数据录入”，可以看到此功能模块中的各个调查病虫害的图像及调查表格(图 20-19)。

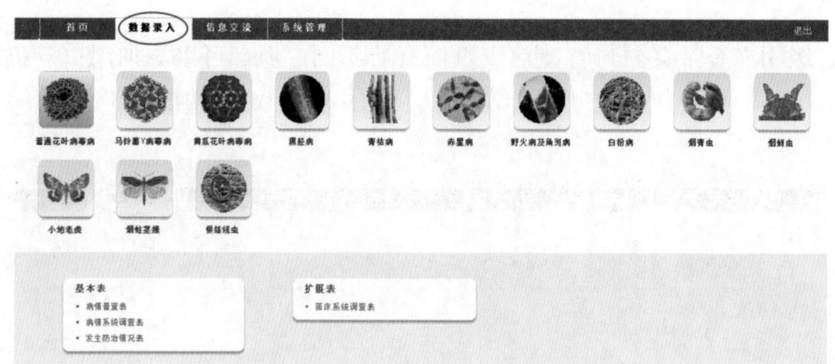

图 20-19 烟草病虫害测报管理功能模块

20.2.2.1 系统管理(站点用户使用)

点击功能菜单里的“系统管理”，可以看到有关站点信息。

1. 修改密码

站点用户在登录系统后，可以对原始密码进行修改。如图 20-20 所示，依次输入原始密码、新密码，确认后可以修改密码。

图 20-20　站点密码修改页面

2. 站点信息修改

点击功能菜单里的站点修改信息，可以修改站点信息(图 20-21)。

图 20-21　站点信息修改页面

20.2.2.2　信息交流

1. 文件上传

文件上传可以上传本站点的工作汇报、技术交流及指导、防控措施及专家意见。选取本地文件，点击上传，即可完成文件上传(图 20-22)。

图 20-22　文件上传页面

2. 文件下载

文件下载可以下载所有上传的工作汇报、技术交流及指导、防控措施及专家意见。选取下载区域，点击下载，即可完成文件下载(图 20-23)。

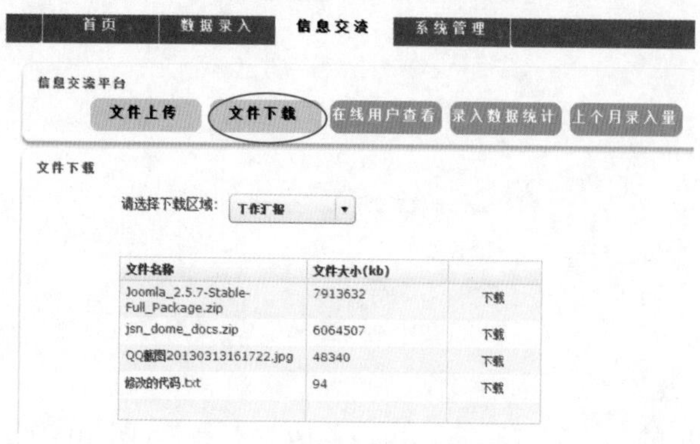

图 20-23 文件下载页面

3. 在线用户查看

在线用户查看可以查看当前时间在线的所有用户，如图 20-24 所示。

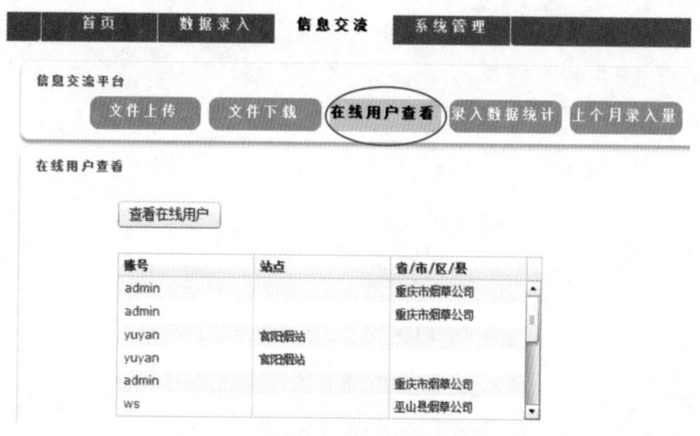

图 20-24 在线用户查看页面

4. 录入数据统计

录入数据统计可以查看当前用户在时间段内的数据录入量，如图 20-25 所示。

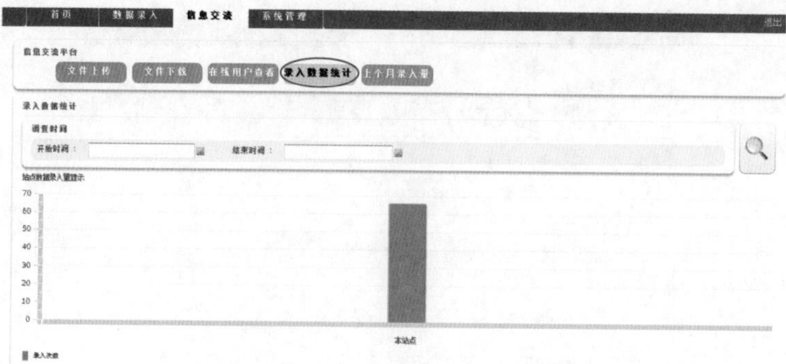

图 20-25 录入数据统计页面

5. 上个月录入量

点击“上个月录入量”可以查看当前用户登录时间上个月的所有录入量。

20.2.2.3　烟草普通花叶病信息数据录入(站点用户使用)

站点用户登录站点用户账号后，进入系统首页，点击数据录入即可进行数据录入。选择录入相关的基本表或扩展表，即可进入录入页面，如图 20-26 所示。

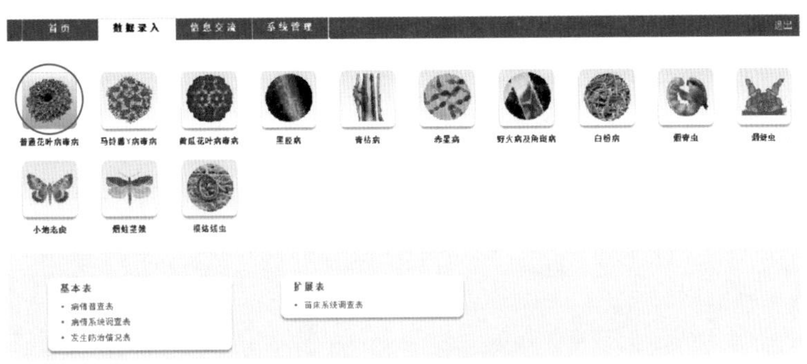

图 20-26　烟草普通花叶病信息数据录入页面

1. 烟草普通花叶病病情普查表

选取烟草普通花叶病毒病图标，点击基本表内的病情普查表，可以看到数据录入包括普查记载表和采集数据列表两部分，选择页面左上图标选择退出，如图 20-27 所示。

烟草普通花叶病毒病 － 病情普查表

调查人：　　实查面积：

调查日期：　　移栽期：

调查地块：　　品种名称：

生育期：　　发病情况：

防治情况：

备注信息：

采集数据列表：

□	1级	3级	5级	7级	9级	未发病	备注

提交　取消

图 20-27　烟草普通花叶病毒病普查记载表录入页面

烟草普通花叶病的普查要求是：在烟草成苗期、团棵期、旺长期、打顶期分别进行 4 次普查，在全烟区随机选择有代表性的烟田，调查田块不少于 10 块(每块面积不少于 1 亩)，采用对角线 5 点取样方法，每点 50 株，所以基本信息每次调查每个地块只需录入一次，录入完成后点击“确认录入”即完成。

普查记载表录入后点击采集数据列表进入采集数据录入，如图 20-28 所示，即每个地块取 5 个调查点，将调查株数、发病株数、各级发病株数填入，点击添加即可完成添加，点击提交即可完成整个普查记录表的提交。

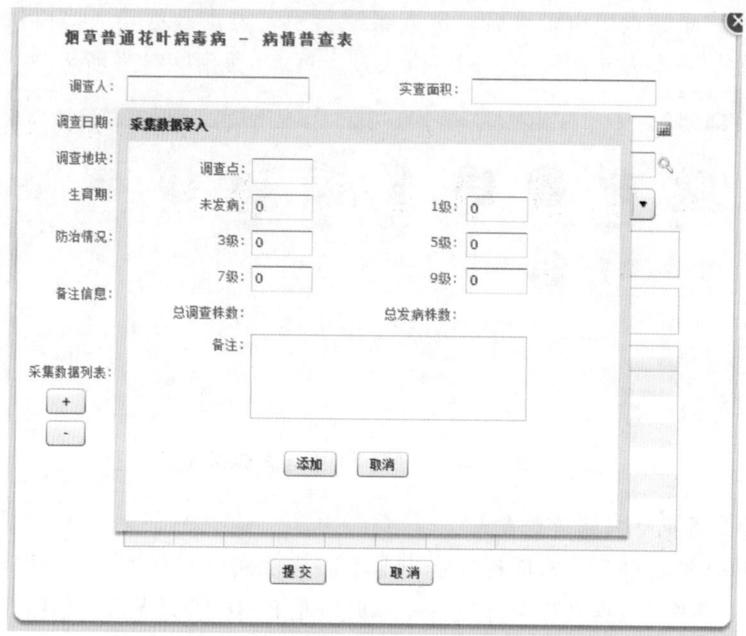

图 20-28　烟草普通花叶病普查数据采集页面

注意：普查信息录入页面有自动检测功能，输入数据之间有等式关系，比如发病株数与各级发病株数的和相等、调查株数等于发病株数与 0 级株数的和，否则系统会提示输入错误。

2. 烟草普通花叶病数据查询(非站点用户均可使用)

数据提交后，用户可以点击主菜单中数据查询，选择所要显示的病虫害、站点、测报表种类，按照要求输入详细信息，点击“放大镜”图标即可看到报送数据信息，如图 20-29、图 20-30 所示。

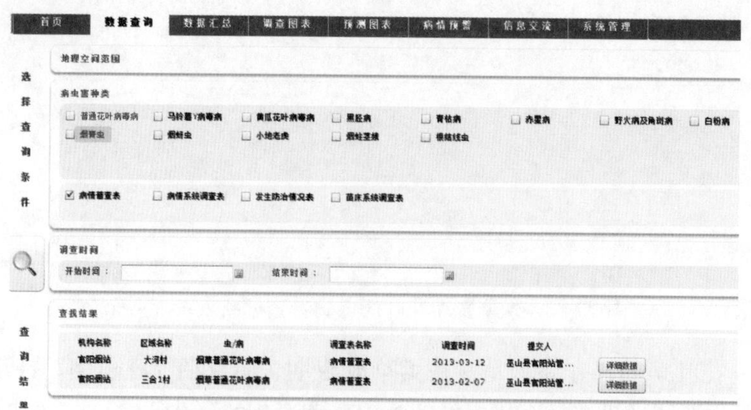

图 20-29　烟草普通花叶病信息显示页面

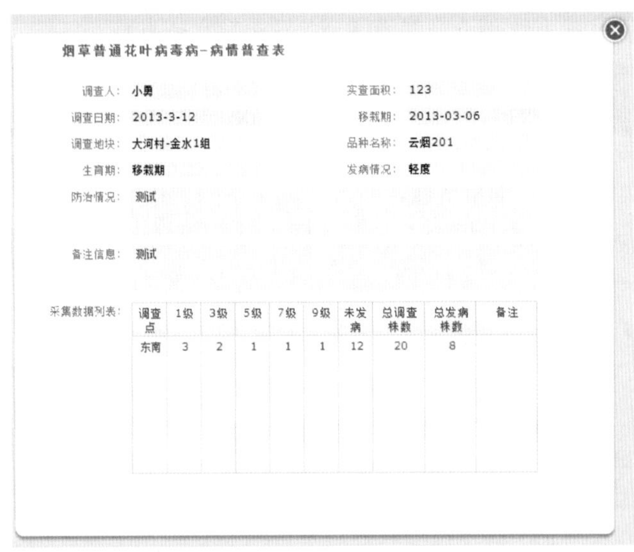

调查点	1级	3级	5级	7级	9级	未发病	总调查株数	总发病株数	备注
东南	3	2	1	1	1	12	20	8	

图 20-30　烟草普通花叶病普查表信息显示页面

3. 烟草普通花叶病信息汇总(各级用户均可使用)

需要汇总数据的测报表，比如普查表、系统调查表等，汇总表在各病种菜单下的“数据汇总”子菜单中查询。点击普通花叶病菜单下的“数据汇总”，页面便显示所有经汇总的测报表格种类，可以选择某一表格进行查询，如图 20-31 所示。

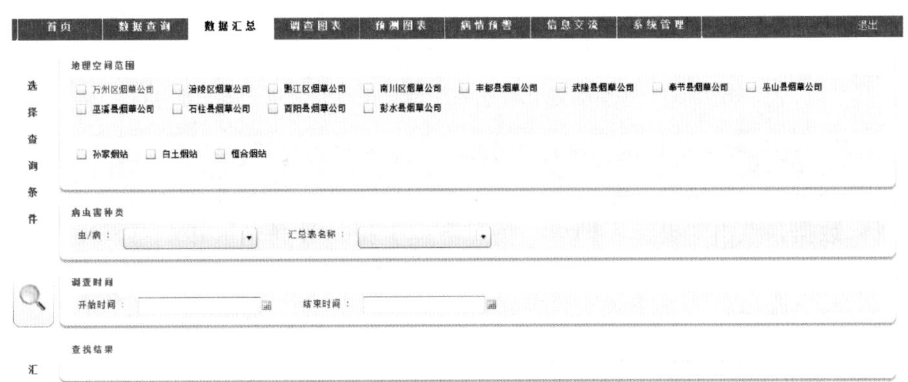

图 20-31　普通花叶病信息汇总页面

在汇总表显示页面中，如图 20-32 所示，页面中具有“导出”功能，点击“导出”可以将页面中显示的信息以 Excel 格式导出到指定位置，可以保存并做进一步分析处理。

机构名称	调查时间	调查区域	调查地块	品种名称	生育期	移栽期	实查面积	总调查株数	总发病株数	病株率%	病情指数	防治情况
宣阳烟站	2013-03-01	大河村	大河村-金水1组	中烟90	迁苗期	2013-03-01	100	27	25	92.59%	0.64	
宣阳烟站	2013-01-05	大河村	大河村-金水1组	云烟201	伸根期	2013-01-02	456	832	154	18.50%	0.62	测试

图 20-32　普通花叶病普查表信息汇总页面

4．烟草普通花叶病系统调查表信息录入(站点用户使用)

系统调查的要求是：在一个测报站点范围内固定选择有代表性的 3 块地作为系统观测地点，每块地对角线 5 点取样，每点 50 株；苗床期烟草 5～6 片真叶时调查一次，苗床调查点不小于 10 个，每个苗床随机调查 100 株烟苗。系统调查从移栽后开始调查到打顶后结束，每 5d 调查 1 次。点击“烟草普通花叶病”菜单下的“数据录入”，选择系统调查表录入数据即可，页面显示与普查记载表类似，信息填写、上报可参看普查表的操作(图 20-33)。

图 20-33 烟草普通花叶病系统调查记载表信息录入页面

5．烟草普通花叶病苗床期系统调查表录入(站点用户使用)

在苗床期调查，数据录入时选择“苗床系统调查表”，录入页面如图 20-34 所示，按照提示录入数据，点击“提交”即可，信息数据上报、数据显示和汇总，操作同系统调查表录入一致。

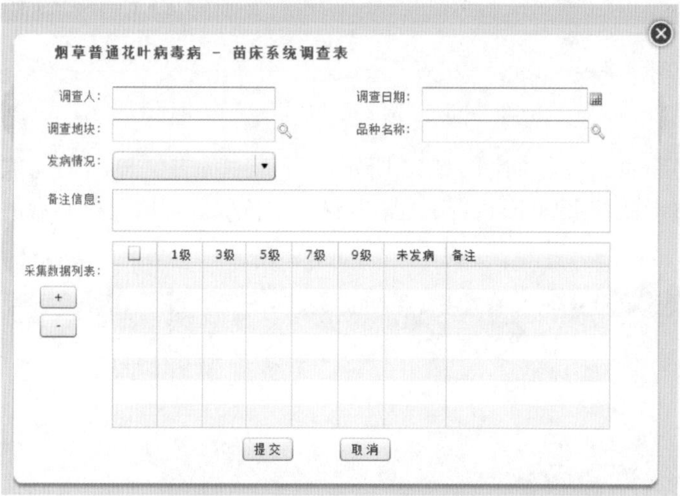

图 20-34 烟草普通花叶病苗床系统调查记载表录入页面

6. 烟草普通花叶病发生防治基本情况表(站点用户使用)

普通花叶病信息录入要求的第 4 个报表是“烟草普通花叶病发生防治基本情况表”，点击普通花叶病功能菜单，选择该种报表，如图 20-35 所示，按照要求录入数据即可，信息填写上报、数据显示和汇总操作类似于上面 3 种表格。

烟草普通花叶病毒病 － 发生防治情况表

统计站点：　统计时间：
烟草面积/m²：　耕地面积/m²：
抗虫品种面积/m²：　感虫品种面积/m²：
其他品种面积/m²：　发病面积/m²：
受灾面积/m²：　成灾面积/m²：
防治面积/m²：　喷药面积/m²：
最终发生情况：
实际损失/万元：　挽回损失/万元：
发生和防治概况：
表格说明：1.“受灾面积”指病情达到防治指标；　2.“成灾面积”指减产达到30%以上；
提交　取消

图 20-35　烟草普通花叶病发生防治基本情况记载表录入页面

20.2.2.4　烟草马铃薯 Y 病毒病信息管理(站点用户使用)

1. 信息录入

点击数据录入管理菜单，点击烟草马铃薯 Y 病毒病图标，选取要求录入的表格种类(图 20-36)。

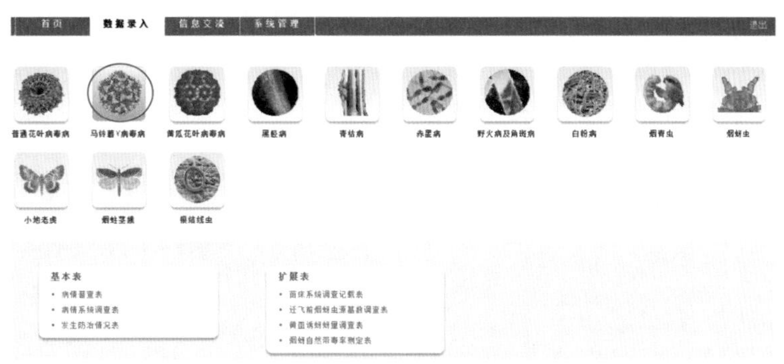

图 20-36　烟草马铃薯 Y 病毒病信息录入页面

2. 迁飞前烟蚜虫源基数调查表信息录入

马铃薯 Y 病毒病是蚜传病毒病，需要调查烟蚜虫源。在有代表性的区域，选择木本和草本等主要寄主作物种植地各一块，采用对角线 5 点取样，每点 10 株，调查有翅蚜、无翅蚜数量，记载入表格。一般在烟草移栽前一周左右，越冬卵孵化后，蚜虫迁飞前开始调查，共调查 2 次，间隔 7d，将数据录入系统，如图 20-37 所示，信息提交、数据显示、数据汇总功能参看前面内容。

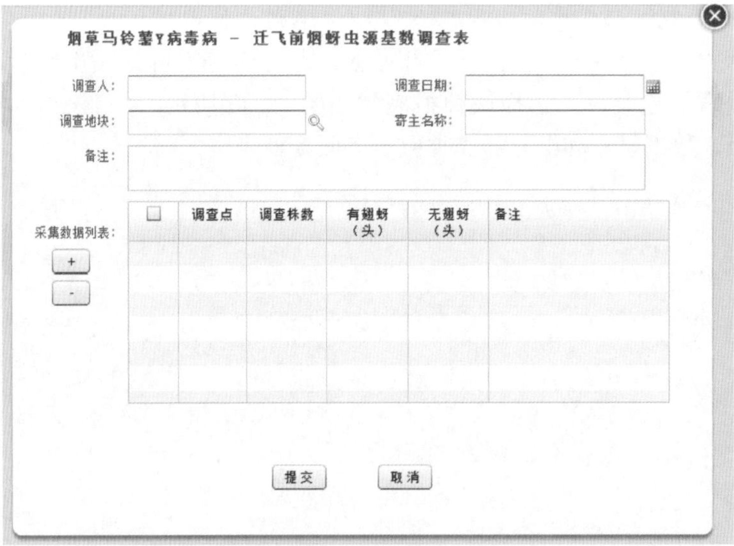

烟草马铃薯Y病毒病 － 迁飞前烟蚜虫源基数调查表

调查人：　调查日期：

调查地块：　寄主名称：

备注：

采集数据列表：

	调查点	调查株数	有翅蚜（头）	无翅蚜（头）	备注

+　-

提交　取消

图 20-37　迁飞前烟蚜虫源基数调查记载表录入页面

3. 黄色皿诱蚜蚜量调查记载表(站点用户使用)

马铃薯 Y 病毒病调查中要求对烟田中的蚜量进行统计，方法是用黄色皿诱集烟蚜，从育苗期开始调查，烟株打顶后结束，每天上午 8：00～9：00 点调查统计数量并录入系统，田间栽培管理，长势等信息计入备注栏。每个测报点设置 2～3 个黄色皿，两个皿之间的距离 50m 以上，调查区大田生产面积不少于 $1hm^2$。调查后的数据按照图 20-38 的要求录入，信息上报、数据显示、汇总同前面表格操作。

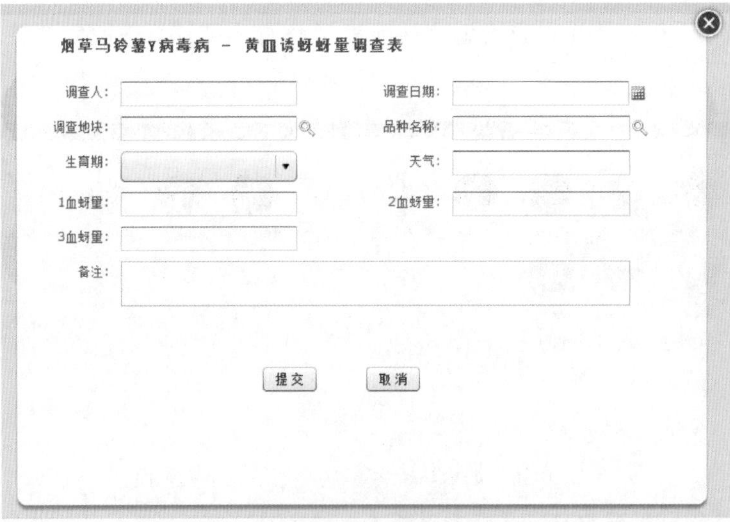

烟草马铃薯Y病毒病 － 黄皿诱蚜蚜量调查表

调查人：　调查日期：

调查地块：　品种名称：

生育期：　天气：

1皿蚜量：　2皿蚜量：

3皿蚜量：

备注：

提交　取消

图 20-38　黄色皿诱蚜蚜量调查记载表录入页面

4. 烟蚜自然带毒率测定记载表

烟蚜传播马铃薯 Y 病毒病的概率同烟蚜自然带毒率有关。选择本地区的感病烤烟品种为指示植物，结合虫量调查，在 4 月中旬和 8 月中旬各做 1 次自然带毒率测定，将结果按照图 20-39 的要求录入系统(自然带毒率计算公式：$H=S/Z\times100\%$)。

烟草马铃薯Y病毒病 － 烟蚜自然带毒率测定表

调查人：　调查日期：

调查地块：　品种名称：

生育期：

接虫苗株数（Z）：　发病苗株数（S）：

备注信息：

提交　取消

图 20-39　烟蚜自然带毒率测定记载表页面

5. 马铃薯 Y 病毒病普查记载表

普查要求在烟草成苗期、团棵期、旺长期、打顶期分别进行 4 次，随机选择 5 个种植区域，每一区域选择 2 块田块(面积不少于 1 亩)，采用对角线 5 点取样方法，每点 50 株进行调查，获得数据录入系统。此表信息录入、数据显示、汇总等操作可参考普通花叶病普查记载表。

6. 马铃薯 Y 病毒病系统调查记载表

系统调查要求在一个站点范围内固定选择有代表性的 3 块地作为系统观测点，每块地对角线 5 点取样，每点 50 株；苗床期烟草 5～6 片真叶时调查 1 次，苗床调查点不小于 10 个，随机调查 100 株烟苗。系统调查从移栽后开始调查到打顶后结束，每 5d 调查 1 次，得到数据录入系统。此表信息录入、数据显示、汇总等操作可参考普通花叶病系统调查记载表。

7. 苗床系统调查记载表

同普通花叶病苗床系统调查表操作。

8. 发生防治基本情况记载表

同普通花叶病发生防治基本情况记载表操作。

20.2.2.5　烟草黄瓜花叶病毒病信息管理(站点用户使用，同烟草马铃薯 Y 病毒病信息管理操作)

烟草黄瓜花叶病毒病信息管理页面如图 20-40 所示。

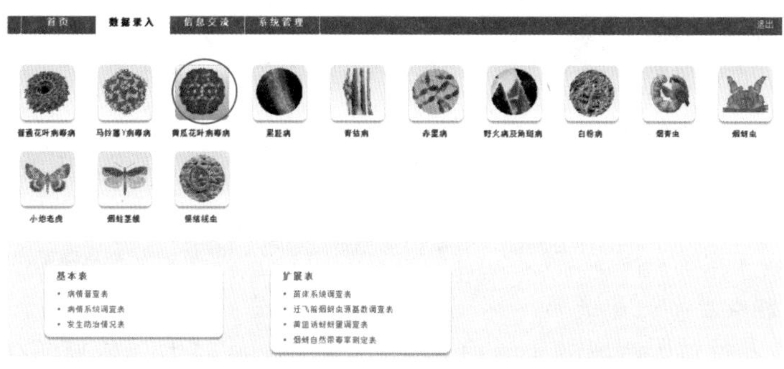

图 20-40　烟草黄瓜花叶病毒病信息录入显示页面

1. 迁飞前烟蚜虫源基数调查记载表

调查要求：在有代表性的区域，选择木本和草本主要寄主作物种植地各 1 块，采用对角线 5 点取样，每点 10 株，调查有翅蚜、无翅蚜数量，录入表格。一般在烟草移栽前 1 周左右，越冬卵孵化后，蚜虫迁飞前开始调查，共调查 2 次，间隔 7d。

2. 黄色皿诱蚜蚜量调查记载表

调查要求：从育苗期开始调查，烟株打顶后结束。每天上午 8：00～9：00 点调查统计并录入系统，栽培管理，长势等信息录入备注栏。每个测报点设置 2～3 个黄色皿，2 个皿之间的距离 50m 以上，调查区大田生产面积不少于 $1hm^2$。

3. 烟蚜自然带毒率测定记载表

调查要求：选择本地区的感病烤烟品种为指示植物，结合虫量调查，在 4 月中旬和 8 月中旬各做 1 次自然带毒率测定，将结果录入系统(自然带毒率计算公式：$H=S/Z\times100\%$)。

4. 烟草黄瓜花叶病毒病普查记载表

调查要求：在烟草成苗期、团棵期、旺长期、打顶期分别进行 4 次普查，在全烟区随机选择 5 个种植区域，每一区域选择 2 块田块(面积不少于 1 亩)，采用对角线 5 点取样方法，每点 50 株，将调查数据按照要求录入系统。

5. 烟草黄瓜花叶病毒病系统调查记载表

调查要求：苗床期烟草 5～6 片真叶时调查 1 次，苗床调查点不少于 10 个，随机调查 100 株烟苗，可一次填写，也可分两次填表，在 1 个站点范围内固定选择有代表性的 3 块地作为系统观测地点，每块地对角线 5 点取样，每点 50 株；一共 10 个苗床点即可。系统调查从移栽后开始调查到打顶后结束，每 5d 调查 1 次，调查数据按照要求录入系统。

6. 苗床系统调查记载表

同烟草普通花叶病苗床系统调查表操作。

7. 发生防治基本情况记载表

同烟草普通花叶病发生防治基本情况记载表操作。

20.2.2.6 烟草黑胫病信息管理(站点用户使用，同前操作)

烟草黑胫病信息录入页面如图 20-41 所示。

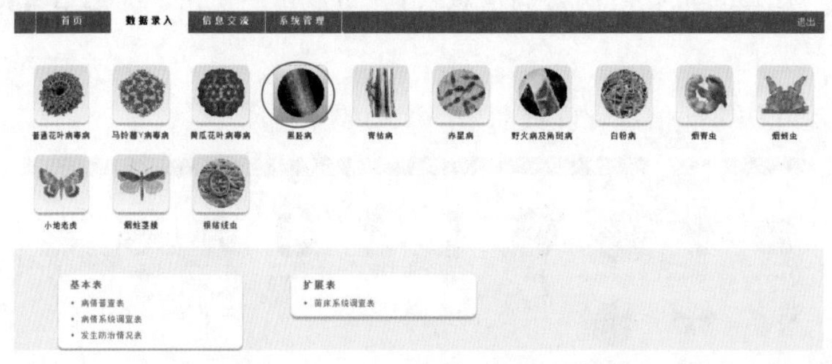

图 20-41 烟草黑胫病信息录入页面

1. 烟草黑胫病普查记载表

调查要求：在烟草成苗期(8～10 叶期)、团棵期、旺长期、采收期分别进行 4 次普查，苗床数量不少于 10 个，每个苗床随机调查 100 株。大田调查在烟区随机选择 5 个种植区域，共选择不少于 10 个田块(每块面积不少于 1 亩)，采用对角线 5 点取样方法，每点 50 株，将调查数据录入系统。

2. 烟草黑胫病系统调查记载表

调查要求：在一个测报站点范围内固定选择有代表性的 3 块地作为系统观测地点，每块地对角线 5 点取样，定点定株，每点顺行连续调查 50 株。系统调查从移栽后 10d 开始调查，直至采收结束。调查在晴天午后进行，每 5d 调查 1 次，将调查数据录入系统。

3. 烟草黑胫病苗床系统调查记载表

同前操作。

4. 烟草黑胫病发生防治基本情况记载表

同前操作。

20.2.2.7　烟草青枯病信息管理

烟草青枯病信息录入页面如图 20-42 所示。

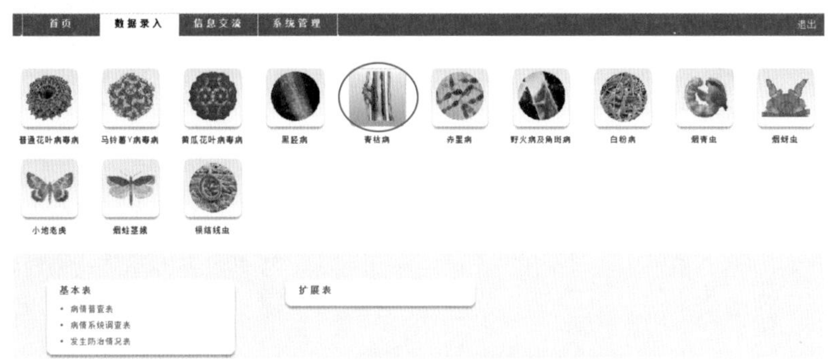

图 20-42　烟草青枯病信息录入页面

1. 烟草青枯病普查记载表

调查要求：在烟草团棵期、旺长期、打顶期、采收期和采收完毕后 5d 各调查一次，在全烟区随机选择 5 个种植区域，一共不少于 10 块烟田(每块面积不少于 1 亩)，采用对角线 5 点取样方法，每点 50 株，将结果录入系统。

2. 烟草青枯病系统调查记载表

调查要求：在一个站点范围内固定选择有代表性的 3 块地作为系统观测地点，每块地对角线 5 点取样，每点 50 株。成苗期调查 1 次，从移栽后 10d 开始直至病株死亡或采收结束，每 5d 调查一次，调查在晴天午后进行，采用对角线 5 点取样方法，定点定株，每点顺行连续调查 50 株，将调查数据录入系统。

3. 烟草青枯病发生防治基本情况记载表

同前操作。

20.2.2.8　烟草赤星病信息管理(站点用户使用)

烟草赤星病信息录入页面如图 20-43 所示。

1. 烟草赤星病孢子数量调查记载表

调查要求：烟草移栽后 30d，在系统观测田设置孢子捕捉器，共设置 3 个观测点 3d

更换 1 次载玻片，3 个方向载玻片的平均孢子捕捉量为连续 3d 的孢子捕捉量，每个载玻片检查五个视野(20×10 倍)。每个玻片上孢子数量是五个镜检视野数量之和，1 个孢子捕捉器上的孢子数量是 1 个调查单元内病原菌孢子数量(图 20-44)。

图 20-43　烟草赤星病信息录入页面

烟草赤星病 － 孢子数量调查表

调查人：　　调查日期：

调查地块：　　观测地点：

玻片1：　　玻片2：

玻片3：

备注信息：

提交　　取消

图 20-44　烟草赤星病孢子数量调查记载表录入页面

2. 烟草赤星病普查记载表

调查要求：在烟草打顶期、下部叶采收期、中部叶采收期、上部叶采收期等 4 个时期各调查 1 次，根据不同区域、不同品种、不同田块类型选择调查田，每种类型田调查数量不少于 5 块，采用按行踏查方法，田块面积不足 1 亩全田实查，田块面积在 1 亩以上，则 10 点取样，每点查 10 株，将调查数据录入系统。

3. 烟草赤星病系统调查记载表

调查要求：在一个测报站点范围内固定选择有代表性的 3 块地作为系统观测地点，采用对角线 5 点取样方法，每点 10 株。田间出现赤星病病斑后，每 5 天调查一次，若遇降雨天气，改为每 3 天调查一次，完全采收后结束，将调查数据录入系统。

4. 烟草赤星病发生防治基本情况记载表

同前操作。

20.2.2.9　烟草野火病信息管理(站点用户使用)

烟草野火病信息录入如图 20-45 所示。

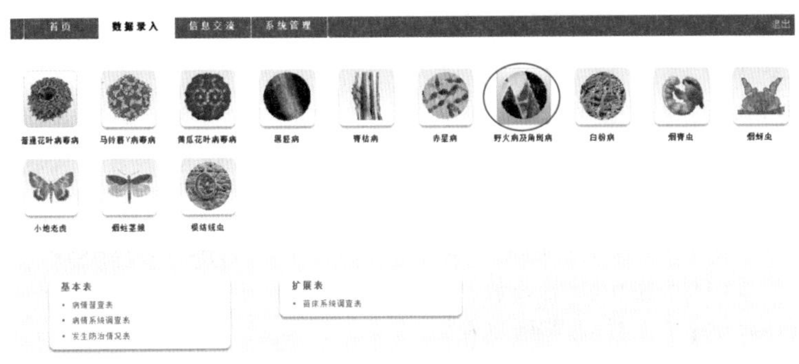

图 20-45　烟草野火病信息录入页面

1. 烟草野火病普查记载表

调查要求：在烟草团棵期、旺长期、打顶期、采收期各调查 1 次，调查田块数量不少于 10 块，采用对角线 5 点法定点取样，每点 50 株，每块烟田面积不少于 1 亩，将调查数据录入系统。

2. 烟草野火病系统调查记载表

调查要求：在一个站点范围内固定选择有代表性的 3 块地作为系统观测地点，每块地对角线 5 点取样，每点 50 株，苗床期调查为移栽前 10d 调查 1 次；大田期为移栽后 10d 开始调查，每 5d 调查 1 次，直到采收结束。苗床不少于 10 个，烟田每块面积不少于 1 亩，每个苗床随机选取 3 个 0.5m^2点进行逐株调查；大田期当田间发现病斑后，定株调查，5 点取样法，每点 5 株，每 5d 调查 1 次，若遇降雨天气，每 3d 调查 1 次，将调查数据录入系统。

3. 烟草野火病苗床系统调查记载表

同前操作。

4. 烟草野火病发生防治基本情况记载表

同前操作。

20.2.2.10　烟草白粉病信息管理

烟草白粉病信息录入如图 20-46 所示。

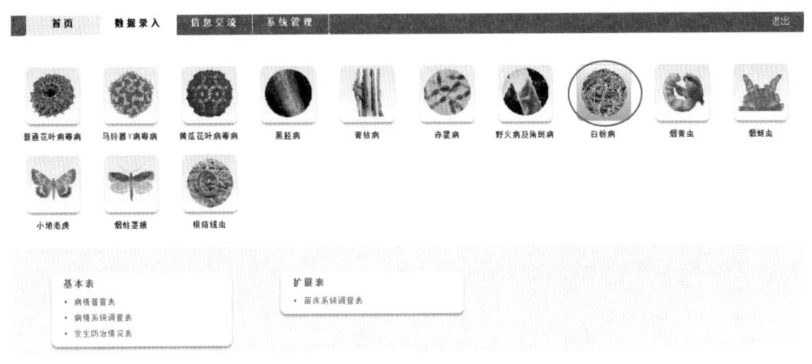

图 20-46　烟草白粉病信息录入页面

1. 烟草白粉病普查记载表

调查要求：在烟草成苗期、团棵期、旺长期、打顶期分别进行 4 次普查，选择不少于 10 块有代表性烟田，每块面积不少于 1 亩，采取对角线 5 点取样，每点不少于 50 株，将调查数据录入系统。

2. 烟草白粉病系统调查记载表

调查要求：在一个站点范围内固定选择有代表性的 3 块地作为系统观测地点，烟草 5～6叶期调查 1 次，移栽后开始每 5d 调查 1 次，打顶后结束。苗床不少于 10 个，每个苗床随机调查 100 株烟苗，烟田面积不少于 1 亩，每块地对角线 5 点取样，定点定株，每点顺行调查至少 50 株，将调查结果录入系统。

3. 烟草白粉病苗床系统调查记载表

同前操作。

4. 烟草白粉病发生防治基本情况记载表

同前操作。

20.2.2.11　烟青虫信息管理(站点用户使用)

烟青虫信息录入页面如图 20-47 所示。

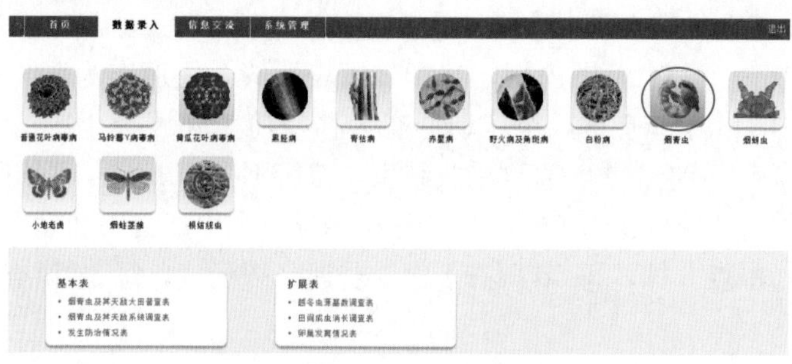

图 20-47　烟青虫信息录入页面

1. 烟青虫越冬虫源基数调查记载表

调查要求：在烟青虫越冬蛹常年羽化适期前 20d 调查。选取当地最末一代烟青虫主要寄主作物(烟草、辣椒等)，每块地随机 5 点取样，兼顾地边及中间，每点调查 $1m^2$，调查深度 15cm 土壤中越冬蛹的数量，计算单位面积越冬蛹量，并统计各类作物种植面积，调查各类作物不少于 5 块田，将调查结果数据录入系统(图 20-48)。

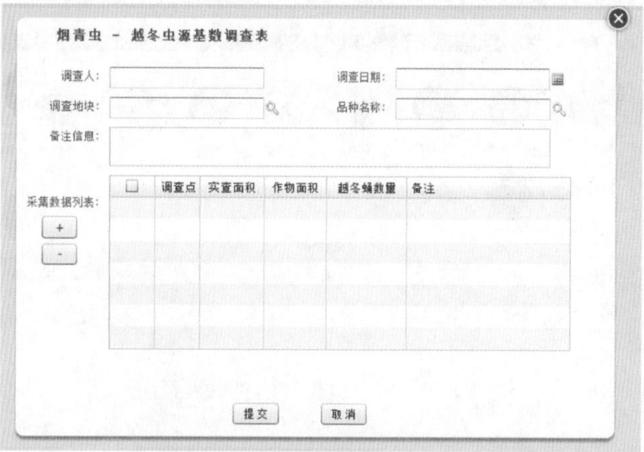

图 20-48　烟青虫越冬虫源基数调查记载表信息录入页面

2. 烟青虫田间成虫消长调查记载表

调查要求：烟草移栽后在田间设置测报灯及性诱剂诱捕器，直至烟叶采收结束，每天上午定时统计烟青虫雌、雄成虫数量并将结果录入系统(图 20-49)。

烟青虫 － 田间成虫消长调查表

调查人：　调查日期：
调查地块：　天气：
测报灯经度：　测报灯纬度：
测报灯海拔：　诱捕器经度：
诱捕器纬度：　诱捕器海拔：
测报灯诱雌蛾量：　测报灯诱雄蛾量：
测报灯诱蛾合计量：　诱捕器诱1号蛾量：
诱捕器诱2号蛾量：　诱捕器诱蛾合计量：
备注信息：

提交　取消

图 20-49　烟青虫田间成虫消长调查记载表信息录入页面

3. 烟青虫卵巢发育情况记载表

调查要求：从见蛾开始，每 5d 早上解剖检查 1 次，将结果录入系统(图 20-50)。

烟青虫 － 卵巢发育情况表

解剖人：　解剖日期：
调查地块：　解剖雌蛾数：
有卵蛾数：　一级卵巢发育比率：
二级卵巢发育比率：　三级卵巢发育比率：
备注信息：

提交　取消

图 20-50　烟青虫田间成虫消长调查记载表信息录入页面

4. 烟青虫及其天敌系统调查记载表

调查要求：当性诱剂诱捕器或测报灯累计诱集 5～10 头成虫时开始调查，直至烟叶采收结束。选取 2～3 块烟田作为观测圃，每块田面积不少于 2 亩，每块采用平行线 10 点取样方法，定点定株，共调查 10 行，每行连续调查 10 株，每 5d 调查 1 次，将调查数据按页面要求录入系统(图 20-51)。

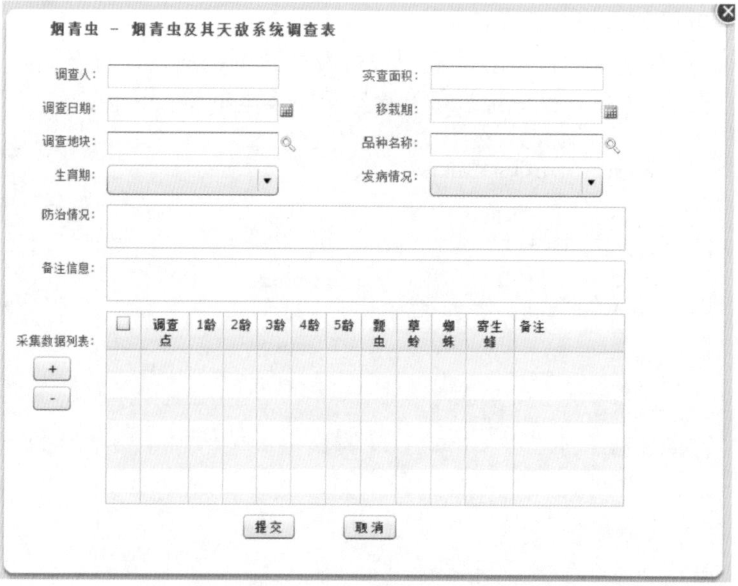

烟青虫 － 烟青虫及其天敌系统调查表

调查人：　　　　实查面积：

调查日期：　　　　移栽期：

调查地块：　　　　品种名称：

生育期：　　　　发病情况：

防治情况：

备注信息：

采集数据列表：

+

-

☐	调查点	1龄	2龄	3龄	4龄	5龄	瓢虫	草蛉	蜘蛛	寄生蜂	备注

提交　　取消

图 20-51　烟青虫及其天敌系统调查记载表信息录入页面

5. 烟青虫及其天敌大田普查记载表

调查要求：在每代烟青虫发生危害盛期进行调查，选择有代表性的田块，调查田块数量应不少于 10 块，每块烟田面积不少于 1 亩，采用平行线 10 点取样方法，共调查 10 行，每行连续调查 10 株，将调查数据按照页面要求录入系统(图 20-52)。

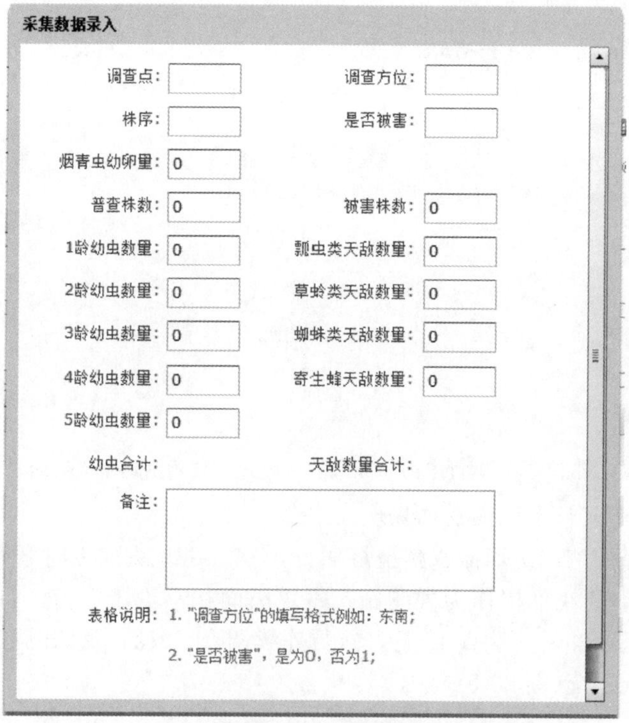

采集数据录入

调查点：　　　　调查方位：

株序：　　　　是否被害：

烟青虫幼卵量：0

普查株数：0　　　　被害株数：0

1龄幼虫数量：0　　　　瓢虫类天敌数量：0

2龄幼虫数量：0　　　　草蛉类天敌数量：0

3龄幼虫数量：0　　　　蜘蛛类天敌数量：0

4龄幼虫数量：0　　　　寄生蜂天敌数量：0

5龄幼虫数量：0

幼虫合计：　　　　天敌数量合计：

备注：

表格说明：1. "调查方位"的填写格式例如：东南；

2. "是否被害"，是为0，否为1；

图 20-52　烟青虫及其天敌系统调查记载表数据统计页面

6. 烟青虫发生防治基本情况记载表

烟青虫及其天敌大田普查记载表信息录入页面如图 20-53 所示。

烟青虫 － 烟青虫及其天敌大田普查表

调查人：　实查面积：
调查日期：　移栽期：
调查地块：　品种名称：
生育期：　发病情况：
防治情况：
备注信息：
采集数据列表：

	调查点	1龄	2龄	3龄	4龄	5龄	蛹虫	草蛉	蜘蛛	寄生蜂	备注

提交　取消

图 20-53　烟青虫及其天敌大田普查记载表信息录入页面

20.2.2.12　烟蚜信息管理

烟蚜信息录入页面如图 20-54 所示。

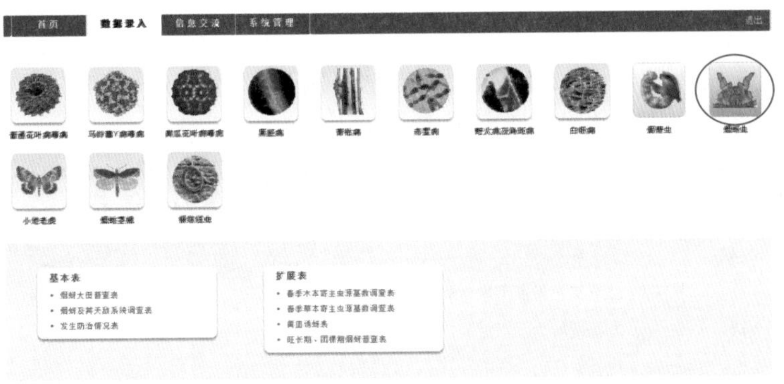

图 20-54　烟蚜信息录入页面

1. 春季木本寄主虫源基数调查记载表

调查要求：在烟蚜越冬卵孵化之前调查 1 次越冬卵数量，5 点取样，每点 5 株，共选择桃树(或其他主要寄主植物)25 株，每株在东、西、南、北、中 5 个方向各选择 15cm 长枝条 2 个，记载有卵枝数和每枝卵量，共调查 1 次。在越冬卵孵化后、蚜虫迁飞之前调查虫源基数，取样方法同上，记载有蚜枝数和有翅蚜、无翅蚜数量，相隔 7d 再调查 1 次，每次调查将数据按页面要求录入系统(图 20-55)。

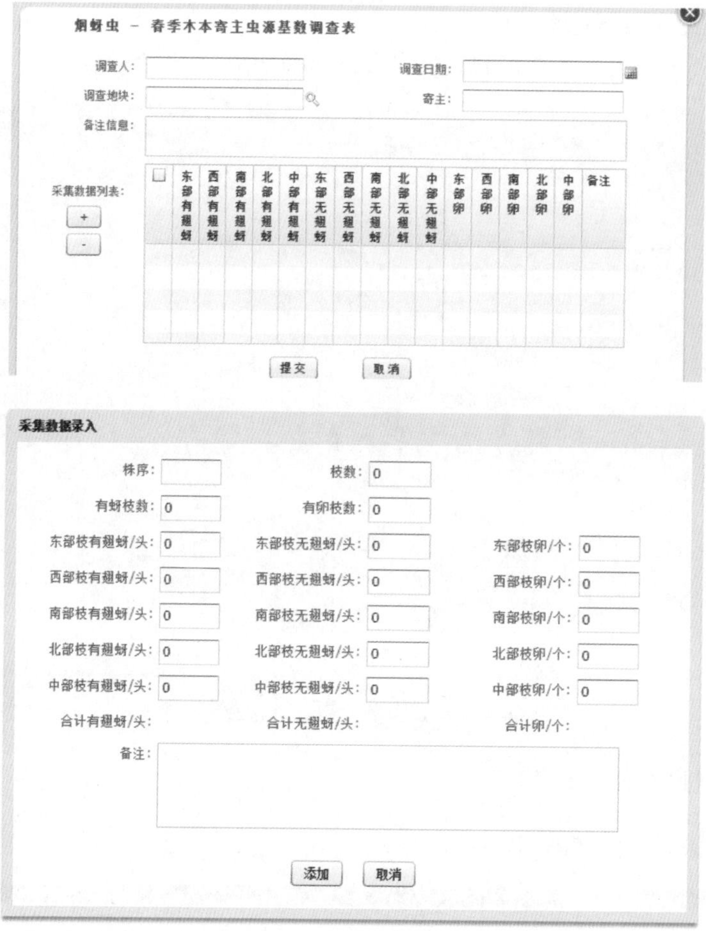

烟蚜虫 - 春季木本寄主虫源基数调查表

调查人： 调查日期：

调查地块： 寄主：

备注信息：

采集数据列表：

	东部有翅蚜	西部有翅蚜	南部有翅蚜	北部有翅蚜	中部有翅蚜	东部无翅蚜	西部无翅蚜	南部无翅蚜	北部无翅蚜	中部无翅蚜	东部卵	西部卵	南部卵	北部卵	中部卵	备注

+ -

提交 取消

采集数据录入

株序： 枝数：0

有蚜枝数：0 有卵枝数：0

东部枝有翅蚜/头：0 东部枝无翅蚜/头：0 东部枝卵/个：0

西部枝有翅蚜/头：0 西部枝无翅蚜/头：0 西部枝卵/个：0

南部枝有翅蚜/头：0 南部枝无翅蚜/头：0 南部枝卵/个：0

北部枝有翅蚜/头：0 北部枝无翅蚜/头：0 北部枝卵/个：0

中部枝有翅蚜/头：0 中部枝无翅蚜/头：0 中部枝卵/个：0

合计有翅蚜/头： 合计无翅蚜/头： 合计卵/个：

备注：

添加 取消

图 20-55 春季木本寄主虫源基数调查记载表信息录入页面

2. 春季草本寄主虫源基数调查记载表

调查要求：在有翅蚜迁飞前，采用 5 点取样，每点调查 10 株，调查有翅蚜、无翅蚜数量，共调查 2 次，间隔 7d，将调查结果按页面要求录入系统(图 20-56)。

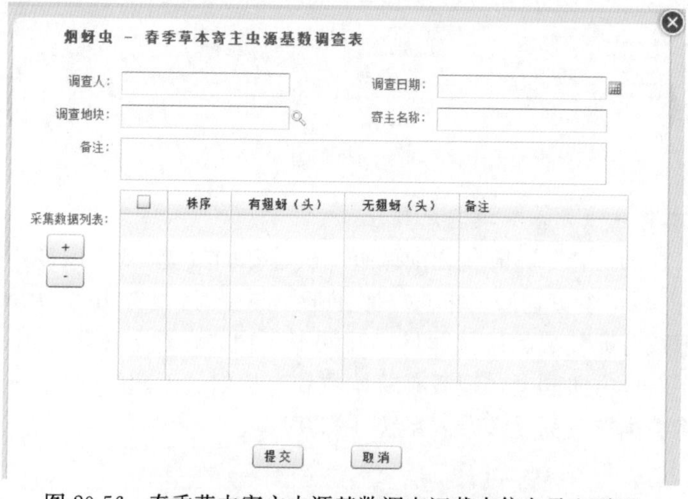

烟蚜虫 - 春季草本寄主虫源基数调查表

调查人： 调查日期：

调查地块： 寄主名称：

备注：

采集数据列表：

	株序	有翅蚜（头）	无翅蚜（头）	备注

+ -

提交 取消

图 20-56 春季草本寄主虫源基数调查记载表信息录入页面

3. 黄色皿诱蚜记载表

调查要求：在育苗中期于苗床周围设置黄色皿诱蚜，每天上午 8:00～9:00 点收集皿内全部蚜虫，保存于盛有 75%酒精的小瓶内带回室内，区分有翅烟蚜与其他种类的有翅蚜，计数并注明日期，同时记录每天天气情况。移栽后，将黄色皿移入大田，继续进行调查，直至烟株打顶，将调查数据按页面要求录入系统(图 20-57)。

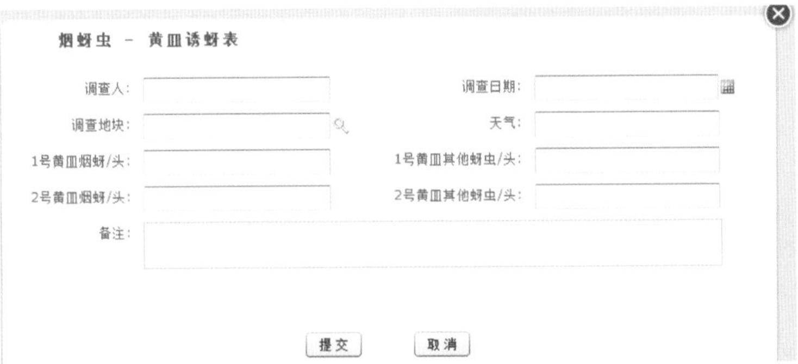

图 20-57　黄色皿诱蚜记载表录入页面

4. 烟蚜及其天敌系统调查记载表

调查要求：选择有代表性的烟田 2～3 块作为观测圃，每块田面积不少于 2 亩，采用对角线 5 点取样方法，定点定株，每点顺行连续调查 10 株。烟草移栽后开始调查，打顶后结束，每 5d 调查 1 次，当蚜虫数量剧增时改为每 3d 调查 1 次，将调查数据按页面要求录入系统(图 20-58、图 20-59)。

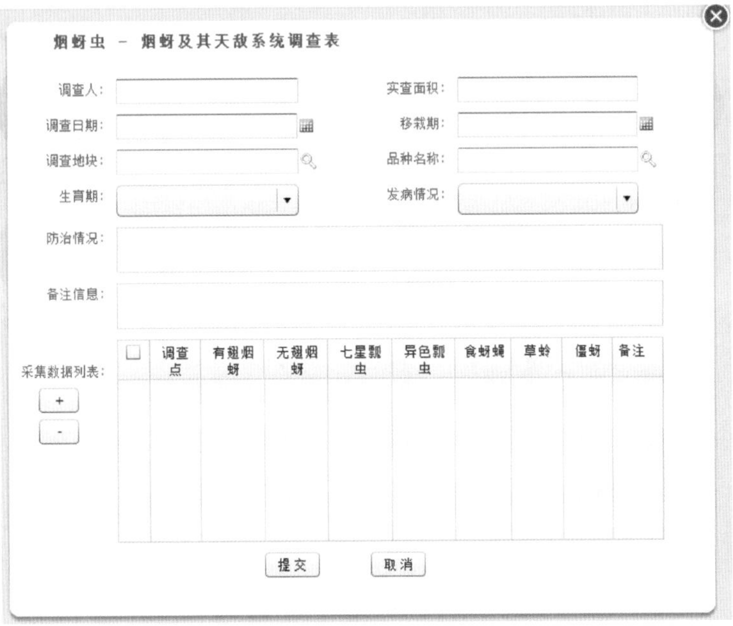

图 20-58　烟蚜及其天敌系统调查记载表页面

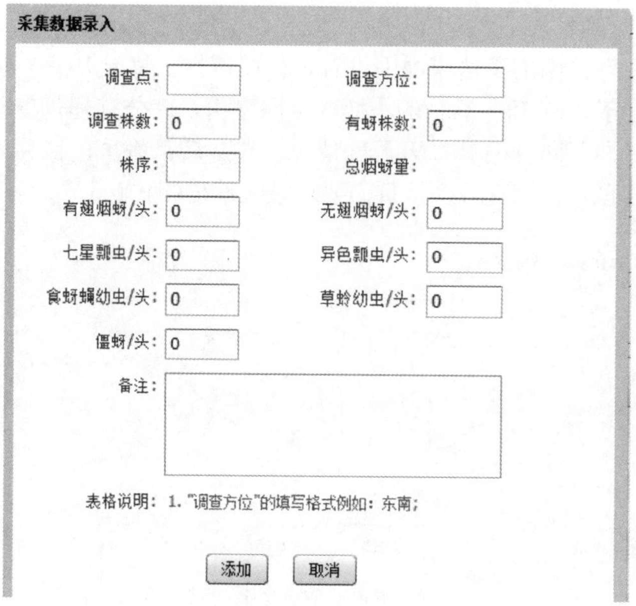

图 20-59 烟蚜及其天敌系统调查数据记载表页面

5. 烟蚜大田普查记载表

调查要求：烟草移栽后 10d、团棵期、旺长期分别进行 3 次大面积普查，调查田块数量应不少于 10 块，每块烟田面积不少于 1 亩。采用对角线 5 点取样方法，每点不少于 10 株，将调查数据按页面要求录入系统(图 20-60)。

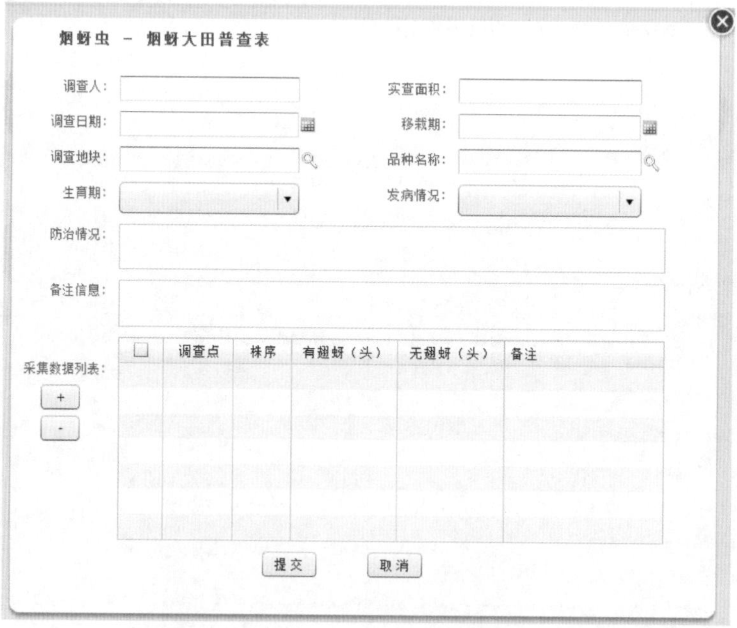

图 20-60 烟蚜大田普查记载表信息录入页面

6. 旺长期、团棵期烟蚜普查记载表(用于计算蚜情指数)

调查要求：在完成大田普查表的同时另填写此表(图 20-61)，此表可说明烟株在旺长期、团棵期烟蚜危害程度。选取 10 块有代表性烟田，采用对角线 5 点取样法，每点 20 株，参照蚜量分级标准，调查顶部展开的 5 片叶，将调查结果按页面要求录入系统。(蚜量指数计算方法同病情指数，蚜量分级标准如下：0 级：0 头/叶；1 级：1～5 头/叶；3 级：6～20 头/叶；5 级：21～100 头/叶；7 级：101～500 头/叶；9 级：大于 500 头/叶)。

烟蚜虫 － 旺长期、团棵期烟蚜普查表

调查人：　　调查日期：
调查地块：　　实查面积：
品种名称：　　生育期：

采集数据列表：

□	调查点	调查株数	有蚜株数	调查叶数	有蚜叶数	0级	1级	3级	5级	7级	9级	备注

＋　－

提交　取消

图 20-61　旺长期、团棵期烟蚜普查记载表页面

7. 烟蚜发生防治基本情况记载表

同前操作。

20.2.2.13　小地老虎信息管理(站点用户使用)

小地老虎信息录入页面如图 20-62 所示。

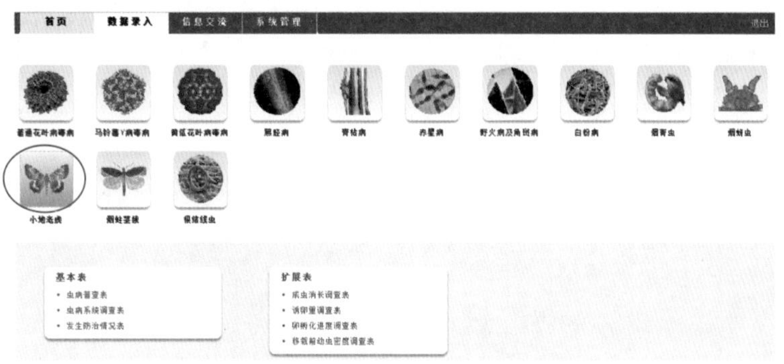

图 20-62　小地老虎信息录入页面

1. 小地老虎成虫消长调查表

调查要求：自当地越冬代成虫常年始见期开始(一般为日平均温度稳定在 5℃时)，至烟田小地老虎危害末期结束。选择长势较好的种植主栽品种的烟田，区域种植面积不少于 $1hm^2$。每天上午定时统计诱捕器内小地老虎成虫和雌雄数量，并取出成虫带出田外处理，将调查数据按页面要求录入系统(图 20-63)。

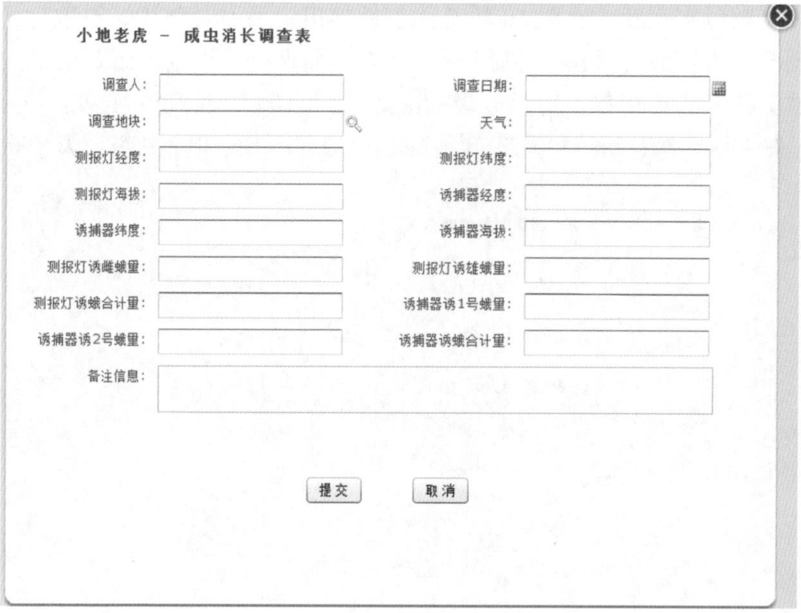

小地老虎 － 成虫消长调查表

调查人：
调查日期：
调查地块：
天气：
测报灯经度：
测报灯纬度：
测报灯海拔：
诱捕器经度：
诱捕器纬度：
诱捕器海拔：
测报灯诱雌蛾量：
测报灯诱雄蛾量：
测报灯诱蛾合计量：
诱捕器诱1号蛾量：
诱捕器诱2号蛾量：
诱捕器诱蛾合计量：
备注信息：

提交 取消

图 20-63 小地老虎成虫消长调查表信息录入页面

2. 小地老虎诱卵量调查表

调查要求：从当地常年越冬代成虫始见期开始至烟田小地老虎危害末期结束用麻袋片诱卵。选择有代表性的烟田(应包括前茬种植绿肥的烟田)3 块，每块田面积不少于 1 亩。每 3d 调查 1 次麻袋片上的卵量(图 20-64)。

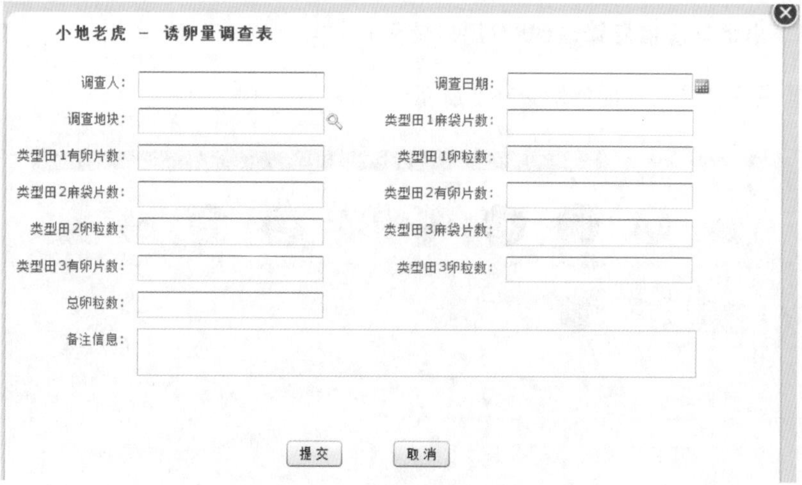

小地老虎 － 诱卵量调查表

调查人：
调查日期：
调查地块：
类型田1麻袋片数：
类型田1有卵片数：
类型田1卵粒数：
类型田2麻袋片数：
类型田2有卵片数：
类型田2卵粒数：
类型田3麻袋片数：
类型田3有卵片数：
类型田3卵粒数：
总卵粒数：
备注信息：

提交 取消

图 20-64 小地老虎诱卵量调查表信息录入页面

3. 小地老虎卵孵化进度调查表

调查要求：采集诱到的卵，标记好采集日期，每天早上观察卵粒的孵化进度，将结果按页面要求录入系统(图 20-65)。

小地老虎 － 卵孵化进度调查表

调查人： 调查日期：
调查地块： 当天观察卵粒数：
当天孵化卵粒数： 产卵日期：
卵历期：
备注信息：

提交 取消

图 20-65 小地老虎卵孵化进度调查表信息录入页面

4. 移栽前小地老虎幼虫密度调查表

调查要求：烟田起垄后、移栽前 10d 进行 1 次调查。选择有代表性的烟田(应包括前茬种植绿肥的烟田)3 块，每块田面积不少于 1 亩。每块类型田内采用平行线取样方法，共调查 10 垄，每垄调查 5m，记载每样点内杂草上及土壤中小地老虎幼虫数量及幼虫发育进度，将结果按页面要求录入系统(图 20-66)。

小地老虎 － 移栽前幼虫密度调查表

调查人： 调查日期：
调查地块：
备注信息：
采集数据列表：
+
-

□	株序	1龄幼虫发育进度	2龄幼虫发育进度	3龄幼虫发育进度	4龄后幼虫发育进度	调查垄长/m	备注

提交 取消

图 20-66 移栽前小地老虎密度查表信息录入页面

5. 小地老虎系统调查记载表

调查要求：选择有代表性的烟田 2～3 块作为观测圃，每块田面积不少于 2 亩，采用平行线取样方法，定点定株，调查 10 行，每行连续调查 10 株。每隔 3d 调查 1 次，烟草移栽后开始，直至小地老虎危害期基本结束，记载烟株上、根际和地面松土内的幼虫数量，将结果按页面要求录入系统(图 20-67)。

6. 小地老虎普查记载表

调查要求：在小地老虎发生危害盛期进行大面积普查，选择有代表性的田块(应包括前茬种植绿肥的烟田)，调查田块数量应不少于 10 块，每块烟田面积不少于 1 亩。采用平行线取样方法，调查 10 行，每行连续调查 10 株，将结果按页面要求录入系统(图 20-68)。

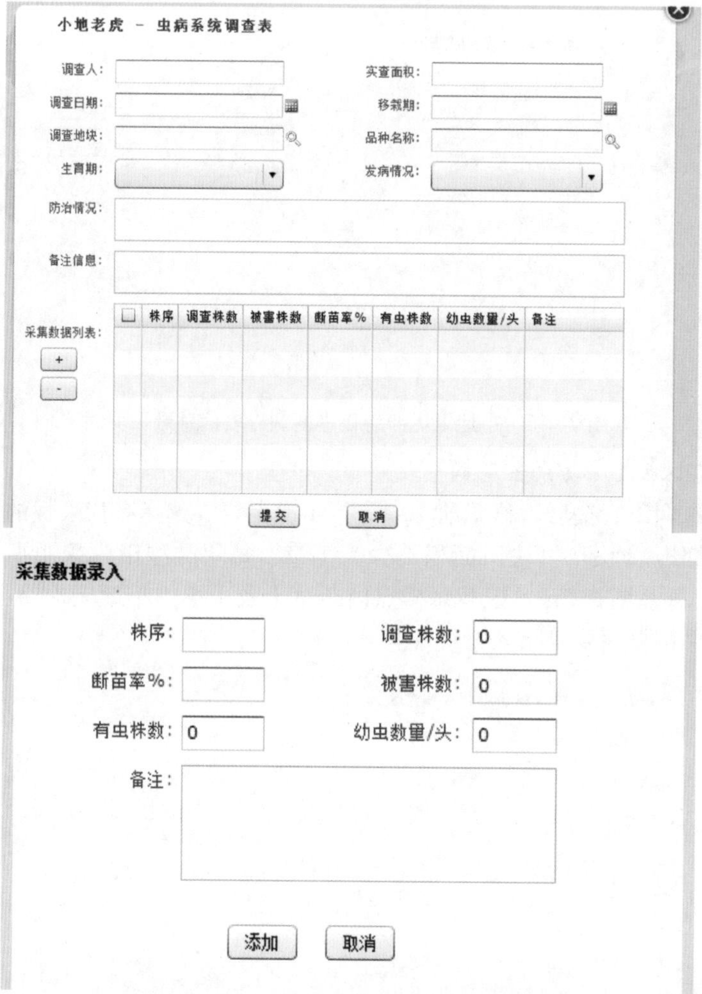

小地老虎 － 虫病系统调查表

调查人： 实查面积：

调查日期： 移栽期：

调查地块： 品种名称：

生育期： 发病情况：

防治情况：

备注信息：

采集数据列表：

□	株序	调查株数	被害株数	断苗率%	有虫株数	幼虫数量/头	备注

＋ －

提交 取消

采集数据录入

株序： 调查株数：0

断苗率%： 被害株数：0

有虫株数：0 幼虫数量/头：0

备注：

添加 取消

图 20-67　小地老虎系统调查表信息录入页面

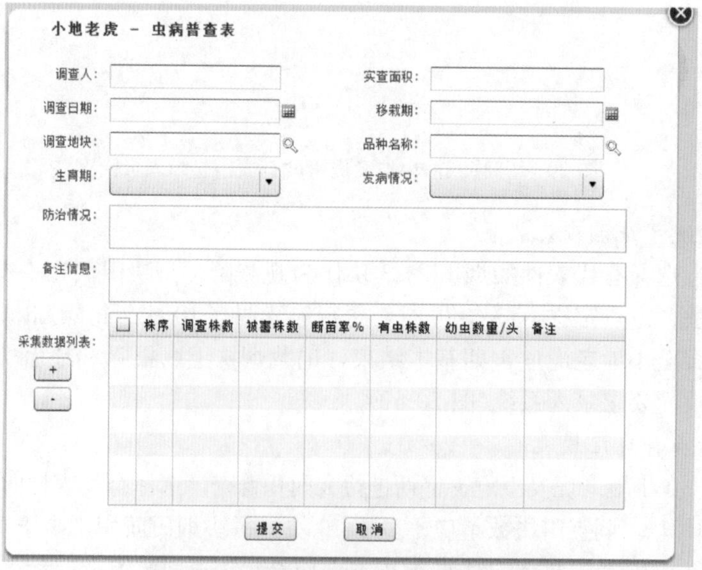

小地老虎 － 虫病普查表

调查人： 实查面积：

调查日期： 移栽期：

调查地块： 品种名称：

生育期： 发病情况：

防治情况：

备注信息：

采集数据列表：

□	株序	调查株数	被害株数	断苗率%	有虫株数	幼虫数量/头	备注

＋ －

提交 取消

图 20-68　小地老虎普查表信息录入页面

7. 小地老虎发生防治基本情况记载表

同前操作。

20.2.2.14　烟蛀茎蛾信息管理(站点用户使用)

烟蛀茎蛾信息录入页面如图 20-69 所示。

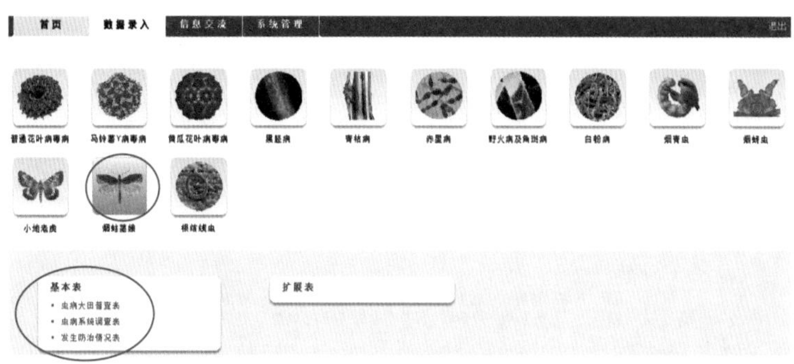

图 20-69　烟蛀茎蛾信息录入页面

1. 烟蛀茎蛾系统调查记载表

调查要求：见成虫后，选择两块连片种植、当地有代表性的烟田进行调查，每 5d 调查 1 次。每块田采用“Z”字形五点取样。苗期每点 10 株，全株调查，成株期每点 5 株，调查外部 2~4 层叶片 5 片，将查到的卵粒用记号笔标记，供下次调查区别新卵粒，同时按照页面要求将调查结果录入系统(图 20-70)。

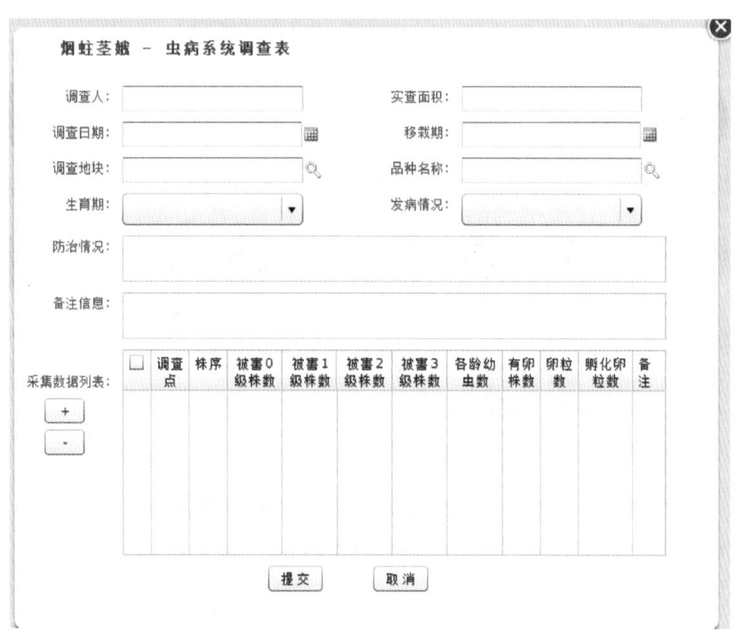

图 20-70　烟蛀茎蛾系统调查记载表信息录入页面

2. 烟蛀茎蛾大田普查记载表

调查要求：选择 5 个有代表性区域，每区调查 2 块田，在卵高峰期进行调查，每 10d

普查1次。每块田采用“Z”字形无点取样，苗期调查20株，成株期调查10株，上午10:00以前或下午16:00以后，调查植株叶片上的卵量、各龄幼虫总数量，将调查结果按页面要求录入系统(图20-71)。

烟蛀茎蛾 - 虫病大田普查表

调查人： 实查面积：
调查日期： 移栽期：
调查地块： 品种名称：
生育期： 发病情况：
防治情况：
备注信息：
采集数据列表：

□	调查点	株序	被害0级株数	被害1级株数	被害2级株数	被害3级株数	各龄幼虫数	有卵株数	卵粒数	孵化卵粒数	备注

+ -

提交 取消

图20-71 烟蛀茎蛾普查记载表信息录入页面

3. 烟蛀茎蛾发生防治基本情况记载表

同前操作。

20.2.2.15 烟草根结线虫病信息管理(站点用户使用)

烟草根结线虫病信息录入页面如图20-72所示。

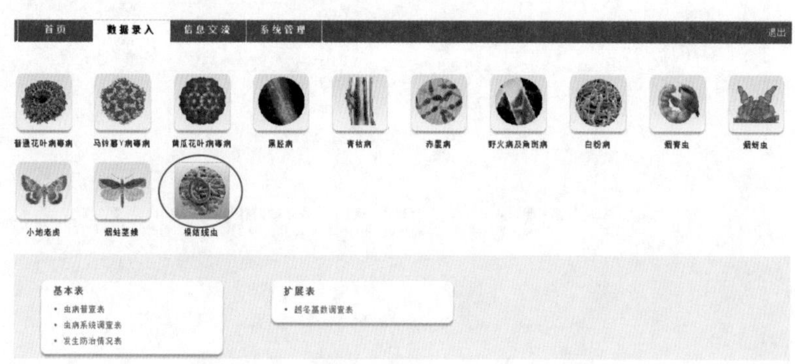

图20-72 烟草根结线虫病信息录入页面

1. 烟草根结线虫越冬基数调查记载表

调查要求：在10月中旬和来年3月中旬，共调查2次。2次调查在同一地块进行。随机取10个点，每点用取土器取深度0～20cm、土200g，混匀后用四分法取200g进行检测。每个样品检测3次，取平均值，记载卵及幼虫数量，将调查结果按页面要求录入系统(图20-73)。

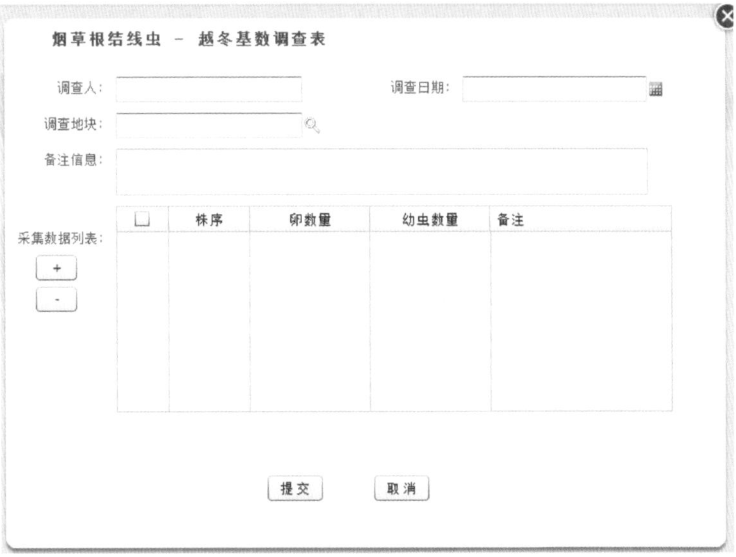

图 20-73　烟草根结线虫越冬基数调查记载表信息录入页面

2．烟草根结线虫病系统调查记载表

调查要求：烟草 5～6 叶期调查一次，移栽后开始每 5d 调查 1 次，到完全采收后结束。选择有代表性的苗床和烟田，苗床不少于 10 个，烟田面积不少于 1 亩，调查期间不施用杀线虫剂。每个苗床随机调查 100 株烟苗。移栽后大田调查采用对角线 5 点取样方法，定点定株，每点顺行连续调查 50 株，将调查结果按页面要求录入系统(图 20-74)。

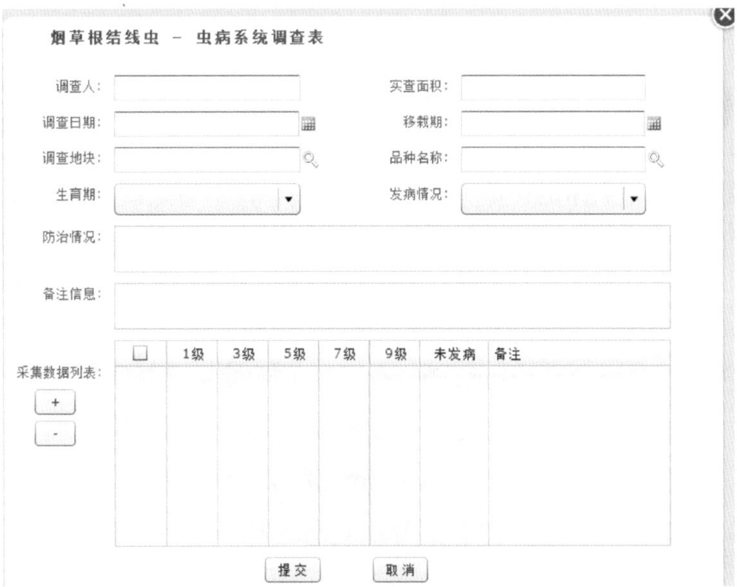

图 20-74　烟草根结线虫系统调查记载表信息录入页面

3．烟草根结线虫病普查记载表

调查要求：在烟草成苗期、团棵期、旺长期、采收期、采收完毕后 10d 分别进行 5 次普查，选择不同区域、不同品种、不同田块类型苗床和烟田，调查苗床数量不少于 10

个，田块数量不少于 10 块，每块烟田面积不少于 1 亩。每块田采用对角线 5 点取样方法，每点顺行调查不少于 50 株，前 4 次按照地上部症状分级方法调查，第 5 次采用地下根部症状分级方法调查，将调查结果按页面要求录入系统(图 20-75)。

烟草根结线虫 － 虫病普查表

调查人：　实查面积：

调查日期：　移栽期：

调查地块：　品种名称：

生育期：　发病情况：

防治情况：

备注信息：

采集数据列表：

☐	1级	3级	5级	7级	9级	未发病	备注

提交　取消

图 20-75　烟草根结线虫普查记载表信息录入页面

4. 根结线虫病发生防治基本情况记载表

同前操作。

20.2.2.16　非录入数据用户专用功能

1. 预警图表

非录入数据用户注册后，在功能菜单中点击预警图，如图 20-76 所示，图中将我市参与系统管理的所有站点标记在重庆市区划地图中，每个站点设置数个远点，远点根据站点上报数据数值的变化显示不同的颜色，代表不同病种发生的不同严重程度，未录入数据的显示为白色。点击页面右上部分不同的病种选择图病虫害种类、调查图表和调查时间，点击“点击查询”即可显示前几次普查得出的预警图。

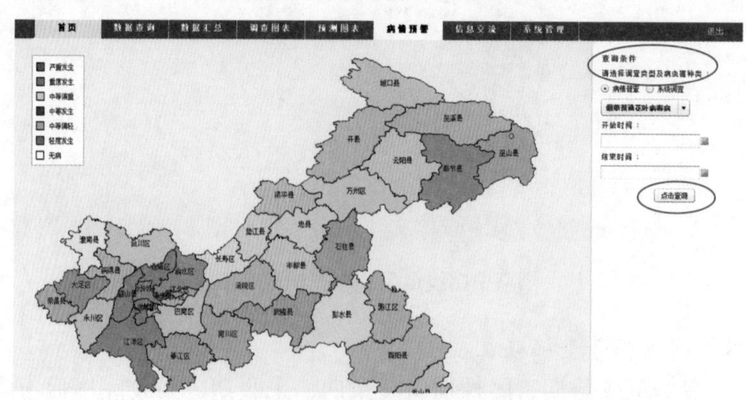

图 20-76　预警图显示页面

非录入数据用户可以从预警图中查询到站点的基本信息，点击圆圈，页面还可以显示出普查的具体结果，如图 20-77 所示，如果管理员从显示结果中看到异常情况，可以调出该站点报送的数据进行详细分析，或迅速采取防治措施。

图 20-77　预警图普查具体显示页面

2. 系统调查动态图

市级管理用户还可以查看根据系统调查结果绘制的系统调查动态图。如图 20-78 所示，点击功能菜单中的“调查图表”功能条，页面即可显示出相应的折线图。页面中可以选择病虫害种类、区县、站点，可以得到不同病种不同站点的系统调查动态，作为预警信息的参考。

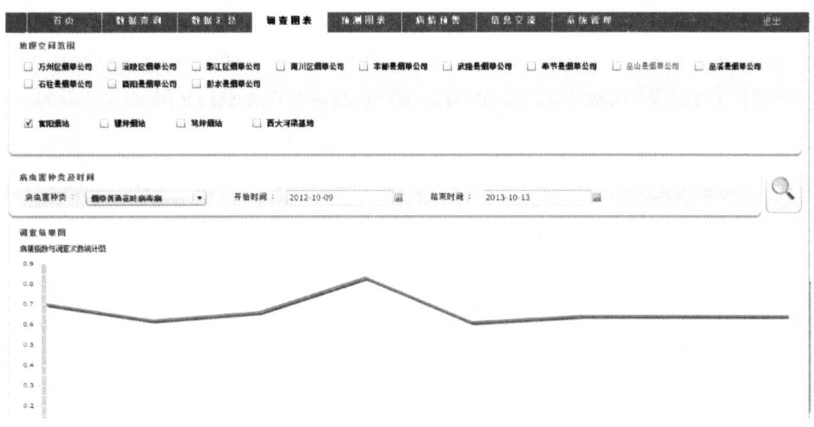

图 20-78　系统调查动态图显示页面

3. 预测图表

非数据录入用户可以随时查看病虫害发生情况与预测模型的吻合度，点击菜单栏的预测图标，选择病虫害种类和站点，点击查看图标，即可查看病虫害走势与预测模型的吻合情况，如图 20-79 所示。

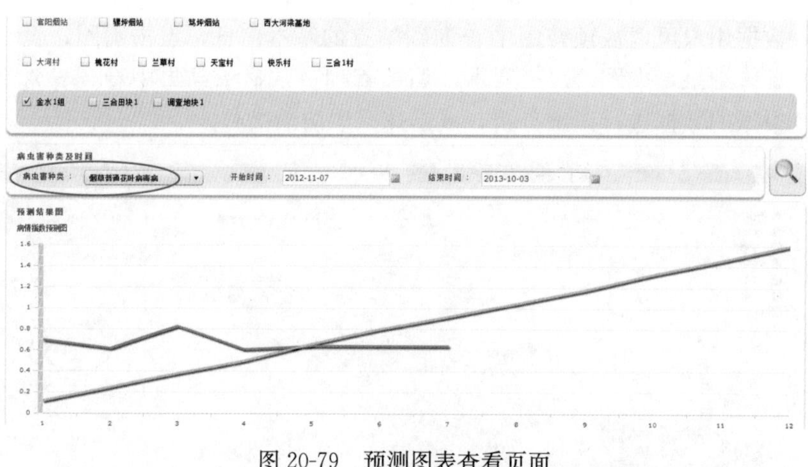

图 20-79 预测图表查看页面

20.3 病虫害预测预报功能

本测报系统除实现烟草病虫害数据录入的功能外，还实现了各级用户、植保专家互相之间的交流，及初步病虫害预测预报功能。

20.3.1 专家意见

点击功能菜单中的“系统管理”，可以添加、修改或者删除不同病虫害种类、不同病情指数下的专家意见，如图 20-80 所示。完成添加后，当数据录入用户录入数据后，系统会自动处理相关病情指数或百株虫数，给予数据录入用户最合适的专家意见，如图 20-81所示。

图 20-80 专家意见页面

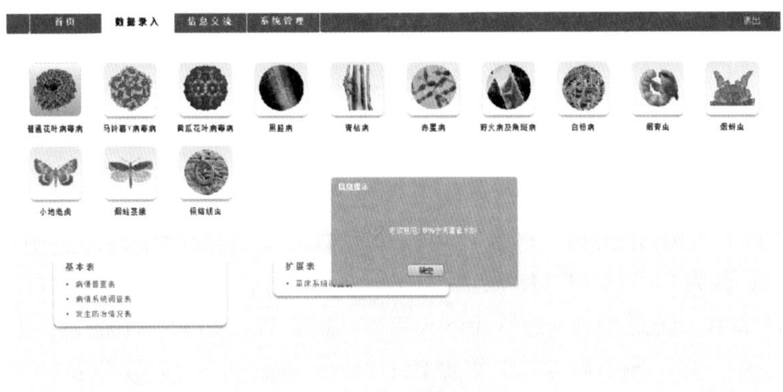

图 20-81　专家意见提示页面

20. 3. 2　预测图表

点击功能菜单中的“系统管理”页面里的“预测管理”，可以添加、修改或者删除不同病虫害种类、不同的病虫害预测模型，如图 20-82 所示。完成添加后，当点击功能菜单中的“预测图表”时，可以查看现有数据走势与预测模型的差异(图 20-83)。

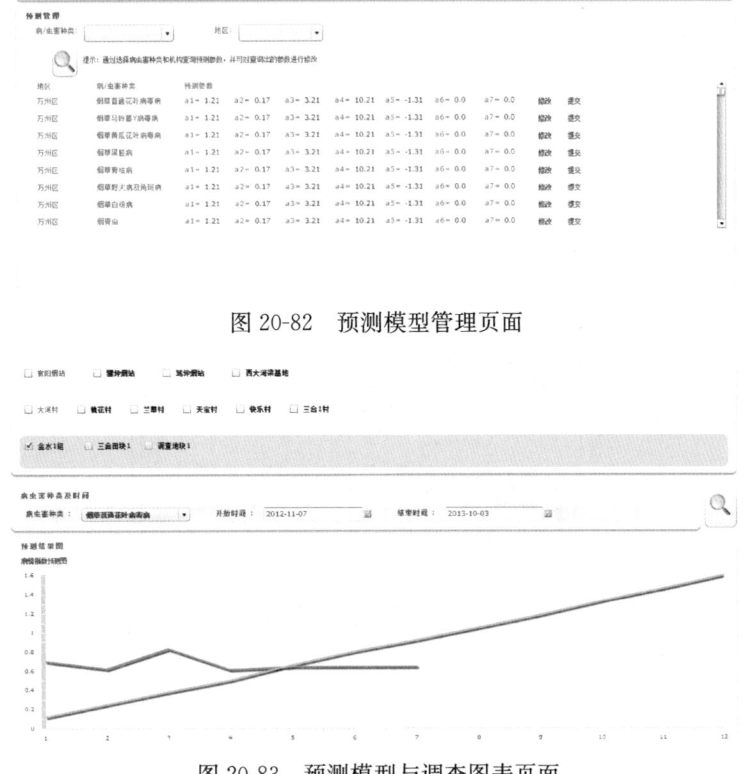

图 20-82　预测模型管理页面

图 20-83　预测模型与调查图表页面

20.4 预警系统的维护

重庆市烟草病虫害测报系统运行环境并不复杂，可以通过互联网或局域网连接，设备要求包括三级测报机构(市公司、区县公司、基层烟站)共享的网络接口、用户端和服务器。

硬件基本配置为 CPU1.0GHz 以上，内存 1G 以上，硬盘至少 2G 可用空间。软件配置为 Windows 2000(任意版本)或 Windows 2003 或 Windows XP(SP2 以上)操作系统；安装有 Microsoft SQL Server 2005 数据库；客户端需要安装 Office 2003(Word 2003、Excel 2003)应用系统；系统默认支持 IE 6.0 浏览器。将系统部署在 Web 服务器上后，便可在网络上任意一台电脑上以客户端形式访问该系统。

20.4.1 客户端 IE 设置

为确保系统的正常运行，客户端在登录系统时，还需要对 IE 进行一些设置操作，需要启用一些关于 ActiveX 的设置，以及一些脚本的启用设置；另外，系统还需要支持弹出窗口。IE 的一些具体操作步骤如下：

第一步：双击打开 IE 浏览器，在菜单中选择“工具”—>“Internet 选项”，如图 20-84所示。

图 20-84 设置 IE 页面

第二步：在打开的“Internet 选项”中选择“安全”选项，如图 20-85 所示。

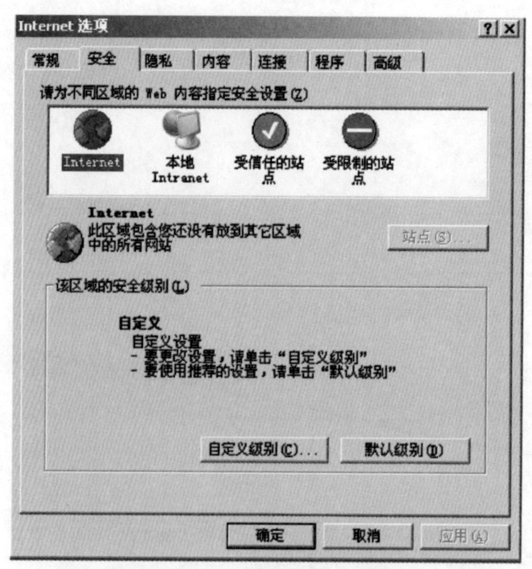

图 20-85 修改选项页面

第三步：点“自定义级别”按钮，打开“安全设置”对话框，如图 20-86 所示。

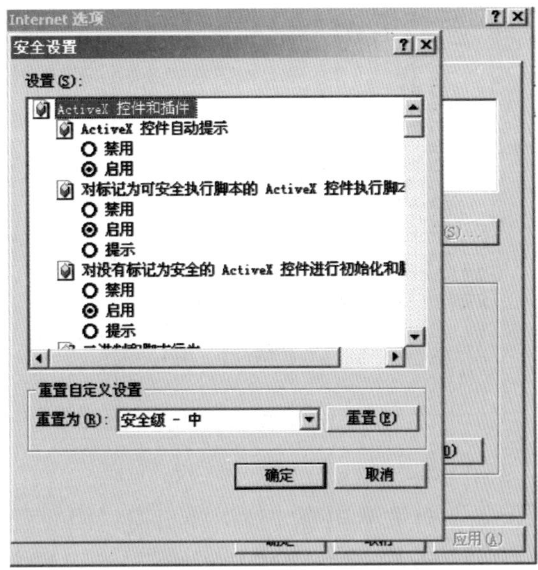

图 20-86　安全设置对话框页面

第四步：将“安全设置”中的所有 ActiveX 控件相关的设置全部选为启用状态，如图 20-87 所示。

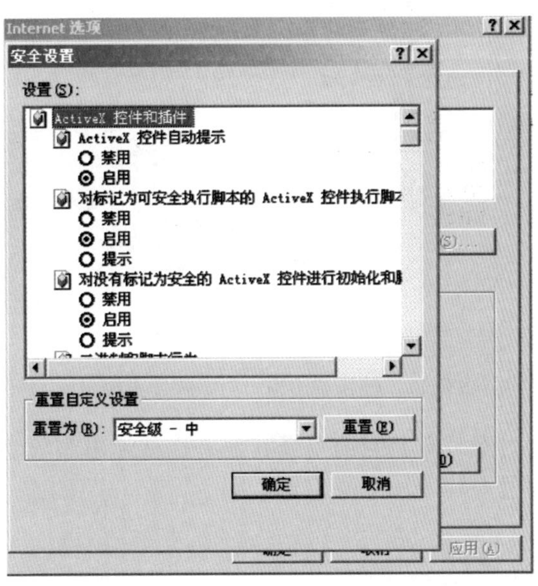

图 20-87　Activex 控件设置页面

第五步：在“安全设置”对话框中选择“Java 小程序脚本”“活动脚本”“允许通过脚本进行粘贴操作”选择为启用状态，如图 20-88 所示。

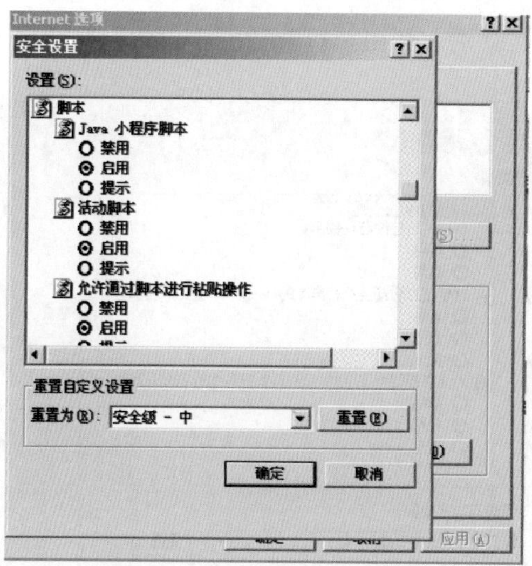

图 20-88 Java 程序脚本设置页面

第六步：在“安全设置”对话框中将“使用弹出窗口阻止程序”设置为禁用，如图 20-89所示。

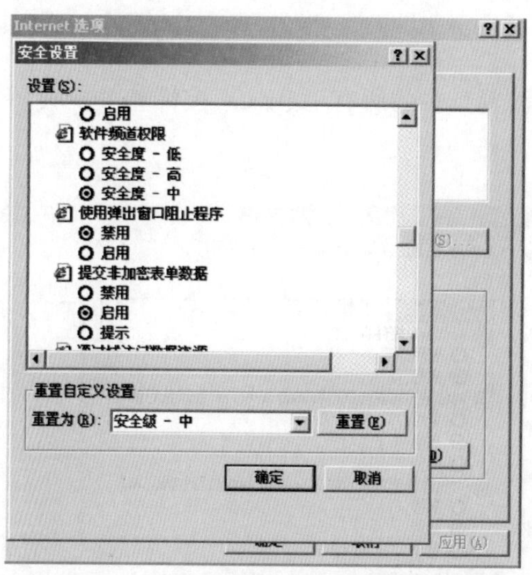

图 20-89 使用弹出窗口阻止程序设置页面

注意：如果用户同时安装有上网助手或其他有拦截弹出窗口功能的软件，请将其中的阻止弹出窗口选项设置为禁用。

20.4.2 服务器插件安装

由于本系统使用了 Silverlight 和 MSChat 插件进行预警图和折线图的绘制，所以需要在服务器上安装 Silverlight 和 MSChat 插件。

1. 安装 Silverlight 插件

第一步：双击打开安装文件，如图 20-90 所示。

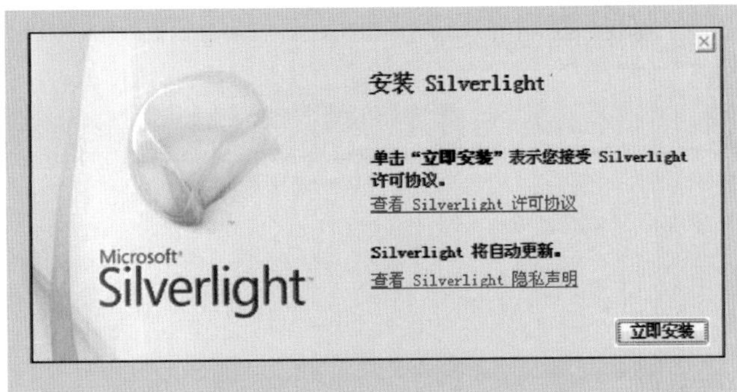

图 20-90　Silverlight 软件安装页面

第二步：查看完许可协议及隐私说明后点击立即安装，如图 20-91 所示。

图 20-91　Silverlight 软件安装页面

第三步：选择启用自动更新，并点击下一步完成安装，如图 20-92 所示。

图 20-92　安装成功页面

2. 安装 MSChat 插件

MSChat 插件包括有 MSChart. exe，MSChart _ VisualStudioAddOn. exe 和 MSChartLP _ chs. exe，安装过程类似。以 MSChart. exe 为例：

第一步：双击打开安装文件，如图 20-93 所示。

第二步：查看详细信息后点击下一步，如图 20-94 所示。

第三步：阅读许可条款并点对，点击下一步完成安装，如图 20-95 所示。

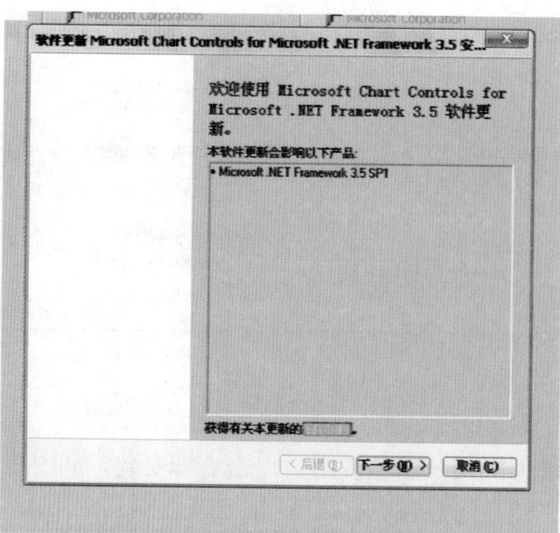

图 20-93　Mschart 插件安装页面

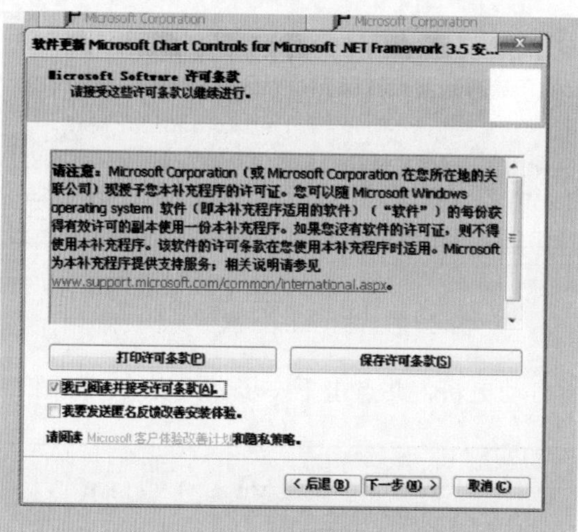

图 20-94　Mschart 插件安装页面

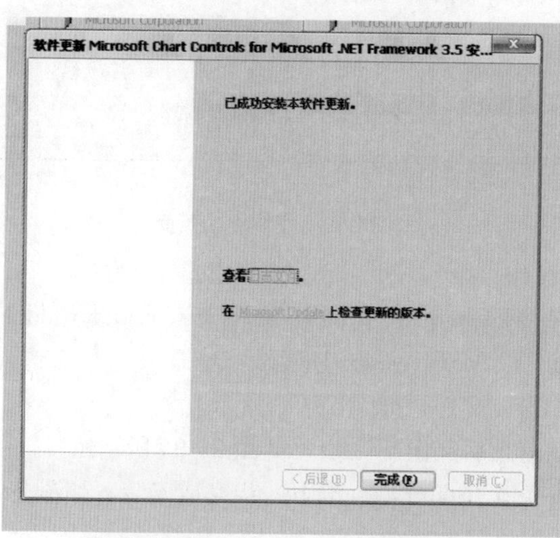

图 20-95　Mschart 插件安装成功页面

20.4.3 服务器维护

为防止意外事件或人为破坏设备，如服务器、交换机、路由器、机柜、线路等，禁止无关人员随意进入机房，尤其是网络中心机房，防止人为破坏。在设备上进行必要的设置(如服务器、交换机的密码等)，防止黑客取得硬件设备的远程控制权。(许多网管往往没有在服务器或可网管的交换机上设置必要的密码，懂网络设备管理技术的人可以通过网络来取得服务器或交换机的控制权，这是非常危险的。因为路由器属于接入设备，必然要暴露在互联网黑客攻击的视野之中，因此需要采取更为严格的安全管理措施，比如口令加密、加载严格的访问列表等。)

20.4.3.1 软件系统的安全防护

同硬件系统相比，软件系统的安全问题是最多的，也是最复杂的，可从以下几个方面着手防患于未然。

1. 安装补丁程序

任何操作系统都有漏洞，系统管理员应及时地将“补丁”(Patch)打上。Windows NT/2000/2003 操作系统发现的 Bug 特别多，同时，蓄意攻击的人也特别多。微软公司为了弥补操作系统的安全漏洞，在其网站上提供了许多补丁，可以到网上下载并安装相关升级包。对于Windows 2003，至少要升级到 SP1，对于 Windows 2000，至少要升级至 Service Pack 2，对于 Windows NT 4.0，至少要升级至 Service Pack 6。

2. 安装和设置防火墙

现在有许多基于硬件或软件的防火墙，如华为、神州数码、联想、瑞星等厂商的产品。防火墙对于非法访问具有很好的预防作用，但并不是安装了防火墙之后就万事大吉了，而是需要进行适当的设置才能起作用。如果不了解防火墙的设置，需要请技术支持人员协助设置。

3. 安装网络杀毒软件

现在网络上的病毒非常猖獗，需要在网络服务器上安装网络版的杀毒软件来控制病毒的传播，目前，大多数反病毒厂商(如瑞星、冠群金辰、趋势、赛门铁克、熊猫等)都推出了网络版的杀毒软件；同时，在网络版的杀毒软件使用中，必须要定期或及时升级杀毒软件。

4. 账号和密码保护

账号和密码保护是系统的第一道防线，目前网上的大部分对系统的攻击都是从截获或猜测密码开始的。一旦黑客进入了系统，那么前面的防卫措施几乎就没有作用，因此需要对服务器系统管理员的账号和密码进行管理。

系统管理员密码的位数一定要多，至少应该在 8 位以上，而且不要设置成容易猜测的密码，如自己的名字、出生日期等。对于普通用户，设置一定的账号管理策略，如强制用户每个月更改一次密码。对于一些不常用的账户要关闭，比如匿名登录账号。

5. 监测系统日志

通过运行系统日志程序，系统会记录下所有用户使用系统的情形，包括最近登录时间、使用的账号、进行的活动等。日志程序会定期生成报表，通过对报表进行分析，就可以知道是否有异常现象。

6. 关闭不需要的服务和端口

服务器操作系统在安装时，会启动一些不需要的服务，这样会占用系统的资源，而且也增加了系统的安全隐患。对于假期期间完全不用的服务器，可以完全关闭；对于假期期间要使用的服务器，应关闭不需要的服务，如 Telnet 等。另外，还要关掉没有必要开的 TCP 端口。

7. 定期对服务器进行备份

为防止不能预料的系统故障或用户不小心的非法操作，必须对系统进行安全备份。除了对全系统进行每月一次的备份外，还应对修改过的数据进行每周一次的备份。同时，应该将修改过的重要系统文件存放在不同的服务器上，以便出现系统崩溃时(通常是硬盘出错)，可及时地将系统恢复到正常状态。

20.4.3.2 程序运行维护

1. 烟草病虫害测报系统异常退出

进入系统后进行正常业务处理后，遇到系统异常退出，不能继续工作。

处理：重新打开网页，登录后即可继续恢复工作。

2. 烟草病虫害测报系统管理菜单不出现

登录进入页面后，左侧应有的管理菜单没有显示出来。

处理：出现此种情况主要有两种可能，一是系统后台处理尚未结束，稍等片刻即可恢复正常；另一种可能是所在的网络较为缓慢，信息传递困难，同样稍等片刻即可恢复正常。

3. 网站提示下载安装 Silverlight 插件

大部分电脑在初次登录打开预警图时会提示需要下载安装 Silverlight 插件

处理：因为本系统用到了 Silverlight 插件，而一般系统中没有安装过 Silverlight 插件，所以第一次打开预警图时，需要下载安装该插件，插件的安装简洁易操作，占用系统空间小，对电脑运行不构成影响。

4. 导出的 Excel 文件排列不整齐且混乱

在汇总显示的信息页面，点击导出保存的 Excel 文件排列不整齐且混乱。

处理：在导出文件前，试着关闭已有的 Excel 文件窗口；生成过程中不要用鼠标作任何操作。如果做到上述两点后仍然存在问题建议卸载 Excel 程序并重新安装。

5. 右侧显示区域显示为空白

点击左侧菜单栏，在右侧显示区域没有内容出现。

处理：网速过慢或可能是浏览器出现故障。应刷新页面重新显示，等待一段时间后如果依然没有内容显示出来，则可能需要修复浏览器。

6. 当前页面自动转入登录页面

一段时间未进行操作后，在打开左侧二级目录进入操作页面时，网站自动转入登录页面。

处理：系统进行了 session 设置，一段时间内用户如果没有进行操作，则会自动退出，退出不具备及时性，当用户点击进入操作页面时才会转入登录页面。重新登录即可。

7. 部分用户左侧菜单栏功能不完善

部分用户左侧菜单栏内显示可以进行的操作不完善，应有的功能没有显示。

处理：用户的功能是管理员在管理页面进行设置，如果功能不完善，则说明设置有误，需要管理员在权限设置里对其进行修改。

8. 文件上传异常

点击文件上传时出现异常状况，并且文件为上传失败。

处理：可能的原因有两种，分别是上传的文件类型不符合要求和上传的文件大小超出范围，网站支持的文件类型主要有图片格式、word 文档、rar 压缩文件、excel 文档等。不符合格式的文件无法上传。另外，网站不支持大型文件的上传下载，如果需要上传的文档大小大于 1M，建议对文件进行压缩后再上传。

9. 文件下载异常

点击文件无法进行下载。

处理：可能的情况主要是管理人员未通过程序直接在后台删除了文件所致，这样服务器中没有了该文件，但文件的链接依然存在。如果多次实验证实确实无法下载，应在下载页面直接删除该链接，然后重新上传。

10. 在线用户显示中有已下线用户

有的用户已经下线了，但在在线用户显示中依然可以看到。

处理：服务器每隔 30min 搜索一次在线用户的信息，除了点击退出以外，通过关闭窗口退出的用户很可能在退出一段时间后依然可以在在线用户显示中被看到。

11. 用户系统菜单没有下拉框

在某些电脑上打开该网站时，左侧的菜单栏右边没有下拉框。

处理：可能是用户的浏览器级别过低或是与系统不兼容，建议用户升级浏览器，或者下载别的浏览器使用。

20.4.3.3　数据库维护

系统中用到了大量的数据，存储在数据库中。

以 MosCheckInfo 表为例，如图 20-96 所示。

在网站使用过程中，如果发现数据溢出现象，数据的大小不合用等，将对这些数据文件进行相应的修改。

另外，维护人员要负责定期进行数据备份等，以保留系统运行的轨迹，当系统出现硬件故障并得到排除后负责数据库的恢复工作。常用的数据备份方式如下面的步骤。

第一步：启用维护计划任务。

在“管理”－>“维护计划”上右键弹出菜单，选“维护计划向导”，如图 20-97 所示。

USER-ED9AD16E..._MosCheckInfo

列名	数据类型	允许 Null 值
MosCheckInfoID	varchar(50)	☐
StationID	int	☑
CheckNo	int	☑
CheckDate	datetime	☑
CheckSta	varchar(100)	☑
LandLongi	varchar(20)	☑
LandDimen	varchar(20)	☑
LandEleva	varchar(20)	☑
FieldName	varchar(100)	☑
MosType	varchar(50)	☑
InqTransPeriod	datetime	☑
InqBearingPeriod	varchar(20)	☑
FieldArea	float	☑
RealArea	float	☑
AllFieldAttSitua	varchar(1024)	☑
PreventionSitua	varchar(1024)	☑
Remarks	varchar(1024)	☑
Investigator	varchar(20)	☑
MosInfoState	bit	☐
CheckType	varchar(5)	☑

图 20-96　Moscheck Info 数据库页面

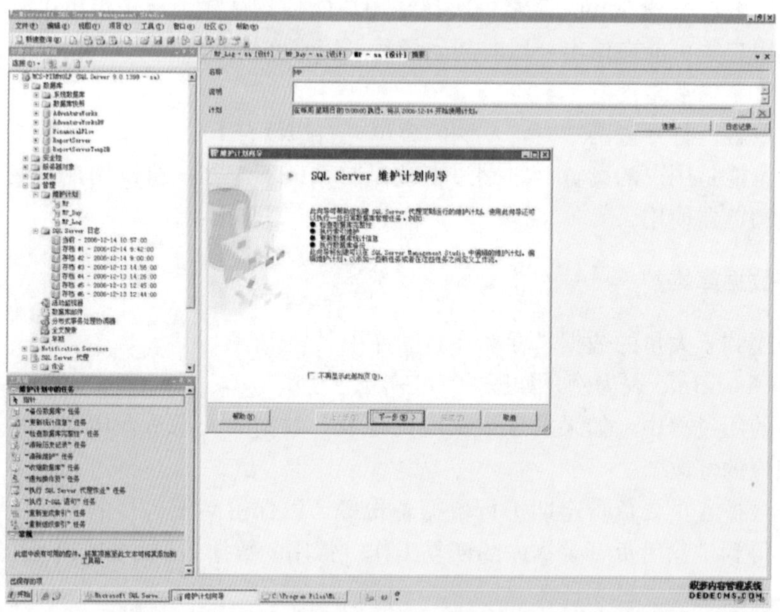

图 20-97　启动维护计划向导页面

第二步：点“下一步”，设置“维护计划”的名称，如××数据库完全备份策略。设置代理执行维护计划的账户及口令，如图 20-98 所示。

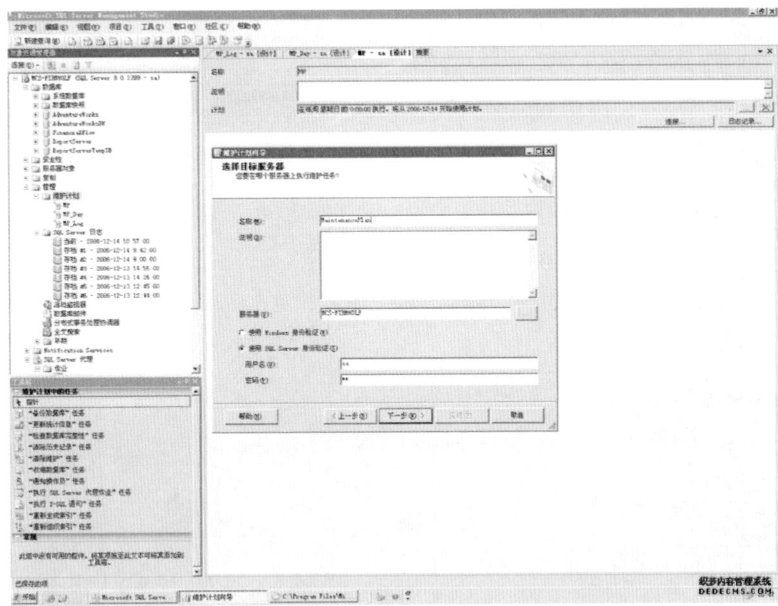

图 20-98　代理执行维护计划的账户及口令页面

第三步：点“下一步”，选择维护计划类型，如备份数据库(完整)。注意：不要同时选中完整、差异、日志，或选中其中几项，因为备份策略需要单独设置(图 20-99)。

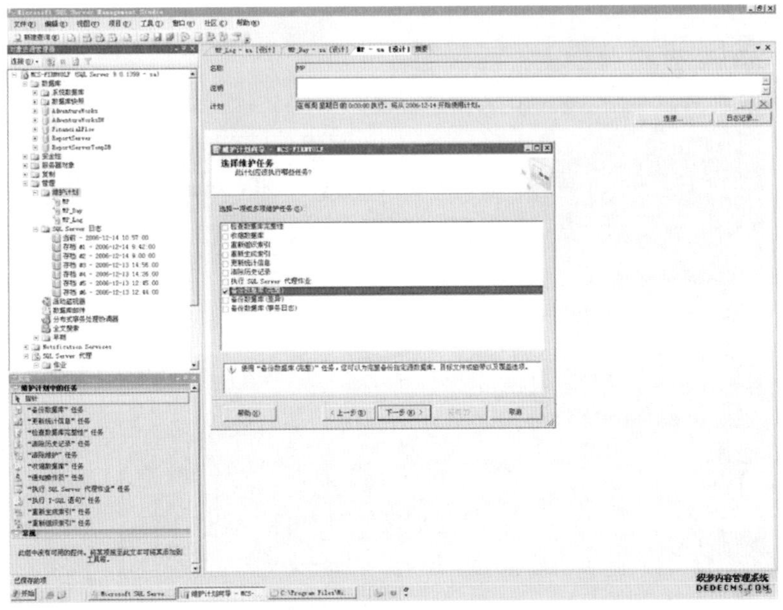

图 20-99　维护计划类型页面

第四步：点“下一步”，定义维护计划任务(备份任务)，一般情况下，在这个页面窗口只需要选择正确的数据库名称和备份的文件夹路径即可，其他按默认设置(图 20-100)。

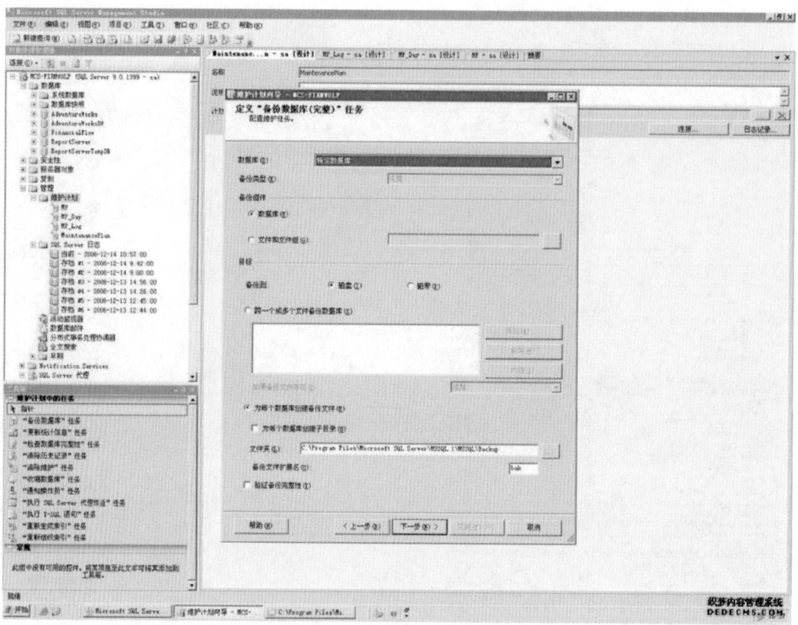

图 20-100　维护计划任务页面

第五步：点“下一步”，设置计划执行作业。设置为每周的周日 0 点执行(图 20-101)。

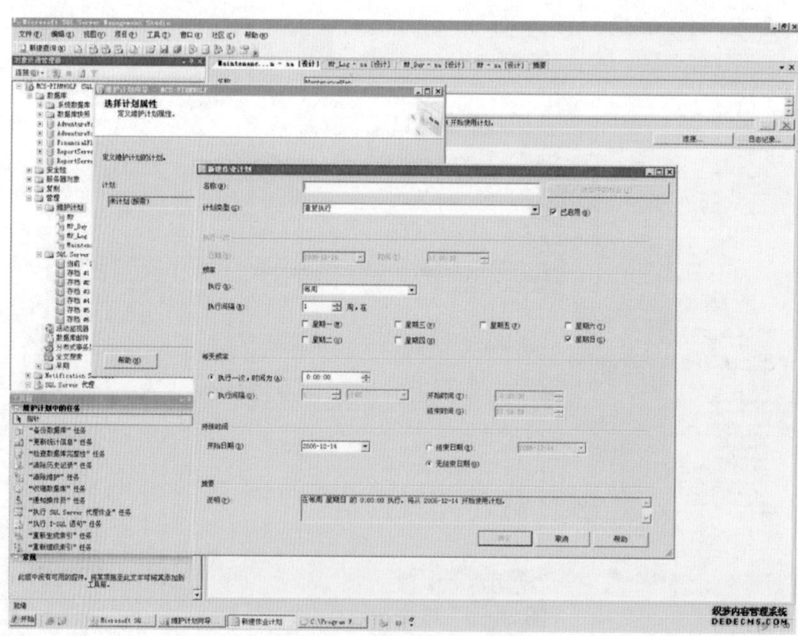

图 20-101　计划执行作业页面

第六步：点“下一步”，设置维护计划日志文件的写入位置。默认即可(图 20-102)。

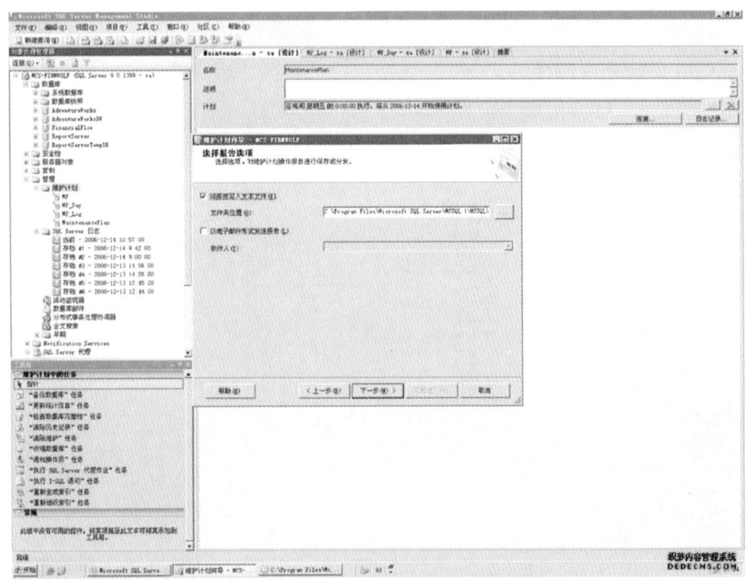

图 20-102　维护计划日志文件的写入位置页面

第七步：点“下一步”，结束。注意，还需要再配置清除过期备份文件的策略。在“管理”—>“维护计划”—>刚才新建的维护计划上右键选“修改”。在这个面板页面，目前默认只有备份数据库(完整)一个节点。从工具箱，把“清除维护(任务)”拖到模板页面。把上一步的方向线拖动指向到这个“清除维护(任务)”节点(图 20-103)。

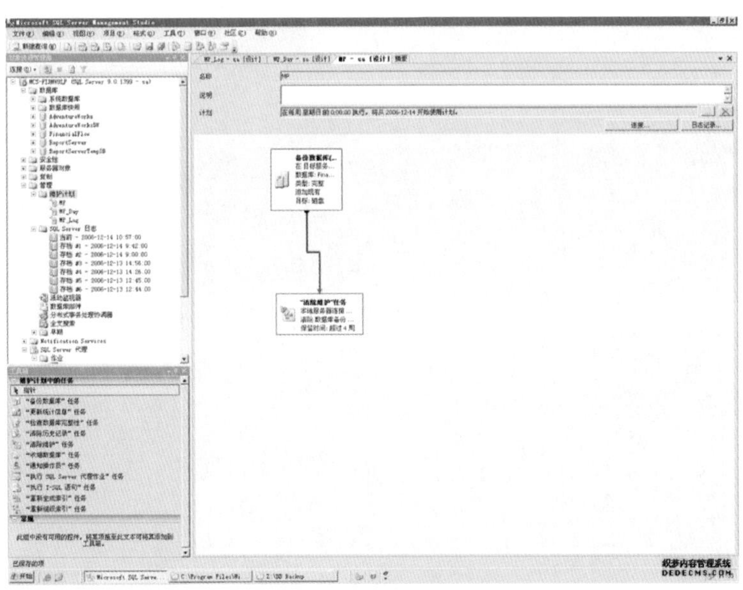

图 20-103　设置结束页面

在“清除维护(任务)”节点上，右键选“编辑…”，设置文件保留的时间。

第八步：重复 1~6 的步骤，设置数据库的差异备份和日志备份。完成后，先手动执行测试(图 20-104)。

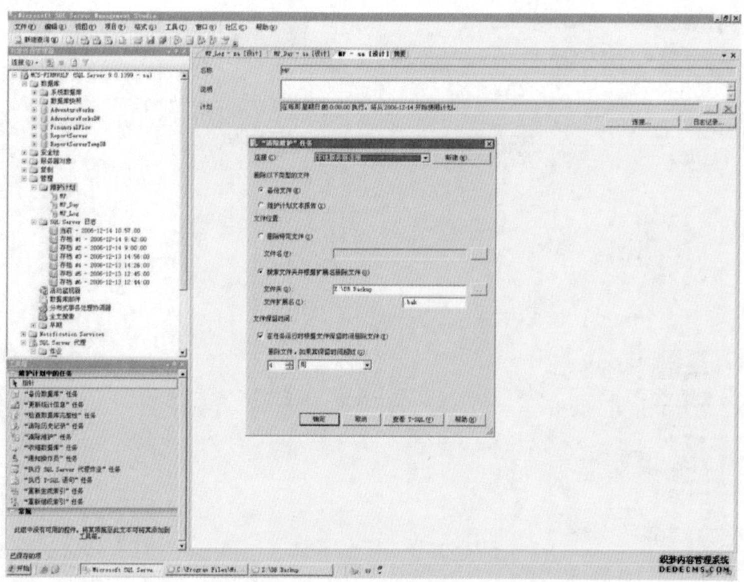

图 20-104　手动执行测试页面

第 21 章　烟草有害生物的损失估计

21.1　烟草产量与损失

烟草是一种叶用经济作物，也是嗜好类作物，烟草的产量和其他农作物一样，包括生物产量和经济产量。生物产量是指烟草在整个生长季节中所积累的干物质重量。其中有机物质占 90%～95%，矿物质占 5%～10%，因此，有机物质的合成和积累是构成生物产量的基础。经济产量是指单位土地面积上所收获可用于销售的干物质的重量，对烟草来讲，也就是烟叶的产量。经济产量的形成以生物产量为基础，没有较高的生物产量也不会有较高的经济产量。经济产量与生物产量的比值，称为经济系数或收获指数，也就是生物产量向经济产量转化的效率。经济产量与生物产量的关系为：经济产量=生物产量×经济系数=(光合面积×光合强度×光合时间－呼吸消耗)×经济系数。

烟草的产量是由单位土地面积上的株数、单株有效叶面积和单位面积重量所决定，因此可以说烟草的产量(烟叶的产量)是由单位面积上的株数、单株留叶数和单片叶的重量 3 大因素构成。在这些构成因素中，改变其中任何一个因素都会使产量发生变化，其中单株产量是决定总产量的关键，而单株叶面积和单位叶面积重，又直接影响烟叶的质量。因而，在烟草生产中提高产量有 3 条基本途径，但是它们反映在烟叶质量上的结果不一样。

烟草生产不是仅仅追求最大产量，必须以烟草的品质为前提。烟草的产量与品质具有同等的重要性，在一定的条件下，产量和品质可以平衡发展、同时提高，但是当产量超过一定的限度，则品质呈几何级数下降，与产量呈明显的负相关。鉴于烟草产量与品质的这种平衡关系，在当今的烟草生产中，产量已经不是突出问题的情况下，把烟草质量作为第一要素进行考虑，在坚持质量第一的前提下，为烟草提供良好的生长环境，并配以合理的栽培管理措施，力求获得最大的产量。这里的良好的生长环境和合理的栽培管理措施可具有两方面的含义：第一，在品种一定的情况下，尽可能选择适宜烟草生长的自然环境和土壤条件，以及恰当的水肥等栽培管理措施，确保烟草的健康生长发育，使其生物学产量最大，具有形成烟草最大产量的潜在能力；第二，通过建立烟草防灾减灾预警应急系统，包括抗自然灾害体系，科学烘烤配套技术体系、病虫害防治技术体系等措施尽可能降低烟草的损失。因此烟草产量的形成取决于其生长发育过程中形成的生物学产量和烟草生长加工过程中遭受自然灾害以及病虫害等的损失情况。

中华人民共和国成立后，我国烟草产业得到迅速的发展。到 20 世纪 50 年代中期，烟草总种植面积已达到 $53\times10^4\text{hm}^2$，其中烤烟 $33\times10^4\text{hm}^2$ 以上。以后烤烟发展较快，到 20 世纪 70 年代中期，全国烟草种植面积已达到 $73\times10^4\text{hm}^2$ 以上，其中烤烟就占 53×

$10^4 hm^2$左右。近 20 年来，我国的烟草事业和科技进步成效显著，全国烤烟种植面积已达到 $130 \times 10^4 hm^2$，成为世界烤烟种植面积最大、产量最高的国家。

由于烟草生产特殊性，如育苗环节的人工化，移栽环节的规范化，旺长期时间短，成熟期不仅时间长，而且重点是在长叶，对烟叶品质的最终形成有重大影响。烟草生产过程中病虫害的发生就具有明显的特点。这主要表现在：病虫害发生的种类多，不同病虫害交替发生，根茎病害(如根黑腐、青枯病、黑胫病等)造成整株死亡；叶部病害(如病毒病、赤星病、气候斑等)对烟草的收获部位造成严重影响。烟草感染病害后一方面由于病斑直接造成烟叶叶片破损、空洞和缺失，降低了烟叶分级的等级；另一方面反映在生理生化反应上，病原物刺激烟草寄主，其代谢作用加强，消耗增多，减少了烟叶的干物质积累，同时病斑造成烟叶光合面积减少，同化作用削弱，干物质积累减少，导致叶片飘薄，使烟叶的产量减少，品质变坏，经济价值降低，直接影响产量和品质。目前，对烟草病虫害的控制虽然引起了广泛的关注，但在病虫害防治过程中还存在着烟农不规范的农药施用，对病虫害的控制不系统、针对性差，对农药的依赖性强，防治措施单一，防治的有效时间不能很好把握等问题，造成了一些烟草种植区域的病虫害问题越来越严重，特别是病毒病、青枯病的蔓延和危害，导致烟草的产量低、效益差，甚至一些地方大面积死烟，烟农经济效益严重受损，使烟草生产在有限的土地面积上不能得到很好的发展，这些已经成为制约烟草生产的重要障碍，直接关系到烟草的可持续发展。

不管是国际还是国内烟草业每年病虫害造成的损失都很大。烟草霜霉病在我国属检疫性病害，1996 年烟草霜霉病大流行，病害遍及欧洲、美洲、亚洲和澳大利亚，仅欧洲地区烟叶损失估计达 28500t，损失不少于 5000 万美元。1960～1979 年，曾两次洲际大流行，共损失数亿美元，几乎摧毁了许多国家的烟草行业，震动了全世界。我国烟草病虫害种类繁多，每年造成的经济损失巨大。特别是病害没有针对性的治疗药剂，一旦大发生往往损失非常惨重，仅病害造成的损失每年达 10%～15%。1989～1991 年仅烟草主要侵染性病害造成的烟叶损失每年超过 $2 \times 10^8 kg$，产值损失超过 7 亿元。到 1998 年，据估计全国主要病虫害所引起的烟草产量损失为 $1.26 \times 10^8 kg$，产值损失 9.92 亿元(按 1500 万亩计)。随着我国农业产业结构的调整、土地资源的掠夺性使用、农业环境的恶化，烟草有害生物发生与危害呈现愈演愈烈的趋势，给我国烟草种植业造成巨大的损失，具体损失情况见表 21-1。

表 21-1　2000～2010 年全国烟草产量与损失统计表

年份	种植面积/万亩	产量/万担	产量损失/$kg \times 10^4$	产值损失/万元
2001	1278.76	2794.09	11300.00	135100.00
2002	1445.00	3200.00	15368.07	138312.60
2003	1438.28	3396.00	11945.51	105255.70
2004	1507.00	3600.00	—	—
2005	1674.53	4200.00	13847.64	122007.60
2006	1572.00	4078.00	8897.56	74150.61
2007	1535.68	4175.87	9563.29	103262.94

续表

年份	种植面积/万亩	产量/万担	产量损失/kg×10⁴	产值损失/万元
2008	1729.71	4837.22	7274.23	80882.55
2009	1685.22	5130.33	10462.71	120303.70
2010	1868.12	3934.59	11082.41	109909.44
平均	1573.43	3934.61	11082.38	109909.46

资料来源：中国烟叶生产实用技术指南。

21.2　烟草有害生物的损失估计

烟草遭受病虫草害以后所导致的经济损失有直接的产量损失、质量降低、产值下降，间接的等级降低、用途改变、储存期损失、市场销路减退、有毒物质及其后效应等，其中以产量的下降最为明显。烟草因病虫草害造成的损失，可以通过实地测定或以经验来估计。病虫草害的损失估计是病虫草害综合治理程序中的重要一环。没有正确的损失估计，就是心中无数，就不可能制定合理的防治策略，因为防治是以损失估计为依据的。近年来病虫草害的损失估计已受到越来越多的重视。

烟草病虫害种类繁多，每年造成的损失巨大。据全国烟草侵染性病害调查研究(1989～1991)和全国烟草昆虫调查研究(1992～1995)结果表明，我国烟草侵染性病害达68 种，其他有害生物 600 余种；加之部分病害目前无有效治疗药剂，每年造成的损失较大，全国仅病害造成的损失一般为 10%～15%(据统计，1998 年全国主要病虫害所造成的产值损失达 9.92 亿元)；

烟草病虫草害的防治应该讲求实效，尤其是经济效益。对危害不太严重的许多病虫草害可以容许有少量发生而不必防治；对那些比较严重的病虫草害，不求无病但求无害，或者无大害，只需把危害控制在经济允许的水平之下。因为防治的标准有时并不是单纯地取决于病情、虫情和草情的轻重程度，还应考虑其经济损失、防治效率、农业成本和最终的经济效益，即 IPM 政策。

21.2.1　烟草产量与损失

作物的产量是由植株的绿色部分(叶)进行光合作用(同化)，所制作出来的养分被输送到贮藏器官中积累起来而构成。病害对烟草的影响，可以通过以下几种方式造成危害：①对正常生理过程的损害与影响；②减少同化作用的面积(叶、茎数)；③消耗养分；④破坏贮藏、生殖器官(蕾、花、果)等方式造成危害。

夏基康等(1986)把作物的产量分为 5 个水平：理论最高产量、可获产量、经济产量、实获产量和原始产量。

理论最高产量这是指作物生长在最适合的条件下，没有遭到任何损害时，可能或者应该达到的最高产量，这在田间的现实条件下是几乎永远不可能达到。

可获产量这是在现实条件下，如果各方面的因素都协调一致时，可能达到的最高产量，常用历史最高产量来表示。

经济产量是指在最适合的经济条件下可能达到的产量。这种水平不是最高，但是从农业成本投资和收益来衡量，这是最优化的产量指标。

实获产量是指作物在自然环境中，不是最适条件下而是一般条件下的实际产量。

原始产量是指在不加管理或不做任何病虫草害防治条件下作物能够提供的基本产量。

作物的损失就是可获产量与实际产量的差值，作物的经济损失就是经济产量与实际产量的差值。避免这两部分的损失是作物保护的目标，它通常是由烟草的病害、虫害、草害等其他有害生物共同造成的。

作物损失(y)可用下列公式表示：

$$y = Y_{\max} - S_1 - S_2 - S_3 - \cdots - S_n$$

式中，y 是实获产量；$Y_{\max}$是可获得最高产量；S_1，…，S_1，S_2，…，S_n是病虫草等各种损害因子所造成的损失数。$Y_{\max}$(可获产量)也不是一个完全无病虫区的产量，而是本地多年来的最好产量(历史最高产量)。

除了主要表现在明显的产量方面的损失之外，烟草病虫害可造成许多隐藏的不明显的损失，例如品级和质量的降低、种植水平的降低以及由于广泛而经常使用各种农药而造成的公害，如药害。

21.2.2 病虫草害与损失

病虫草造成植物产量和品质的损失，不仅表现在个体植株上，而且需要从群体水平上考察，此外，品种、栽培管理、气象条件也与损失息息相关。

21.2.2.1 病虫草发生程度与损失关系

在一定范围内，损失与病虫草的发生程度大体上呈正相关，但是在病虫草发生从零到饱和的变化全部范围内，两者并不一定总呈直线关系，有时可能出现曲线关系。比如小麦赤霉病主要是后期危害的病害，其损失与病情呈现近似直线关系(图 21-1，甲)。而小麦锈病，小麦丛矮病、苹果圆斑病等的损失与病情大体呈 S 形曲线(图 21-1，曲线乙)。很轻的病情不造成损失，这是因为植株个体和群体的补偿作用。

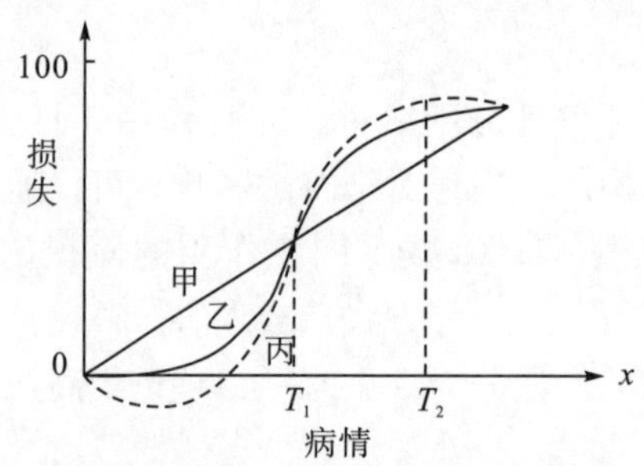

T_1—经济损害化许阈值(EIL)；T_2—损害最大阈值

图 21-1 病虫草害与损失率之间的三种基本关系

植物感染病害或遭受虫害、草害以后，原来正常的生长发育过程受到病虫草害的影响，从而表现异常的过程，最终导致产量或质量的降低，也就是造成了一定程度的损失。在一定范围内，因病虫害的损失程度常与病情、虫害、草害的轻重程度呈正相关的关系，但是在病情、虫害、草害从零到饱和(100%)的全部范围内，损失并不全都是呈直线关系，而至少可能有下列三种情况出现(图 21-1)。

(1)损失与病情、虫害、草害呈直线关系或基本上是直线关系(图 21-1，曲线甲)。符合这种关系的病害的收获部位就是病虫害危害的部位，如斜纹夜蛾危害烟叶等。

(2)损失与病虫害大体上呈 S 形的函数关系(图 21-1，曲线乙)。在曲线两端有两个阈值即 T_1 和 T_2，病情、虫害、草害在达到 T_1 之前，不会造成明显的损失。但达到 X_1 以后作物就有损失，并随病情、虫害、草害增加而增大。病情、虫害、草害达到 T_2 以后，损失可能不再增加，而趋于稳定，呈水平状态发展，即达到饱和。这在叶部病虫害中是很常见的，如烟草野火病等。

(3)病情、虫害与损失大体上也是呈 S 形曲线关系，不同之处在于病虫草发生初期，在某些条件下病虫草害较轻时，并不引起减产或损失，反而略有增产作用(图 21-1，曲线丙)。

21.2.2.2　病虫草危害和损失的关系

病情、虫害、草害造成损失的因素有三方面，主要是：①病虫草害的发生量；②病虫草害对植物生理过程的影响；③病虫草害对产量形成因素的影响。例如烟草白粉病，在发生后破坏烟叶的光合作用面积，剥夺其有机养分，加剧水分丧失。严重时，整个叶面呈灰白色，烘烤后，病害处为深褐色且薄如纸，明显影响品质。又如烟草青枯病，会导致维管束堵塞，妨碍水分运输，造成叶片萎蔫，影响光合作用，干扰有机养分、无机盐和水分的输导，从而使烟叶产量降低、品质变劣，病菌侵入时期愈早，影响愈大。

烟蚜，为刺吸式口器昆虫，取食危害不能形成烟草组织的直接损伤，但会影响烟株体内的水分。另外，烟蚜会分泌“蜜露”，往往在危害部位形成黑色的霉层，影响光合作用面积，还可以传播病毒病，影响烟株的生长，进而导致烟叶产量和品质的下降。

烟田杂草马唐与烟草争光、争肥、争水，影响烟株正常的生长发育，直接导致烟叶产量和品质的下降。有些杂草作为烟草病虫害的中间寄主，有助于病虫害的蔓延扩展，从而影响到烟草的质量和产量的提高。

21.2.2.3　植株间的相互补偿作用

因为植物的耐病性及植物本身的补偿作用，所以并非任何程度的病虫草损害都会造成减产。作物在受到病虫草害的危害之后，未受害的部分可以部分地承担被害部分的功能，例如小麦灌浆期叶片受害而使光合作用面积减小时，其叶鞘、颖片则起某种程度的补偿。此外，还有群体中个体间的补偿作用，如果病株染病较早，致使生育弱小，则相邻的健株便获得了更大的窄间、更多的光照以及土壤养分和水分，会比一般植株生育得更为强壮，从而起了补偿作用。当病株百分率不高，而且分布较分散，由于补偿作用往往颇大，整个群体并不显著减产。也就是说当有病害、虫害、草害发生时，只有当危害大过作物补偿能力的程度就是作物的减产程度，这可能是“有病无害论”的部分解释，这是在计算经济效益和确定防治指标时，需要考虑的一个因素。

此外，植物的这种补偿作用不适合少数检疫性病害的场合，对于检疫性病害，尽管处在零星发生阶段也必须进行彻底地消灭。

21.2.2.4 寄主状况和环境条件对于病虫害损失的影响

作物损失除了与病虫草害轻重有着密切关系之外，同时也受着寄主生育期和抗性的影响。另外，两种病害同时发生(并发)，此时可能还会发生更复杂的互作关系。尤其是在计算有介体昆虫的病毒病危害时，不能只估计因病毒造成的损失，还应把介体昆虫所造成的虫害损失计算在内。在做损失估计时，不能仅把个别的损害简单地相加，而应根据它们之间的互作特点，分别计算出相互的关系，给以加权或打折，才能估计得更为切实些。

21.3 损失估计

损失估计也称损失预测，描述或研究病情与作物产量和质量下降，以及与作物经济损失的关系，是病害防治决策的前提。要准确地估计作物因病虫草害造成的损失并不容易。有些病虫害引起烟株整株死亡或收获的烟叶完全被病斑包围，失去烘烤的价值。烟苗移栽后，受地下害虫的危害，导致整株烟苗的枯死，烟株生长后期易受赤星病、野火病的影响，导致烟叶完全丧失烘烤的价值，引起损失。

另外，一些病虫草害是间接性损害，在病虫草害与损失率之间有着种种不同的相互关系，还受到植株和环境因子的影响，对于这些病虫草害造成的损失估计，就非常复杂，表 21-2 列出了几种直接损害和间接损害的产量损失率估计公式。

表 21-2 几种直接损害和间接损害的产量损失率估计公式

损害	减产情况	危害症状	估计损失率的公式
间接性的	不明显	收获时会消失	损失率(单位:%)$=100(A-B)/A$ A：标记的健株产量，B：一般植株的平均产量
	明显	同上	在危害盛期，将受害的和不受害植株分别标记，预先进行产量损失的估计。 损失率(单位:%)$=100[(A+B)-(A-C)]/(A+B)$ A：未受害株产量，B：补充选配的植株产量，C：受害株产量
		收获时仍保留	在收获前作一次产量损失调查即可。所用公式同上
直接性的	不引起作物死亡	收获时仍保留	损失率(单位:%)$=100(A-B)/A$ A：健株平均产量，B：总检查株的平均产量 在大量出现危害的时期，调查确定缺苗百分率。
	引起整株或局部死亡	同上	损失率(单位:%)$=100\left(\frac{A}{B}-\frac{B}{100+L}\right)/\frac{A}{100}$ A：100 株健株总产量，B：100 株一般植株总产量， L：每百株中的缺苗数

资料来源：夏基康，许志刚. 植物病虫测报，1986。

21.3.1　病害产量损失的估计

烟草病害大体上可以分为：维管束病害、叶部病害、根结线虫病害等。维管束病害如青枯病等，均为局部侵染、系统发病，病情严重度与产值损失之间呈明显的线性关系；叶部病害如白粉病、赤星病等是因病菌吸取烟株体内的营养并影响烟叶的光合作用面积，直接影响收获烟叶的品质，这样病害的发生程度与产量的关系就比较复杂；根结线虫主要在根部形成根瘤，而地上部分则表现矮化、黄化与萎蔫等病症。

病害的损失估计，主要是根据病害发生的严重程度及相应减产的情况去寻求病情与产量损失之间的相互关系并建立模型，进一步对产量进行预测，并为病害的防治策略提供依据。

如余清研究报道对受赤星病不同程度危害的烟叶的理论产值与赤星病病级相关分析的回归方程为：$Y=-2.0932X^2-192.2X+31749$（$Y$ 为理论产值，X 为病级），相关系数 $R^2=0.9883$，并且 F 检验表明，烟叶理论产值与赤星病病级呈极显著的负相关。

对烟叶产值损失率与赤星病病级进行相关分析得回归方程：$Y=0.1032X^2+8.7427X+2.902$（$Y$ 为产值损失率，X 为病级），相关系数 $R^2=0.9889$，F 检验表明，烟叶产量损失率与赤星病病级呈极显著的正相关。

冯连军等对 2010 年烟田出现的主要病害与烟叶产量产值损失量的影响进行分析，结果表明对烟叶产量产值损失量影响较大的病害包括烟草青枯病、气候性斑点病、烟草花叶病。最优多元线性回归方程为

$$Y_1=-7.1448+5.0168X_1+5.6355X_3 \quad (R=0.9554)$$

式中，Y_1为产量损失量；X_1为气候斑病指；X_3为青枯病病情指数。

$$Y_2=-88.3258+62.0046X_1+69.6412X_3 \quad (R=0.9554)$$

式中，Y_2为产值损失量；X_1为气候斑病指；X_3为青枯病病情指数。

产量损失的预测与病害损失的预测一样需要大量的可靠的数据，这些数据可以来自大田调查和周密的田间试验，一般病害损失的实验方法有以下两种类型。

(1)单株法。这是目前使用较多的一种方法。需要调查大量的植株(数百株至数千株)，从中寻找发病等级不同的个体，并逐株挂牌登记(其中一定要有无病株作为对照)。在整个生长过程中调查数次病情，收获季节按单株收获计产，找出与产量损失的关系最大的一次或数次病情数据，作为损失预测的依据。若仅有一次病情资料与产量损失的关系最大，则这一生长阶段就称作病害损失的关键生长期(Critical growth stage)。这种方法常在病害自然发生的条件下使用。

盆栽试验法(microplot experiments)基本上也属于单株试验，这种方法较早应用于土传病害产量损失研究。它容易控制病原密度和土壤差异，供试土壤通常先经过杀虫剂或其他药剂处理，然后人工接种不同剂量的病菌，以保证供试菌系占主要优势。处理后的土壤盆装，埋入田中，保持自然环境。由于盆中菌量容易控制，试验比较准确，但较费工费时。

(2)群体法。群体法与单株法相对而言，每次试验中考虑的植株群体较多，可以在田间小区或更大的面积进行。发病等级从 0(无病对照)开始，到最严重的发生程度。通常

有3种制造不同等级病情的方法：①定期使用杀菌剂控制病情，这种常在病害常发区使用，进行不同次数的喷药，从而造成不同小区的病情差异。②人工接菌，在病害偶发区或病害发生较晚的地区，给试验小区分别接入不同剂量的菌量造成小区间病害发生程度的差异。③采用不同抗病性的同源基因系品种，按不同比例混合播种，控制田间病情。

21.3.2 虫害损失估计

在生态学上，食烟昆虫与烟草是食与被食的关系；在经济学上，则是取食危害与受害经济损失的关系。食烟昆虫取食对烟草造成的损失是食烟昆虫种群密度的函数，也与食烟昆虫的取食习性和行为、烟草的生物学特性等因素密切相关，其中的各种因素又都受到其他生物因素和非生物因素的影响，而烟草被食所导致的经济损失是所有这些因素综合作用的结果。

烟草单位面积产量是株数、每株叶数和单叶重3者的乘积，而其单位面积的产值则是由株数、每株叶数、单叶重和叶片的单价这4个参数加权构成。显然，分析产量、产值的构成要素，对于理解烟草大田生产最终产物的结构、食烟昆虫取食对这些因素的影响是很有意义的。

烟叶产量、产值构成的要素是在烟草生长发育过程的不同时期形成，了解这些要素的形成时期和形成过程、食烟昆虫取食对它们的影响，对估测烟草受害损失是重要的。烟草的收获物是叶片，植株行距和株距不仅决定单位面积上的株数和叶片数，同时还直接影响叶片的生长发育，影响烟叶产量和质量，而对质量的影响较大。同时，烟草品种、移栽期、施肥量、打顶和抑芽、缺株、气候等因素也都会影响烟叶的产量和质量，而且这些因素是交互作用的。根虽不是构成烟叶产量和质量的基本要素，但其被害后，烟草的生长发育会受影响甚至绝收，所以，根是构成产量和质量的基本要素。

因此，食烟昆虫取食特性和烟叶受害生理，食烟昆虫取食对烟叶产量和质量构成要素的影响，以及生态条件对上述诸因素的影响，是烟草受害损失估测的理论基础，因而也是制订经济阈值的理论基础。

按同资源种团将食烟昆虫分成8个种团，除切根种团和蛀茎种团外，其余6个种团都是直接取食叶片或在叶片上取食，其中除刺吸种团外，其余5个种团都直接取食叶片，烟草受害损失与取食大体呈线性关系。然而，由于烟草生长发育特性、产量和质量构成要素的复杂性，又由于生长发育及产量和质量构成要素受生态条件的影响，食烟昆虫取食与烟草受害损失的关系是比较复杂的。

应根据烟草受虫害损失的程度刺吸式、蛀食性、食叶性，以及地下害虫，采取不同的方法估计产量损失。刺吸式害虫的成虫或若虫均通过口针刺吸危害，除直接吸取烟株汁液外，还由于刺吸时分泌出唾液或毒汁，引起植物内部代谢失常，另外还可携带病毒，刺吸式害虫危害具有持续性，持续危害时间越长对植物影响越大，通常用日累计虫量或累计虫日与产量进行相关分析，求得害虫与产量损失的关系，现在多采用田间试验来解决；蛀食性害虫危害的特点是钻蛀寄主的各种部位，形成孔洞或切断输导组织，阻碍水分和营养物质输送，造成植物枯萎、倒伏、甚至死亡，会导致烟叶产量严重受损，损失估计可以根据虫量、虫孔数、虫道多少或长短、有虫株率等指标与产量损失的关系进行统计估测；咀嚼口器的食叶性害虫危害烟草，主要是啃食叶片，形成孔洞或缺刻，甚至叶片全部被吃光，直接影响烟叶的产质。烟草受食叶害虫危害后，产量损失的大小常与叶片受害程度、受害叶的部位与受害时的生育期等都有密切关系。对这类害虫危害程度的估计，常常可以先试验测定植物的不同级别的被害程度和产量间的关系，一般可以用人工切叶方法模拟害虫危害，将切叶量与产量进行相关分析，进而调查害虫取食量，并与产量进行相关分析，即可得到损失估计模型；地下害虫主要危害移栽后的烟苗，造成直接损失。

谢立群等(1998)在烟青虫实验种群研究的基础上，应用变维矩阵结合差分方程，建立了烟青虫种群动态模拟模型，模型采用分块矩阵的方式，以实际日龄为步长，通过适当增加矩阵维数、对虫期(态)向量实行按矩阵维数的变化而伸缩的形式，使模型既适合于变温条件，又能够表示烟青虫个体发育的差异，确定了成虫期寿命及产卵量随温度变化的子模型在 20～36℃之间成虫寿命(y，d)与温度(x,℃)呈线性负相关：$y=-0.7380x+33.3844$($r=0.9202$)；在 20～32℃每雌产卵量(y，粒)与温度(x,℃)为抛物线方程：$y=-4.3890x^2+236.2214x-2832.4530$($P<0.01$)。

薛峰等(1999)在陕南烟区研究了第一代烟青虫的产量损失率与接种数之间的线性回归方程为 $F=8.163x-0.582$，$r=0.9989^{**}$，产量损失率与接虫数呈线性极显著正相关。刁朝强等(1996)在贵州金沙烟区研究了烟青虫二代幼虫等烤烟的危害损失模型，并确定了相关的防治指标。

21.3.3　草害损失估计

烟田杂草主要是与烟草争光、争肥、争水，严重影响烟株的生长发育，直接导致烟叶产质量的下降。杂草对烟草造成损失的评估是比较复杂的工作，首先要对害草的密度进行调查，因害草密度是计算害草造成作物减产的重要依据之一，还要调查杂草的覆盖度、相对高度、鲜(干)重量等指标。然后进行损失率测定，损失率是危害分级和估计草害的依据。可采用大田随机调查法，选择单草危害或某个杂草组合(假设其他不相干的杂草的损失忽略不计或危害是均等的)，并且是在作物播种、出苗密度和肥力均匀的田块进行。随机调查法的关键是调查足够的点，选择不同的杂草密度，求出密度-产量对应值进行统计分析。另一种方法是进行系统的损失率测定试验，包括损失率条件试验和损失过程分析，此测定法精度要求高，工作量大，但数据可靠。

通过调查与试验，可以明确草害的组成、群体结构、时间分布以及杂草与作物的相互作用；根据杂草发生的密度、多度、频度、盖度及时期，可以建立特定区域条件下的(地理环境条件)特定作物上特定杂草或自然群落杂草危害的损失模式。

烟田杂草的发生，无疑是首先有了杂草繁殖体的存在，并在适应的环境下发生危害，以后又由环境条件的变化尤其是人为耕作、除草的活动的干扰，发生一系列的变迁而重新组合。因此，研究不同耕作制度下的草害组合及其变迁是十分重要的，也是及时、准确评估草害对作物造成损失时所必需的。

21.4 经济损害允许水平与经济阈值

经济损害允许水平(economic injury level, EIL)和经济阈值(economic threshold, ET)是两个彼此紧密联系而又互不相同的概念。所谓“经济损害允许水平”是害虫造成的危害等于防治费用时的损失水平，它可用虫口密度来表示，称之为经济损失密度或经济受害允许密度；也可用产值来衡量，则称之为经济损失界限或经济受害允许界限(水平)，也有称之为赢利界限的(Stone et al.，1972)。例如，烤烟品种 G28 单株烟蚜 95 头可造成产值损失率 0.88%，按每亩产值 400 元计算，该产值损失率刚好等于一次防治费用，则单株 95 头称为 G28 的经济受害允许密度，产值损失率 0.88%称之为经济受害允许水平。

所谓“经济阈值”是为防治害虫数量达到经济损失水平而进行防治时的虫口数量(通常称为防治指标)，故经济阈值略低于经济损失水平，也就是使产品价值增量等于控制害虫代价增量的种群密度。现设每亩烟田防治费用为人民币 10.0 元时，烟叶产值为每亩人民币 1000 元，在防治费用增加的情况下，烟叶产值亦会随之增加。

在生产上仅是测出某种病害或虫害在一定条件下引起作物产量的损失，还不能直接用于测报或用于指导防治。还需要更具体地提出什么情况下防治，以及将病虫引起的危害控制在什么样的水平以下算为合适，这就是我们经常提到的防治标准，也就是经济损害允许水平与经济阈值。

21.4.1 病虫草害的经济阈值

目前对于烟草害虫的经济阈值，研究得较深入，但是对于烟草病害、杂草的经济阈值，报道较少，这可能与病虫草害各自的特点有关。绝大多数昆虫，可以比较直观的通过虫体数量或其损害程度来表示经济阈值，而病害的经济阈值只能用其危害后的症状来表示。虫害在其侵染后，可以选择适当的时机进行防治，控制其危害的继续发展，而病害一旦侵入寄主体内，往往就难以控制，因此，两者在防治时机上表现也迥然不同，防治虫害往往在其数量或受损程度接近于经济阈值时进行，而防治病害(包括线虫)是在其危害刚起始增加时就进行。下面着重介绍烟草害虫经济阈值的测定。

1. Ruesink 公式

张孝羲等(2006)指出，制订 ET 时，首先根据害虫的食叶面积及所造成的产量损失、防治效果、作物产量、产品价格等计算出经济损害水平(*EIL*)，而后再计算出 *ET*。具体步骤如下：

(1)测定总叶片损失百分率(*D*)：

$$D = 100FN/L_K$$

式中，F 为幼虫食叶面积；N 为幼虫数；L_K为某种作物某生育期单位面积上植株叶片的总面积。

(2)计算产量损失率(Y_K)：

$$Y_K = a_K + b_K D_K$$

式中，D_K为叶片损失率。

(3)投资与收益平衡通式：

$$B = PMY_K/100$$

式中，B 为施药后的收益；P 为产品价格；M 为作物单位面积产量；$MY_K/100$ 为全部用药防治时所挽回的产量损失，经整理得到：

$$B = PM(a_K + b_K D_K)/100$$

$$B = PM(a_K + 100 b_K FN/L_K)/100$$

因为防治费用(C)小于或等于防治收益(B)时才有经济意义，因而用 C 代替 B，再求解出 N，此 N 值即为 EIL。

$$EIL = (100CL_K - a_K MPL_K)/(100 b_K FPM)$$

(4)制订 ET。因为 $ET < EIL$，因此计算出 EIL 后，应将其适当降低，才能得出 ET。究竟什么算“适当”，这要根据当地、当时的虫情、天气和经济水平来确定。

Ruesink 公式适用于制订食叶昆虫的经济阈值。

2. 姜淮章(1979)公式

姜淮章(1979)提出：

$$ET = CC \cdot CF/(EC \cdot Y \cdot P \cdot YR \cdot SC)$$

式中，CC 为防治费用(包括药剂费、人工费、机械损耗费等)；EC 为防治效果；Y 为作物产量(因作物品种、密度、栽培技术等而异)；P 为产品价格；YR 为取食危害所造成的产量损失百分率；SC 为害虫生存率(指从采取防治决策时的虫期至后期引起显著危害时的生存率)；CF 为临界转换因子(其值为 1 或 2)，视早期害虫生存率高低、生态条件的未来变化及经济意义等而主观确定。

21.4.2　投资与收益

一个农场中农户既是农田生态系统的管理者，又是农业生产中的经营者。而对生产资料市场和农产品市场，时时都要计算投入(成本)和产出的比例，提高经济效益也就成为生产管理的核心。农民需要考虑的问题很多，防治病虫草害只是其中之一，而且一定会受到资金、劳力的限制和总利益的驱使。所以植物保护策略研究不仅是生态学问题，也是经济、社会问题。经济阈值的研究也就是从经济学的角度探讨病虫害防治策略，合理地制定治理目标和指导防治行动。有害生物综合防治(IPC)和有害生物综合治理(IPM)的概念“把有害生物的种群控制在经济损害水平以下”均为其基本点之一。

合理地防治害虫可使烟草种植者生产出市场销售潜力很大的烟叶。对害虫防治来说，要取得良好的防治效果必须有一个害虫综合防治方案(IPM)。IPM 涉及新旧生产技术的结合和假定并非烟田内所有的害虫都会对烟株造成足够大的危害而必须进行化学防治。IPM 包括化学防治、了解烟田害虫的最低限量、烟田调查、合理的栽培措施和生物防治等方面。

作为指导害虫防治的经济阈值，必须定到害虫达到经济损害允许水平之前，因而必须预先确定害虫的经济损害允许水平，然后根据害虫的增长曲线(预测性的)求出需要提前进行防治的害虫密度，这个害虫的密度便是经济阈值(或防治指标)。

21.4.3 经济损害允许水平的确定

经济损害允许水平的确定涉及生产水平、产品价格、防治费用、防治效果及社会能接受的水平等多种因素，其原则为允许相当于防治费用的经济损失。确定经济损失允许水平的常用模型有以下几种：

1. 固定经济损害允许水平模型

$$T = \frac{C}{PDE}$$

式中，T 为经济损害允许水平；C 为防治成本；P 为产品价格；D 为单位虫量所造成的损失；E 为防治效果。

2. Chiang 氏通用模型

Chiang，HC(1979)认为经济损害允许水平的确定通常应包括影响害虫田间种群消长及作物受害形成过程的若干因素，提出以下数学模型：

$$T = \frac{C}{E \times Y \times P \times R_y \times S} \times F_C$$

式中，T 为经济损害允许水平；C 为防治成本；E 为防治效果；P 为产品价格；Y 为产量；R_y 为害虫危害引起的产量损失；S 为害虫的生存率；F_c 为临界因子，通过校正防治费用进一步确定经济损害允许水平的范围界限因子。

3. 经济—生态效应模型

根据更全面的经济学分析，害虫防治费用应包括直接费用和间接费用。而间接费用应从长远的观点把杀虫剂过度使用造成的抗性发展、土壤与环境污染等因素考虑进去。

4. 多因子经济损害允许水平模型

由于经济损害水平包含很丰富的生态经济学内容，上述简单的固定经济损失允许水平。如果害虫混合种群(或称复合体)对作物的危害性质相同或相似，且可采用共同的药剂进行防治，同时假定它们的经济允许损失水平已经研究清楚，即可根据它们的经济损害允许水平计算其对作物的经济危害力，然后以其中某一害虫为标准，进行标准化，这样便可以把该害虫的经济损害允许水平作为混合种群的经济损害允许水平。

21.5 模型的使用

损失估计也可用简称模型的方法来进行，模型有简有繁，形式多样，前述公式 $y = Y_{max} - S_1 - S_2 - S_3 - \cdots - S_n$ 也是一个模型。

损失模型与流行预测模型一样，也可分经验模型和系统模型两类，经验模型大多数都是回归式预测模型，根据几十年来病害、虫情、草害与产量的记录，推导出回归公式。在这里是根据不同生育期的病情来推断出产量的损失率，发病越早或越重，损失就越大，当然病情发展并不都是成比例的增长，实际上的变化要大得多，在有不同抗性或耐病性的品种上，损失率的关系又有不同，在不同栽培制度和气候条件的影响下，损失率与病情常表现为较复杂的函数关系。

多年来，在防治病虫草害的实践中，随着综合治理的提出以及模型或模拟方法的发展，对于病虫草害防治和损失估计也提出了新的要求，研究工作也有了加强，下面分别讨论有关回归模型和模拟模型在病虫草害损失估计或预测中的作用。

21.5.1　回归预测模型

回归预测是目前病虫草害损失估计中使用最多的也是研究最方便的一种模型。建立病情、虫害或草害与损失相关的回归模型是一种单因子模型，它可以根据与损失有关的不同时期病情，来建立关键期预测模型或多期病情预测模型两种。

线虫在田间的分布不是随机的，一般呈负二项式分布，而线虫的空间分布模式能够影响作物损失估计的准确性。张振臣等通过田间和盆栽试验研究了烟草根结线虫初始密度与烟草相对产量间的关系，线虫初始密度与病情和病情与产量损失率间的关系，并建立了群体产量损失模型。

$$Y = \frac{77.01}{1 + 57.86484\exp(-0.11078x)}, (R = 0.81531, n = 14)$$

式中，x 为根结指数，Y 为产量损失率

程宝玉等(1995)对烟草白粉病进行了调查研究，历时 5 年建立了白粉病的损失估计模型，

发病级(X)与产量损失率(Y)之间的相关方程：$Y=6.151X-1.222$，$r=0.992$ 标准误差：$S_y \cdot x=1.404$

刘延荣等(1993)在 1989～1991 在山东 6 个主要产烟区对烟草花叶病、黑胫病、低头黑病产量损失率的模型进行了研究，建立了病害病级(X)与产量损失率(Y,%)的模型，花叶病：$Y=-4.208+20.882X$；黑胫病：$Y=0.560+14.674X$；低头黑病：$Y=-0.600+17.750X$。

陈朝阳(2003)等通过田间小区试验，研究了烟田杂草马唐的种群密度(X)与烟草产量损失率(Y)之间的关系呈双曲线关系，其危害损失与防治指标模型为

$$Y = \frac{23.64X}{47.56 + X}$$

烟田马唐的防治指标模型

$$G = \frac{4990CF}{11.26PLE - 100CF}$$

式中，G 为防治指标(株/m^2)；C 为防治费用(元/m^2)；P 为烟草价格(元/kg)；L 为产量(kg/m^2)；E 为防治效果(%)；F 为效益调节系数(一般取 $F=2$)。

(1)关键期病情模型。一部分病害的损失率与特定生育阶段的病情紧密相关，可以根据作物某一生育期的病情来预测损失程度，这种损失估计的模型通式是一元直线回归方程：$L=a+bx$(L 为损失，x 为关键期病情)，这种预测式只适用于稳定的流行曲线型病害，即利用某一关键期的病情，就可以相当准确地估计出损失率，但不适用在季节中病情起伏变化较大的或前后期流行速度不等的病害。

(2)多期病情损失模型。适用于作物一生中病害可以反复发生，有多次侵染的病害。这类病害的损失根据两期或更多期病情关系来预测，其模型是一个多元回归式：$L = a + b_1x_1 + b_2x_2 + \cdots + b_nx_n$，其中 L 为损失，x_1，x_2，…，x_n为各期的病情，b_1，b_2，…，b_n为各期的斜率。这种模型适用于整个流行期间病情变化较大，不同时期对产量影响有所不同的病害。

除了这两种回归模型之外，还有人试用流行曲线下的面积来计算损失的，这种模型与关键期损失模型大致相似。

大多数病虫害的损失程度，除了病情(虫害、草害)的轻重之外，还与寄主抗性、耐性、栽培环境等多种因素有关系。因为在不同时期或不同品种上的相同病情、虫害、草害，其损失程度并不相同，更由于栽培管理、防治水平和气象因素的复合影响，损失程度常有很大的变动，因此要考虑多种因子对产量的影响，即建立多因子影响的模型。

多因子模型要从调查入手，弄清各因子与病情、虫害、草害之间的关系，以及与损失的相关性最显著的几个因子组合到一起，还应考虑各因子之间的相互作用，然后推导出多元回归式的各回归系数。由于考虑的因子越多，相互间的关系就越复杂，计算起来费时费工，一般都必须借助电子计算机来完成，因而在选择因子时，并非越多越好，各因子内部关系也应尽量简化、务实，组建的模型既要完整准确，又要简明可行。

在生产上，同一地块中常常可以有几种病害同时发生，各病害的病情又不相同，对产量的影响亦有大有小，需要对各种病害(有时还有虫害、草害)所造成的减产加以综合分析。

21.5.2 系统模型

植物的产量形成和病虫害的发生以及产量的损失都是一个动态的过程。对于产量的损失，产量的形成、病虫害的发生过程都是子系统，把植物生长发育过程中所受到外界环境的影响，病原生物和害虫对产量造成的损失影响，都逐渐累积并综合到植物上，在把各子系统的损失累加在一起后，就可以更加接近真实的损失率。系统模型的组建，涉及许多方面，要合理地把各因子的参数计算起来，既要防止过分简单而失真，又要避免把无关因子都拉在一起，规模越大，困难就越多。

模拟模型用在病虫草害损失估计方面的工作，还有待进一步完善与改进，也是测报研究今后的重要任务。

参 考 文 献

Alexopoulos，Mins C W. 1981. 真菌学概论. 余永年，宋大康等译. 北京：农业出版社.

北京农业大学. 1991. 农业植物病理学(第二版). 北京：中国农业出版社.

陈利锋，徐敬友. 2001. 农业植物病理学. 北京：中国农业出版社.

陈荣华，张祖清. 2006. 烟草农药使用过程中存在的问题及对策. 江西植保，12：187-190.

陈卫新. 2007. 正确区分作物侵染性和非侵染性病害. 农技服务，24(7)：65.

陈朝阳，陈乾锦，曾强，等. 2003. 烟田马唐的防治、危害损失估计模型与防治指标研究. 武夷科学，1：66-69.

程宝玉，苏富强，陈卫华. 1995. 豫西烟草白粉病发生规律及损失估计研究. 烟草科技，1：40-41.

邓学建. 2007. 洞庭湖脊椎动物监测与鸟类资源. 长沙：湖南师范大学出版社.

刁朝强. 董安伟. 1996. 烟青虫二代幼虫对烤烟的危害损失及其防治指标研究. 烟草科技，5：47-48.

丁伟，关博谦，谢会川. 2007. 烟草药剂保护. 北京：中国农业科学技术出版社.

方树民，顾钢，陈玉森，等. 2013. 烟草青枯菌在杂草根部的定殖和传病作用. 中国烟草学报，19(5)：72-81.

方中达. 1979. 植物研究方法. 北京：农业出版社.

方中达. 1998. 植病研究法(第三版). 北京：中国农业出版社.

费显伟. 2005. 园艺植物病虫害防治实训. 北京：高等教育出版社.

冯连军，朱列书，朱静娴，等. 2011. 烤烟主要病害与烟叶产量产值损失量间的相关和回归分析. 江西农业大学学报，33(4)：650-654.

傅俊范，段玉玺，宋佐衡. 1997. 沈阳农业大学植保系植物病理教研室，普通植物病理学实验指导.

高灵旺，沈佐锐，夏冰，等. 2009. 农业病虫害监测预警信息技术链研究与设想. 中国植保导刊，11：32-35.

高念昭. 1998. 贵州省烟叶储存期害虫的发生危害与防治对策. 贵州烟草，4：44-46.

高岩，王人民. 2005. 烟青虫生物学特征和生态学特性. 河南农业科学，5：46-48.

葛莘，王吉长. 1987. 烟草野火病原细菌(*Pseudomonas syringae* pv. *tabaci*)的鉴定. 东北农学院学报，18(4)：311-316.

句荣辉，沈佐锐. 2003. 农业病虫害预测预报上应用的数据采集系统. 植物保护，29(5)：54-57.

郭郛，忻介六. 1988. 昆虫学实验技术. 北京：科学出版社.

郭卫华，袁爱民，高民，等. 2010. 浅议中国气候特点对农业发展的影响. 甘肃农业，2：54-55.

韩锦峰. 2003. 烟草栽培生理. 北京：中国农业出版社.

河北师范大学生物系植物保护教研组. 1976. 农作物病虫害预测预报. 北京：人民教育出版社.

河南农业大学农业昆虫研究室. 1993. 烟草昆虫学. 北京：中国科学技术出版社.

贺学礼. 2008. 植物学. 北京：科学出版社.

胡坚. 2006. 云南烟田杂草的种类及防控技术. 杂草科学，3：14-17.

贾兴华. 2001. 烟草新品种及丰产栽培技术. 北京：中国劳动社会保障出版社.

姜新，白建保，王左斌，等. 2007. 烟草角斑病研究进展. 安徽农业科学，35(7)：2014-2015.

孔凡玉. 2003. 烟草青枯病的综合防治. 烟草科技，4：42-48.

孔凡玉，朱贤朝，石金开，等. 1995. 我国侵染性病害发生趋势原因及防治对策. 中国烟草，1：31-34.

赖传雅. 2001. 农业植物病理学. 北京：科学出版社.

雷朝亮，荣秀兰. 2003. 普通昆虫学. 北京：中国农业出版社.

黎工兰. 1983. 烟蛀茎蛾生物学特性研究初报. 中国烟草，3：13-18.

李春俭. 2006. 烤烟养分资源综合管理理论与实践. 北京：中国农业大学出版社.

李秋潼. 2009. 重庆地区烟草农业存在的问题及解决对策. 现代农业科技，12：198-199.

李淑君，黄元炯. 1997. 农业生产资料手册. 北京：中国农业出版社.

李卫红，李宏勋．2007．浅议烟草青枯病．青海农林科技，2：41-43．
李征航，黄劲松．2005．GPS测量和数据处理．武汉：武汉大学出版社．
刘国顺，汪耀富，符云鹏．2009．中国烟叶生产技术指(2003—2009年)．北京：中国农业出版社．
刘好宝，赵百东．2001．烟草病害防治图册．北京：台海出版社．
刘秋，吴元华，于基成．1999．烟草野火病的研究进展．沈阳农业大学学报，30(3)：354-360．
刘维志．1995．植物线虫学研究技术．沈阳：辽宁科学技术出版社．
刘维志．2000．植物病原线虫学．北京：中国农业出版社．
刘延荣，宗树林．1993．烟草花叶病、黑胫病、、低头黑病产量产值损失估计研究．山东农业大学学报(自然科学版)，24(2)：137-142．
陆家云．1997．植物病害诊断(第二版)．北京：中国农业出版社．
陆家云．2001．植物病原真菌学．北京：中国农业出版社．
罗梅浩．2002．烟青虫和棉铃虫在烟草上的生态位及其种间竞争．中国烟草学报，4：34-37．
吕军鸿，张广民，丁爱云，等．1999．烟草野火病菌毒素研究进展．微生物学报，26(5)：358-360．
马波，强胜．2004．农田杂草种子库研究方法，杂草科学，2：5-8．
马承忠．1999．农田杂草识别及防除(幼苗和成株简明图鉴)．北京：中国农业出版社．
马国胜，高智谋，陈娟．2003．烟草黑胫病菌研究进展．烟草科技，4：35-42．
马贵龙，杨信东．1998．烟草赤星病菌孢子萌发侵入与露时、露温关系的研究．吉林农业大学学报，20(增刊)：124-128．
马继盛，李正跃．2003．烟草昆虫学．北京：中国农业出版社．
马其祥．2004．农田杂草识别与防除原色图谱．北京：金盾出版社．
宁金明．1998．广西烟草与气候．北京：气象出版社．
农业部植物保护局．1962．中国农作物主要病虫害及其防治烟草病虫害．北京：中国农业出版社．
全国农业技术推广服务中心．2006．农作物有害生物测报技术手册．北京：中国农业出版社．
强胜．2001．杂草学．北京：中国农业出版社．
强胜，李扬汉．1990．安徽沿江圩丘农区下手做五天杂草群落分布规律的研究．植物生态学与地植物学报，14(3)：212-219．
强胜，李扬汉．1996．模糊聚类分析在农田杂草群落分布和危害定量研究中的应用技术．杂草科学，4：32-35．
邵立平．1984．真菌分类．北京：中国林业出版社．
尚其数码．2010．数码摄像技术完全学习手册．北京：清华大学出版社．
沈志浩，程玉文，杨富祥，等．1991．烟蛀茎蛾发生规律及防治技术研究．贵州农业科学，3：14-18．
孙广宇，宗兆锋．2002．植物病理学实验技术．北京：中国农业出版社．
孙逊，金永存．1993．烟草赤星病发生与综合农艺措施关系的研究．烟草科技，5：39-43
谈文，吴元华．2003．烟草病理学．北京：中国农业出版社．
Teresa Mcmaugh．2013．亚太地区植物有害生物监控指南．中国农业科学院植物保护研究所生物入侵研究室译．北京：科学出版社．
Thomas A H．1983．杂草生物学．姚璧君译．北京：科学出版社．
汪炳华，殷红慧．2009．烟草青枯病研究进展．农业科技通讯，1：126-129．
王金生．2000 植物病原细菌学．北京：中国农业出版社．
王林瑶，张广学．1983．昆虫标本技术．北京：科学出版社．
王琦，王侠．2006．Photoshop CS摄影技巧与照片处理．北京：希望电子出版社．
王绍坤，瑜赵，姜建文．1991．磷钾肥对烟草野火病的影响．烟草科技，1：37-39．
王绍坤，瑜赵，姜建文．1994．氮肥对烟草野火病的影响研究初报．烟草科技，3：43-44．
王伟峰．2009．目前烟草农业科技的思考与发展．河南农业，2：59-60．
王万能，肖崇刚．2003．烟草黑胫病的综合防治及其研究进展．广西农业科学，2：42-43．
王彦亭．2002．烟草病虫害预测预报及综合防治技术研究进展．北京：中国农业科学技术出版社．
王振国．2012．影响烟草野火病发生的关键因子分析及其控制技术研究．重庆：西南大学硕士学位论文．

王智发．1991．培养条件对烟草赤星病菌生长能力的影响．山东农业大学学报，22(3)：207-211．

魏景超．1979．真菌鉴定手册．上海：上海科学技术出版社．

韦彰，徐国兴．1981．摄影技术与技法．北京：中国摄影出版社．

吴钜文．2003．中国烟草昆虫种类及害虫综合治理．北京：中国农业出版社．

西北农林科技大学植保系．1981．农业昆虫学试验研究方法．上海：上海科学技术出版社．

席孟灵．2005．烟草野火病、角斑病的防治．农药与植保，12：31-31．

夏基康，许志刚．1986．植物病虫测报．北京：农业出版社．

谢国文，姜益泉．2003．植物学实验实习指导．北京：中国科学文化出版社．

谢立群，将明星．1998．温湿度对烟青虫实验种群的影响．昆虫学报，41(1)：61-69．

向玉勇，杨茂发．2008．小地老虎在我国的发生危害及防治技术研究．安徽农业科学，36(33)：14636-14639．

肖悦岩．2002．病虫害监测与预测——病虫害监测与系统预测．植保技术与推广，22：37-38．

忻介六．1988．农业螨类学．北京：农业出版社．

徐树德，尚志强，秦西云．2010．烟草青枯病研究进展．天津农业科学，16(4)：49-53．

许志刚．1997．普通植物病理学(第二版)．北京：中国农业出版社．

薛峰，罗治明．1999．陕南烟区第一代烟青虫危害的研究．陕西农业科学，3：12-14．

薛伟伟，付晓伟，罗梅浩，等．2009．烟草挥发物对 2 近缘种夜蛾产卵行为影响及其成分分析．生态学报，29(11)：5783-5790．

杨昌熙，王海洋．2009．重庆维管植物检索表．成都：四川科学技术出版社．

杨文钰．农学概论．2002．北京：中国农业出版社．

姚玉霞，于莉，程淑云，等．1995．烟草赤星病发病程度与烟叶内总氮含量关系的初报．吉林农业大学学报，17(3)：99-101．

叶恭根．2006．植物保护学．杭州：浙江大学出版社．

余清．2011．烟草赤星病对烟叶产量产值损失率估计研究．安徽农业科学，39(6)：3341-3344．

余清，屠乃美，曾嵘．2008．烟田杂草对烤烟产量和产值的影响研究．湖南农业科学，5：92-93．

詹晖华．2006．烟田杂草群落结构及其防治技术研究．杭州：浙江大学硕士学位论文．

詹金华，陈志良．1998．烟草病虫害防治．昆明：云南科技出版社．

张广民，吕军鸿，阚光锋．2002．烟草野火病研究概况．中国烟草学报，8(2)：34-38．

张济能，庞乡林．1992．烟草赤星病流行因素及其防治．中国烟草，3：28-30．

张凯，谢利丽，武云杰，等．2015．烟草黑胫病的发生及综合防治研究进展．中国农业科技导报，4：62-70．

张勤，李家权．2005．GPS 测量原理及应用．北京：科学出版社．

张万良，翟争光，谢扬军，等．2011．烟草赤星病研究进展．江西农业学报，23(1)：118-120．

张新生，罗宽．1988．番茄青枯病抑制土的初步研究．湖南农学院学报，4：12．

张孝羲．2002．昆虫生态及预报预测．北京：中国农业出版社．

张孝羲，张跃进．2006．农作物有害生物预测学．北京：中国农业出版社．

张玉聚，徐凤波．2003．除草剂的应用技术与市场开发．郑州：郑州大学出版社．

张振臣，周汝鸿．1990．烟草根结线虫病产量损失估计的初步研究．华北农学报，5(4)：111-115．

张中义．1988．植物病原真菌学．成都：四川科学技术出版社．

赵刚．1995．烟草野火病角斑病及综合治理．烟草科技，6：43-43．

周小刚，张辉．2006．四川农田常见杂草原色图谱．成都：四川科学技术出版社．

周与良，刑来君．1986．真菌学．北京：高等教育出版社．

周志成，肖启明，曾爱平，等．2009．烟草病虫害及其防治．北京：中国农业出版社．

朱贤朝，王彦亭，王智发．2001．中国烟草病虫害防治手册．北京：中国农业出版社．

朱贤朝，王彦亭，王智发．2002．中国烟草病害．北京：中国农业出版社．

Ainsworth G C．1973．The Fungi Vol．IV A and B．New York and London：Academic Press．

Diachun S，Valleau W D，Johnson E M．1942．Relation of moisture to invasion of tobacco leaves by Bacterium tabacum and Bacterium angulatum．Phytopathology，32：379-378．

Hawksworth D L，Sutton B C. 1973. Ainsworth & Bisby's Dictionary of the Fungi(7th. deition). H Charlesworth & Co Ltd. 1983.

Lindow S E，Hechtpoinar E I，Elliot V J. 2002. Phyllosphere Mierobiology. Minnesota：Aps press.

Lucas G B. 1975. Diseases of Tobacco(third edition). Raleigh North Carolina. U S A，397-405.

Spurr H W. 1977. Protective applications of conidia of nonpathogenic Alternaria sp. Isolates for control of tobacco brown sopt disease. Phytopathology，67：128-132.

Shew H D，Lucas G B. 1990. Compendium of tobacco disease. APS，10-12.

Stavely J R，Slana L J. 1975. Relation of postinoculation leaf wetness to initiation of tobacco brown spot. Phytopathology，65：897-901.

Stone J D，Pedigo L P. 1972. Development and economic-injury level of the green cloverworm on soybean in Iowa 1 2 3. Journal of Economic Entomology，65(1)：197-201.

Tisdale W B，Wadkins R F. 1981. Brown sopt of tobacco caused by Alternarza logzpes (Elland SEv) n. comb. Phytopathology，21：641-661.

http：//baike. so. com/doc/6468989－6682684. html.

http：//www. cmzzw. com/news _ detail _ kxsf/newsId＝441. html.

http：//bcch. ahnw. gov. cn/CropContent. aspx? id＝2230.

http：//image. baidu. com/i? ct＝503316480&z).

http：//image. baidu. com/search/detail? ct＝503316480&z ＝0&ipn＝d&word.

https：//baike. baidu. com/pic/列当.

http：//mt. sohu. com/20151124/n427899862. shtml.

http：//www. czjhsw. net/xinyouji. html.

http：//bcch. ahnw. gov. cn/Showpic. aspx? id＝2274&page＝3&type ＝crop.